Polymer Science

エキスパート応用化学テキストシリーズ
EXpert Applied Chemistry Text Series

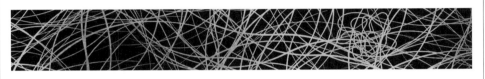

高分子科学
合成から物性まで

Nobuyuki Higashi
東 信行

Akikazu Matsumoto
松本章一

Takashi Nishino
西野 孝 ［著］

講談社

まえがき

　高分子は物質として太古の時代から存在し，人類の生活基盤である衣食住を支える中心的な役割を果たしてきた．しかしながら高分子の学問としての歴史はそれほど古くなく，ドイツのStaudingerが提唱した「高分子説」が世に認められ高分子の実体が明らかになってから，まだ100年にも満たない．それにもかかわらず，高分子材料は今や化学工業の中心的な位置を占めている．高分子材料の発展は目覚ましく，より高い性能・高い機能の高分子材料を目指した開発研究が日々精力的に推し進められている．一方，最近では環境問題や資源・エネルギー問題を意識した地球に負荷のかからない高分子材料が強く求められており，そのためには，他の分野との学問的および技術的融合も不可欠である．その意味では高分子は量から質へと新しい方向に転換し始めているといえよう．

　高分子という学問分野は，合成反応のメカニズムの解明と反応の制御を目指す有機化学をベースにした領域と，物質の構造と物性の関係の理解を目指す物理化学をベースにした領域からなる．しかし，高分子に関する多くの概念や物性研究の手法は，化学のみならず，物理学や場合によっては生物学，生命科学にも関連している．このような背景から，本書ではタイトルを「高分子化学」とはせず，あえて「高分子科学」とした．内容はシンプルに「合成」「構造」「物性」の三本柱で構成し，これまでに出版されている多くの高分子化学の教科書でとりあげられている高分子材料（機能性高分子）や生体高分子は，必要に応じてコラムとして扱うにとどめた．

　本書の「第1章　高分子—その発展の歴史と特徴」では，まず「高分子とは？」という基本的な問いに答えるために，巨大な分子であることによる独特の性質について述べ，次いで高分子の概念が確立されるまでの研究者たちの論争や研究者の粘り，直感の重要性などを紹介し，研究者としての心構えまでをも伝えることを試みた．「第2章　高分子の分子形態」では，高分子の基礎知識にあたる一次および二次構造や，高分子において重要な分子量・分子量分布およびその測定法について解説した．「第3章　高分子の生成反応と高分子反応」では，基本的かつ重要な高分子の生成反応（重合反応）ならびに高分子反応について具体例を交え

まえがき

て詳述した．リビング重合による精密制御された構造をもつ高分子を設計・合成することの重要性に鑑み，「第4章 高分子の分子構造制御」にはかなりの頁を割いた．「第5章 高分子の高次構造」で固体・非晶・溶液などの状態における高分子の構造について解説した後，「第6章 高分子の固体物性」でそれらの集合体としての高分子物質の普遍的な性質を述べ，高分子独特の固体物性へと展開した．第6章の最後では，最近特に重要性を増している高分子表面・界面の性質についても解説した．

本書は，工学部，理工学部の応用化学系学科2年生以上ならびに大学院生を対象とした教科書である．執筆にあたって筆者らが最も留意したのは，広範囲の内容を網羅することによる弊害の回避，すなわち単なる知識の詰め込みに終わらせないことである．学問としての「高分子」の概念を伝えるために，先に述べたように「合成」「構造」「物性」を幹として枝葉をある程度削ぎ落とした．一方で，高分子の発展において重要な鍵となる発見については，そこに至る背景や経緯を述べることに努めた．また，現在最先端で行われている高分子の研究についても，その基本概念や目的について触れることを重視した．

本書が，大学で化学を専攻して，有機化学や物理化学の面白さがわかりかけた学生諸君の手に渡り，高分子を学ぶ手助けになることを願っている．さらに，本書が，将来研究者を目指す学生諸君が一人でも多く誕生するためのトリガーとなるのであれば，それは筆者らにとって望外の喜びである．

最後に，原稿をご校閲くださり，貴重なご意見を頂戴した九州大学名誉教授の長村利彦先生にこの場をお借りしてお礼を申し上げたい．また，本書の執筆にあたっては，多くの論文，書籍を参考にさせていただいた．それらの著者に深く感謝する．講談社サイエンティフィクの五味研二さんには，本書の企画立案から編集，校正に至るまで超人的な忍耐力をもってお付き合いいただいた．そのおかげで，今ここに到達している．深くお礼申し上げる．

2016年8月

著者

目　次

第1章　高分子─その発展の歴史と特徴 … 1
1.1　高分子とは … 1
1.2　産業としての高分子の歴史 … 4
1.3　学問としての高分子の歴史 … 8
1.3.1　二次的な力による古典的ミセル説 … 8
1.3.2　MeyerとMarkの新しいミセル説 … 10
1.3.3　論争の終焉─高分子の概念の確立 … 12
1.3.4　その後の高分子科学の展開 … 14
演習問題 … 19

第2章　高分子の分子形態 … 21
2.1　高分子の一次構造 … 21
2.1.1　繰り返し単位の結合様式 … 21
2.1.2　立体規則性 … 23
2.1.3　共重合体の構造 … 25
2.2　高分子の二次構造 … 27
2.3　特殊形状をもつ非線状高分子 … 29
2.4　高分子の分子量と分子量分布 … 33
2.4.1　平均分子量と分子量分布 … 33
2.4.2　分子量の測定法 … 35
演習問題 … 46

第3章　高分子の生成反応と高分子反応 … 47
3.1　高分子生成反応の特徴 … 47
3.2　代表的な高分子の構造と合成法 … 51
3.3　連鎖重合 … 54
3.3.1　重合の種類とモノマー … 54

3.3.2　重合方法の分類 ･･ 56
　　　3.3.3　ラジカル重合 ･･ 60
　　　3.3.4　アニオン重合 ･･ 73
　　　3.3.5　カチオン重合 ･･ 75
　　　3.3.6　配位重合 ･･ 77
　　　3.3.7　開環重合 ･･ 79
　　　3.3.8　共重合 ･･ 81
　3.4　逐次重合 ･･ 90
　　　3.4.1　重縮合 ･･ 90
　　　3.4.2　重付加 ･･ 95
　　　3.4.3　付加縮合 ･･ 96
　3.5　高分子の反応 ･･ 98
　　　3.5.1　高分子反応の特徴 ･･ 98
　　　3.5.2　高分子反応による高分子の機能化 ･･････････････････････････ 99
　　　3.5.3　クリック反応による高分子の機能化 ･･････････････････････ 101
　　　3.5.4　架橋反応 ･･ 103
　　　3.5.5　分解反応 ･･ 105
　演習問題 ･･ 108

第4章　高分子の分子構造制御 ････････････････････････････････ 109
　4.1　リビング重合 ･･ 109
　　　4.1.1　リビング重合の発見 ････････････････････････････････････ 109
　　　4.1.2　リビング重合の特徴 ････････････････････････････････････ 111
　　　4.1.3　リビング重合の展開 ････････････････････････････････････ 113
　　　4.1.4　リビングラジカル重合の歴史 ････････････････････････････ 121
　4.2　高分子構造の精密制御 ･･････････････････････････････････････ 128
　　　4.2.1　末端基構造の制御 ･･････････････････････････････････････ 128
　　　4.2.2　共重合体の構造制御 ････････････････････････････････････ 129
　　　4.2.3　分岐構造の制御 ･･ 132
　　　4.2.4　立体規則性の制御 ･･････････････････････････････････････ 140
　演習問題 ･･ 145

目次

第 5 章　高分子の高次構造 …………………………………… 147
5.1　溶液，融体，非晶の構造 …………………………………… 147
- 5.1.1　理想鎖 …………………………………………………… 147
- 5.1.2　実在鎖 …………………………………………………… 149
- 5.1.3　高分子溶液，高分子ブレンド，高分子ゲル …………… 151

5.2　高分子の固体構造 …………………………………………… 155
- 5.2.1　結晶性高分子と非晶高分子 ……………………………… 155
- 5.2.2　高分子固体構造の古典的モデル ………………………… 156
- 5.2.3　高分子単結晶 …………………………………………… 157

5.3　高分子の結晶構造 …………………………………………… 159
- 5.3.1　ポリエチレン …………………………………………… 159
- 5.3.2　ポリ(α-オレフィン) ………………………………… 163
- 5.3.3　ポリエステル，ポリアミド ……………………………… 165
- 5.3.4　天然高分子 ……………………………………………… 166

5.4　結晶弾性率 …………………………………………………… 169
5.5　球晶 …………………………………………………………… 172
5.6　結晶化度 ……………………………………………………… 175
5.7　配向構造 ……………………………………………………… 178
5.8　成形加工 ……………………………………………………… 181
- 5.8.1　実験室レベルでの成形法 ………………………………… 181
- 5.8.2　工業的な成形法 ………………………………………… 183
- 5.8.3　紡糸法 …………………………………………………… 185
- 5.8.4　延伸法 …………………………………………………… 186

演習問題 ……………………………………………………………… 188

第 6 章　高分子の固体物性 …………………………………… 189
6.1　高分子の熱的性質 …………………………………………… 189
- 6.1.1　融点 ……………………………………………………… 189
- 6.1.2　ガラス転移温度 ………………………………………… 194
- 6.1.3　高分子の耐熱性 ………………………………………… 199
- 6.1.4　熱伝導度 ………………………………………………… 202

目　次

6.2　高分子の力学的性質 ･････････････････････････････････ 203
　6.2.1　引張り変形 ････････････････････････････････････ 203
　6.2.2　さまざまな変形様式 ････････････････････････････ 210
6.3　高分子の粘弾性 ････････････････････････････････････ 211
　6.3.1　応力緩和 ･･････････････････････････････････････ 212
　6.3.2　クリープ現象 ･･････････････････････････････････ 213
6.4　重ね合わせの原理 ･･････････････････････････････････ 215
　6.4.1　時間－温度重ね合わせの原理 ････････････････････ 215
　6.4.2　ひずみに関するボルツマンの重ね合わせの原理 ････ 216
6.5　ゴム弾性 ･･ 217
6.6　表面性質 ･･ 219
演習問題 ･･･ 226

さらに勉強をしたい人のために ･････････････････････････････ 227
演習問題の解答 ･･･ 234
索　引 ･･･ 241

コラム

高分子ミセル型ドラッグデリバリーシステム ･･･････････････ 32
生体高分子と合成高分子 ･････････････････････････････････ 43
固体の中で分子が動く ･･･････････････････････････････････ 59
係数の 2 はつけるべき，とるべき？ ･･･････････････････････ 72
ラジカル―それは変わらないもの ･････････････････････････ 125
高分子鎖の折りたたみ―Regular fold or Switchboard? ･････ 158
セルロース―植物はなぜ自らを支える骨格にセルロースを
　　選んだのだろうか ･･･････････････････････････････････ 168
高強度・高弾性率ポリエチレン ･･･････････････････････････ 171
高分子を金属と比較すると ･･･････････････････････････････ 201
2 原子間ポテンシャルエネルギーからわかること ･･･････････ 207
Thomas Young―The Last Person to Know Everything ･･････ 222

第1章　高分子
——その発展の歴史と特徴

1.1　高分子とは

　我々の身の回りには実にさまざまな「高分子」が存在しており，それらは目的用途に応じてうまく使い分けられている．太古の時代から人類は高分子の恩恵を受け続けてきた．しかも，20世紀に入るまでは，それが化学的にどのようなものであるかを知らずに，である．具体的には，プラスチックや繊維，ゴムなどは人工高分子の例である．また，我々の身体を構成する細胞や組織には，核酸やタンパク質，多糖類などの高分子が含まれている．このように，この地球上には天然の高分子から人工高分子まで多種多様な高分子が存在している．

　それではいったい高分子とはどのようなものであろうか．一言で言えば「巨大な分子」ということになる．英語で表現すれば「macromolecule」となるが，一般的には「polymer（ポリマー）」の方が馴染みがあるかもしれない．基本的にはどちらも同じ意味合いで使っているが，厳密にいえばやや意味が異なっている．Macromoleculeは，巨大な分子量（macro）をもつ分子（molecule）を意味し，一方，polymerは，繰り返し単位（mer）が数多く（poly）連結した構造の化合物であり，集合体としての高分子（物質）を意味する．

　一般的には分子量が10000以上のものを高分子としている．この10000という数字に厳密な意味があるわけではないが，分子量が10000を超えてくると，確かに低分子とは異なる高分子独特の性質が表れてくる．例として，炭素と水素のみからできた単純な構造の汎用高分子であるポリエチレン（polyethylene）のモデルとして，$H-(CH_2CH_2)_n-H$ における分子量と諸物性の関係を**表1.1**にまとめる．分子量が増大すると融点は高くなるが，$n=60$ 以上（分子量約1684以上）になると一定でほとんど変化は見られない．沸点についても同様な変化が認められ，$n=60$ 以上では沸点を示さず，気化する前に分解が起こるようになる．また，分子量の増加とともに気体から液体を経て固体へと外観が変化する．特に，$n=100$（分子量2807）と $n=1000$（分子量28055）の間で顕著な形状の変化が認められ，もろい固体であったものが強靭な固体へと大きく変化する．

表1.1　分子量による線状炭化水素 H$-$(CH$_2$CH$_2$)$_{\overline{n}}$H の諸物性値の変化
［荒井健一郎ほか，わかりやすい高分子化学，三共出版(1994)，p. 2 より一部改変］

n	分子量	融点(℃)	沸点(℃)／圧力(Torr)	外観(25℃，760 Torr)
1	30	-183	$-88.6/760$	気　体
5	142	-30	$174/760$	液　体
10	283	36	$205/15$	結　晶
30	844	99	$250/10^{-5}$	結　晶
60	1684	100	分　解	ろう状固体
100	2807	106	分　解	もろい固体
1000	28055	110	分　解	強靱な固体

　このように高分子になると，分子が非常に長くなるため，完全な結晶体をつくることはできないものの，互いの分子鎖間で絡み合ったり二次的な結合力(水素結合やファンデルワールス力など)が働いたりして部分的に結晶化するために，強靱な性質を示すことになる．すなわち，エチレン分子が重合反応を起こさない条件で1000個集まっても気体のままであるが，エチレン分子1000個が共有結合して1個の巨大分子になれば，強度が生まれ，成形が可能になるなどの新しい機能が付与されるのである．言い換えれば，高分子になることは，「量」から「質」への転換であるということができる．

　すでに述べたように，人類はその化学的な構造も知らずに高分子の「質」を巧みに利用してきた．紙はその代表例である．天然の高分子材料を元とは異なる形態に変換した後に有効利用したのである．木を粉砕して中の繊維(セルロース)を取り出し，水に懸濁させて均一の厚さにこしとって紙にした．この工程は紀元前100年に後漢(中国)ですでに行われていた．長いセルロース分子が絡み合うことにより，力学的強度が高まり，厚みが薄くても十分に形態を保つことができるという高分子特有の性質を利用した好例であろう．紙は情報を記録するための媒体として長い間主役をつとめてきたが，最近では同じ高分子のプラスチックに主役の座を譲りつつある．ポリカーボネート(polycarbonate, PC)やポリメタクリル酸メチル(poly(methyl methacrylate)，PMMA)を主成分とするコンパクトディスク(700 MB)が記録できる情報量は，400字詰め原稿用紙に換算すると約75万枚に相当する．現代ではさらに高密度化が進み，DVDやBlu-rayが一般的になっている．**図1.1**の分子構造で示されるセルロースとこれらプラスチックに共通する高分子としての特性は，ともに強度と寸法安定性に優れていることである．一方，情報を記録するための媒体としては，生体高分子の1つであるDNAを忘れては

紙の原料高分子

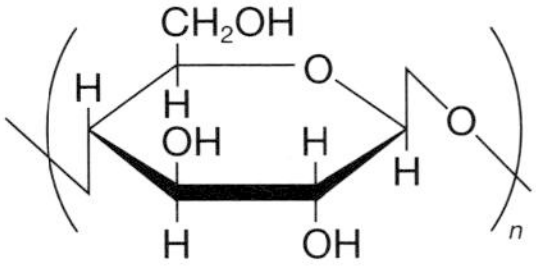

セルロース

コンパクトディスクやDVDの原料高分子

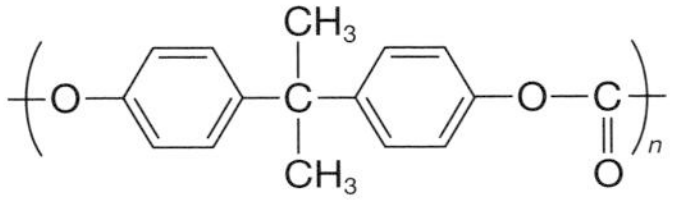

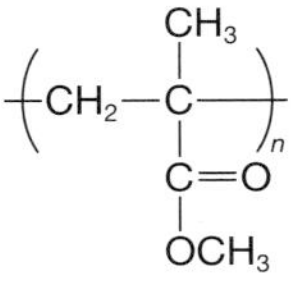

ポリカーボネート　　　　ポリメタクリル酸メチル

図1.1　記録媒体として用いられる高分子

ならない．個人のもつ遺伝情報が4種類の繰り返し単位（ヌクレオチド）の組み合わせにより貯蔵され正確に伝達されるのは，巨大分子だからこそなせる技である．遺伝情報では，小さな分子が膨大な情報量を担っているということができる．

　高分子科学（化学）が単なる有機化学の延長線上にはなく，1つの学問分野として君臨しているのは，低分子物質とは本質的に異なる特徴を高分子がもっているからにほかならない．

　高分子はさまざまな観点から分類されるが，ここでは産出の種別による分類を示す．基本的には天然高分子（natural polymer），半合成高分子（semi-synthetic polymer），合成高分子（synthetic polymer）の3つに大きく分けることができる．

天然高分子＝動植物を構成するあるいは細胞や組織に含まれる高分子
・多糖類：デンプン，セルロースなど
・タンパク質：構造タンパク質，酵素，輸送タンパク質など
・核酸：DNA，RNAなど
・天然ゴムなどの炭化水素系物質

半合成高分子＝天然高分子を化学反応によって一部修飾した高分子．人造繊維（例えばアセテート，硝酸セルロース）がその代表例．

合成高分子＝完全に人工的に合成された高分子．一般的には天然高分子に比べて物理的・化学的に安定で，構造は単純なものが多い．化学修飾が容易で機能化しやすく，多様性にも富む．

1.2　産業としての高分子の歴史

　高分子科学の発展の歴史を考えるとき，H. Staudingerの「高分子説」が確立されつつあった1920～30年代が大きな転機であったことは間違いない．それ以前はまだ高分子という概念が確立されていなかった．次の1.3節で詳述するように，Staudingerは巨大分子を直感し，膨大な実験的根拠をもとに，それまでの主流であったミセル説（低分子の会合説）を打ち破り高分子説を樹立した．

　表1.2に学問としての高分子科学の発展と高分子産業の歴史を同じ時間軸でまとめた．これによって両者の関係がより鮮明になり，高分子科学が発展するために，それぞれがまさに車の両輪のような役割を果たしてきたことが理解できよう．また，参考のために高分子科学以外の科学・技術の事象も表の最右列に付け加えた．本節では主に高分子産業の発展に焦点を当てて，その歴史的背景を考えてみたい．

　高分子産業は，天然に存在する高分子物質の利用から始まった．それは19世紀半ばのことである．1839年，C. Goodyearは天然ゴムを加硫すると高弾性な物質になることを見いだし，1869年にこれをB. F. Goodrichが工業化した．しばらくしてJ. Dunlopが空気入りタイヤを発明し，ダンロップ・ラバー社を設立した．同じ頃，C. F. Shönbeinはセルロースを改良した硝酸セルロースを合成し，これはその後H. B. de Chardonnetによって人造絹糸として工業化された．時折しもパリで万博が開催されており，ちょうど天然繊維が不足している時期と重なったこともあり，そこに出品された人造絹糸は多くの人の興味を引いた．一方，1905年にL. H. Baekelandによってフェノールとホルムアルデヒドの反応からベークライト（フェノール樹脂）がつくられた．上で紹介した高分子材料が天然高分子を改良したものであったのに対して，ベークライトは純粋な合成高分子である．すなわち，完全合成物による高分子産業の誕生である．

　1930年代になり，高分子の実体が明らかになるにつれて次々と新しい高分子が合成されるようになり，合成繊維，合成樹脂，合成ゴムが作られるようになった．なかでもひときわ脚光を浴びたのは，W. H. Carothersにより発見されたナイロン6,6（nylon 66）であろう．彼はStaudingerの高分子説を支持し，2官能性のジアミンとジカルボン酸を重縮合させればポリアミドが作れる（式(1.1)）ことを直感し，その合成に成功した．

1.2 産業としての高分子の歴史

表1.2 高分子科学と高分子産業の歴史的発展

年	高分子科学	年	高分子産業	年	その他の科学・技術
		太古	衣食住の中で広く利用されていた。 衣：毛皮、麻、羊毛、綿、絹など 食：タンパク質、多糖類など 住：木材、紙など		
1839	E. Simon：天然バルサンからスチレンモノマーを作り、重合してポリスチレンを合成（当時は「高分子」の認識はない）	1839	C. Goodyear：加硫による弾性ゴムの開発	1837	宇田川榕菴：日本初の化学書『舎密開宗』を発刊
1861	T. Graham：デンプンやゴムの溶液の拡散速度から「コロイド」の概念を提案	1846	C. F. Schönbein：硝酸セルロースの合成		
1894	H. E. Fischer：デンプンやタンパク質に対して測定された何万だという分子量を否定	1868	T. W. Hyatt：セルロイド（硝酸セルロースとショウノウを混合した樹脂）の合成	1865	A. F. Kekulé：ベンゼン環の提唱
		1891	H. B. de Chardonnet：人造絹糸（レーヨン）の工業化	1869	D. I. Mendelejev：元素の周期表
		1892	E. J. Cross, C. F. Bevan, C. Beadle：ビスコースレーヨン発明	1895	W. C. Röntgen：X線の発見
1904	A. G. Green：セルロースがグルコース単位の会合体であるとするミセル説を提案				
1904	C. D. Harries：ゴムに対してイソプレンの二量体を基本単位とする会合体モデル（ミセル説）を提唱	1905	L. Baekeland：熱硬化性樹脂（ベークライト）の発明＝完全合成物による高分子産業の誕生	1905	A. Einstein：特殊相対性理論の発表
1913	小野湛之助、西川正治：セルロース、絹などのX線回折			1912	W. H. Bragg, W. L. Bragg：ブラッグの式の提唱
1920	H. Staudinger（1953年ノーベル化学賞）：論文 "Über Polymerisation" を発表			1913	F. Haber, C. Bosch：アンモニア合成法の発見
1926	R. O. Herzog：セルロースのX線による結晶構造解析			1915	A. Einstein：一般相対性理論の発表
1928	K. H. Meyer, H. Mark：X線解析により新ミセル説を発表	1933	E. W. Fawcett：高圧法によるポリエチレンの合成に成功	1928	A. Fleming：ペニシリンの発見
1934	W. Kuhn：Gauss鎖モデルの提唱			1931	E. Rusca：電子顕微鏡の発明
1935	W. H. Carothers：ナイロン6,6の発見				
1939	櫻田一郎：ビニロンの発見				

第1章 高分子──その発展の歴史と特徴

年	高分子科学	年	高分子産業	年	その他の科学・技術
1940	Mark–Houwink–櫻田の式の提唱			1940頃	P. J. W. Debye:光散乱による分子量測定法の開発
1940–1950	P. J. Flory(1974年ノーベル化学賞):高分子溶液の理論体系の基礎を築く	1940	J. R. Whinfield, J. T. Dickson (I.C.I.社):ポリエステル(テリレン)繊維の発明		
		1942	R. J. Plunket(デュポン社):テフロンの合成,生産	1952	福井謙一(1981年ノーベル化学賞):フロンティア軌道理論の発表
1953	K. Ziegler(1963年Nattaとともにノーベル化学賞):有機金属触媒を用いてエチレンの低圧重合に成功			1953	J. P. Watson, F. H. C. Crick:DNAの二重らせん構造の解明
1955	G. Natta(1963年ノーベル化学賞):有機金属触媒を用いてポリプロピレンの立体規則性重合に成功	1955	チーグラー・ナッタ触媒を用いて分岐の少ないポリエチレンを製造開始		
1956	M. Szwarc:リビングポリマーの発見	1956	グッドリッチ・ガルフ社:ポリイソプレンの合成		
1957	A. Keller:結晶における高分子鎖の折りたたみ構造(ラメラ構造)の発表	1957	フィリップス社:ポリブタジエンの合成		
1959	高柳素夫:高分子の粘弾性測定装置(レオバイブロン)の発明	1960頃	宇宙開発に触発され,エンプラ,スーパーエンプラの開発が盛んとなる	1961	最初の有人宇宙飛行に成功(ソ連)
1969	松尾正人,D. J. Meier:ミクロ相分離の概念提案	1967	デュポン社:アラミド繊維(Nomex)を発表	1971	インテル社:マイクロプロセッサ4004を発表
1970頃	P.-G. de Gennes(1991年ノーベル物理学賞):レプテーションモデル・スケーリング理論の提唱	1971	デュポン社:ポリアミドイミドの生産開始		
1977	白川英樹,A. G. MacDiarmid, A. J. Heeger(2000年ノーベル化学賞):導電性高分子の発見	1973	デュポン社:液晶紡糸法の発見によりケブラーが世に出る		
1978	田中豊一:ゲルの体積相転移の発見	1980～	環境を意識した低負荷,リサイクル可能な新しい高分子(生分解性高分子など)の開発	1981	G. Binning, H. Rohrer:走査型トンネル顕微鏡(STM)の発明
1984	R. B. Merrifield:網目状高分子を利用したペプチド固相合成法の開発によりノーベル化学賞受賞			1985	H. W. Kroto, R. E. Smalley, R. F. Cure:C_{60}フラーレンの発見
1998	R. H. Grubbs(2005年ノーベル化学賞):メタセシス重合を用いて新規高分子合成法の開発				
2002	田中耕一,J. B. Fenn, K. Wüthrich:生体高分子の同定および構造解析のための手法の開発によりノーベル化学賞受賞				

$$H_2N-(CH_2)_x-NH_2 + HOOC-(CH_2)_y-COOH$$
$$\longrightarrow \left[\begin{array}{c} H \\ N-(CH_2)_x-N-C-(CH_2)_y-C \\ H \quad\quad O \quad\quad\quad O \end{array} \right]_n \quad (1.1)$$

これは高分子説を高分子合成の立場から確かなものにするという意味で重要な仕事となった．ナイロン6,6が工業化されたとき(1938年)のデュポン社のキャッチフレーズは，「石炭と水と空気から作られた，クモの糸より細く鋼鉄より強い繊維」であった．これは重縮合系の高分子合成についての先駆的研究となり，後の芳香族ポリアミド(アラミド，aramid)の開発の礎となった．1941年にはCarothersの論文に刺激を受けたJ. R. Whinfieldらによってポリエステルが発表される．

同じ頃(1939年)，日本では，櫻田一郎によってビニル系高分子によるビニロン(vinylon)が発表された．その後，K. ZieglerとG. Nattaによる有機金属触媒の発見により，ポリエチレンや立体規則性の高いポリプロピレン(polypropyrene, PP)などのプラスチックを製造する高分子産業は飛躍的な発展を遂げる．また，彼らの発見した触媒により，長年の課題であった合成ゴムの製造も実現した．1956年にcis-1,4-ポリイソプレン(polyisoprene)が，そして1957年にはcis-1,4-ポリブタジエン(polybutadiene)が合成された．チーグラー・ナッタ触媒は合成ゴムの分野においても多大な貢献をしたのである．彼らの発見は，突然やってきた幸運とそれを逃さずにとらえた才能による成果であったといえる．

このように，天然物質の模倣(今の言葉で言えば「バイオミメティクス(biomimetics)」)から始まった高分子合成の技術が，天然繊維よりもはるかにその引張り強度に優れた合成繊維，高温の油にも耐える合成ゴム，透明なプラスチックなどを生みだし，今や天然物を凌駕する新しい素材として多方面にわたって大量にかつ安価に生産されるようになった．また，さらなる高性能化を目指して，エンジニアリングプラスチック(engineering plastic：金属の代替となりうるプラスチックという意味で使われる言葉)やスーパーエンジニアリングプラスチック(super-engineering plastic)が出現し，高分子産業はその活躍の場を大きく広げている．

このように，高分子産業の発展は目覚ましく，全世界のプラスチックの総生産量は，2000年の統計で1億7800万トン，2012年の統計で2億8800万トンである．高分子は我々の日常生活においてもはや必要不可欠なものとなっており，我々の生活を豊かにしていることは間違いない．より優れた性能・機能をもつ高分子が開発され，最先端の材料分野においても重宝されている．その反面，地球環境の

問題と呼応して廃プラスチックの環境負荷に対する意識も高まりつつある．環境面での問題の解決のためには，リサイクル可能なシステムと新たな高分子材料の開発が必要である．後者については生分解性高分子(biodegradable polymer)が新しい素材として近年特に注目されている．生分解性高分子とは，自然界において微生物が関与して低分子化合物に分解される高分子のことをいう．土壌や水の中に存在する微生物は体外に分解酵素を分泌し，セルロース，タンパク質，微生物内で作られるポリエステルなどの高分子を糖やアミノ酸などの特定の低分子化合物に分解する．その際，まず体外に分泌された酵素により高分子(材料)の主鎖が切断されて低分子化合物になり，これらが微生物内に取り込まれてさまざまな代謝経路を経て，最終的に二酸化炭素や水にまで分解される．生分解性高分子の身近な応用例として手術用の縫合糸がある．体内器官の手術に縫合糸を用いた場合は，縫合部位が修復した後も体内に残存するため，悪影響を与えるような糸であってはならない．この糸が無害で体内に吸収されてしまうのが理想的である．合成高分子であるポリ乳酸(poly(lactic acid))や乳酸とグリコール酸の共重合体はこの目的に見事に合致し，重宝されている．

1.3　学問としての高分子の歴史

どの学問分野においても，新しい考えが受け入れられるためには，たとえそれが正しくても，相当な抵抗に遭うことを覚悟しておかなければならない．Staudingerが，のちに正しいことを証明した「高分子説」の概念についても同様であった．ここでは1920〜1936年の間のStaudingerの孤軍奮闘ぶりと，対峙するミセル説(低分子会合説)を打ち破って高分子科学(高分子説)が確立されていくドラマチックな過程を眺めてみよう．

1.3.1　二次的な力による古典的ミセル説

1890〜1900年にかけて，すでにセルロース，デンプン，ゴムなどの天然高分子の分子量測定が試みられていたが，これらの分子はあくまでも低分子の非共有結合に基づく二次的な力による「ミセル(会合体)」であるという考えが主流であった．それに先立ちT. Grahamは，1861年にデンプンやゴムなどが溶液中で極端に小さな拡散速度を示すことを観察し，これらの物質を「コロイド(colloid)」と呼ぶことを提案し，拡散速度の大きなもの(彼はこれをクリスタロイド(晶質)と呼

んだ)と区別した．ところが1907年，W. Ostwaldがコロイド的性質は物質固有のものではなく存在状態を示すという考えを提案した．すなわち，条件が変われば物質の溶存状態が変化し，凝集してコロイドになると考えたのである．さらに彼は，高分子説を示唆する分子量の大きい真性コロイド(オイコロイド：1個の分子がコロイドを形成した状態)の存在を認めている．しかし当時大勢であったのは，やはりミセル説であった．H. E. Fischer (1902年ノーベル化学賞)は，18個のアミノ酸からなるポリペプチドの合成に成功しているが，たとえタンパク質であっても分子量5000以上のものは存在しないとして，次のように述べている．「タンパク質に対して測定された数値(12000～15000)はタンパク質分子1個に相当するものではない．なぜならば我々は天然のタンパク質が単一の分子からなるという保証をもたないからである．」

　また，高分子説にとってさらに不幸なことに，1890～1900年当時は配位錯体生成に見られるような二次的な力(副原子価)による分子の会合に多くの化学者の興味が集まっていた．そのため，セルロースやゴムに対しても，基本単位が多数会合して高分子的ふるまいをしているにすぎないと考えられた．A. G. Greenは，セルロースに対して，**図1.2**に示す環状構造を提案し，$C_6H_{10}O_5$を基本単位とする会合体と考えた．同じ1904年にC. D. Harriesは，ゴムに対してイソプレンの環状構造の2量体を基本単位とした，オレフィン部位の相互作用による会合体を考えた．それは，もし直鎖状の開環構造ならば末端基が存在するはずであるし，また，その末端基は反応性をもつと考えられるからである．

　このような状況下でStaudingerは，1920年に論文"Über Polymerisation"を発表する．この時点で彼はこれといった実験的な証拠をもっていなかったにもかかわらず，共有結合でつながった多くの原子をもつ粒子を「高分子(巨大分子，macromolecule)」と定義した．その例として彼は，セルロース，ゴム，タンパク質，それにいくつかの合成分子(ポリオキシメチレン，ポリスチレン，ポリアクリル酸)の存在をすでに示唆している．

　1913年，フランスの物理学者J. P. Perrin (1926年ノーベル物理学賞)は，次のように高分子説を否定した．「非常に複雑な分子(高分子のこと)は2,3個の原子からなる分子に比べてもろいだろう．それゆ

H. Staudinger (1881～1965)

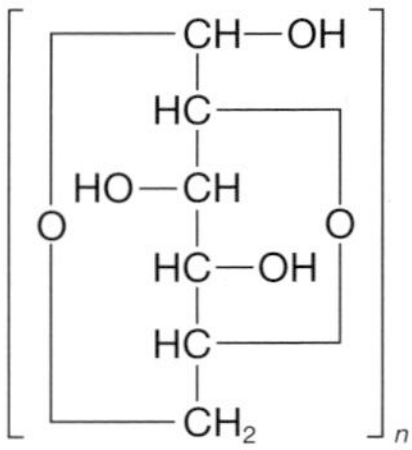

Greenのセルロースの低分子モデル

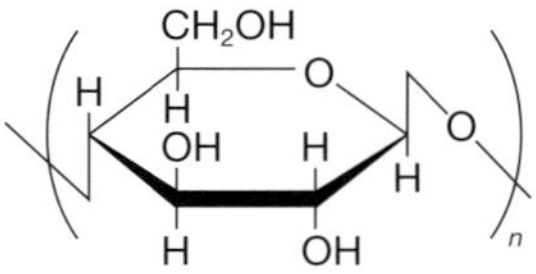

セルロースの分子構造

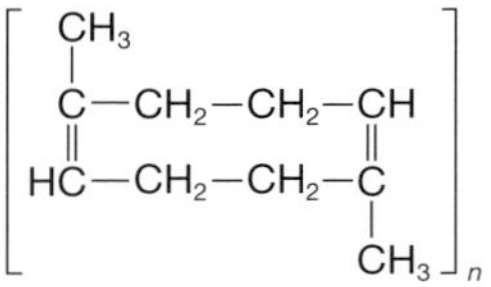

Harriesのゴムの低分子モデル

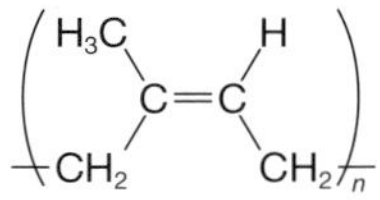

ポリイソプレンの分子構造

図1.2　ミセル説にもとづく分子構造(左)と実際の分子構造(右)
上：セルロース，下：ポリイソプレン

えそれらが観測にかかる機会はほとんどないと考えられる.」

1925年に開催されたチューリッヒ化学会で，Staudingerの発表に対して，著名な鉱物学者のP. NiggliはX線解析から見積もった単位胞の大きさをもとに，「そんなもの(高分子)は存在しない.」と，言下に切り捨てた．翌年には追い討ちをかけるように，H. O. Wieland (1927年ノーベル化学賞)がStaudingerに「巨大分子の考え(高分子説)を捨てなさい．5000以上の分子量をもつ有機分子は存在しない．ゴムのようなあなたの生成物を精製しなさい．そうすればそれらは結晶化し，低分子量の化合物であることがわかるでしょう.」と言っている．要するところStaudingerの実験が不十分であるとの指摘である．なお，新しく提案された事象を批判する材料として「不純物の存在」が利用されることは現在でもよくある．このように，Staudingerの周りにはそうそうたる科学者たちが立ちはだかっており，まさに四面楚歌状態にあったことが想像される.

1.3.2　MeyerとMarkの新しいミセル説

このような状況下においてもStaudingerはめげることなく，自らが立てた仮説を証明すべく精力的に実験を行い，論文発表を続けた．上述したように，ゴムが，Harriesが考えたように二重結合を介した会合体であるならば，これに水素添加すると1,4-ジメチルシクロオクタンが生じ，蒸留も可能になると考えた．とこ

ろが還元して得られた水素化物は依然として蒸留できず，ゴムに似たコロイド様の外観を呈した．Staudingerはこの実験結果をもとに，ゴムは100個以上のイソプレンが化学的に結合(共有結合)した巨大分子であると明言した．この主張は今日では当たり前のことであるが，当時主流のミセル説派にはほとんど受け入れられなかった．

それでも1925年頃から少しずつではあるが，高分子説を支持する実験結果が出始めてきた．これまでの古いミセル説を主張するP. Karrer, M. Bergmann, R. Pummerer, K. Hessら一連の研究者たちは，このミセルを構成している分子が小分子であると考えていたのに対して，K. H. MeyerとH. F. Markは，彼らとは一線を画すミセル説を提案した．当時，カイザーウィルヘルム繊維研究所の所長であったR. O. Herzogは，Meyer, MarkとともにX線結晶学の研究を行っていた．彼らはX線解析により見積もられた固体セルロースの微結晶(単位胞が1000個集まってできる一辺10 nm程度の小さな結晶，第5章参照)の大きさから，セルロースは$C_6H_{10}O_5$が多数連結した分子が平行に配列して微結晶を形成したものである可能性があることを指摘した．さらにMeyerとMarkはこのX線の手法をセルロースだけでなく，絹フィブロインや冷延伸して結晶化させたゴムにも拡張したところ，化学構造から推定される繊維周期とよく一致したX線回折パターンが得られた．彼らの主張では，Harriesが考えたような低分子の環状化合物が会合してゴムができているというような発想はもはや排除され，一方で比較的長い鎖状分子が凝集してコロイド様挙動を示すという新しい概念が含まれていた．しかしながら，Staudingerの主張する非常に長い鎖状分子という考えとは依然として異なるものであった．

1926年にデュッセルドルフで開催されたドイツ自然科学者および医学者協会の会議でStaudingerはさらに新しい成果に基づいて，これまでのミセルコロイド(会合コロイド)とは異なる高分子説に基づくオイコロイド(分子コロイド)なる概念を提示したが，多くのミセル説派の研究者から強く否定された．一方で，幾人かの先進的な科学者はStaudingerの講演を聴いて高分子説サイドに傾いた．その一人で，この会議の座長をしていたR. Willstätterは，「有機化学者である私にとって，分子が100000もの分子量をもちうるという考えは驚くべきことである．しかし，今聴いた内容をもとにすれば，私はゆっくりとでもこの考え(高分子説)に適応していかなければならないようだ．」と述べている．いずれにしても議論の中心は，低分子か高分子かではなく，高分子説をベースにした分子量の大きさや

高分子の形へとシフトしていった.

1.3.3　論争の終焉──高分子の概念の確立

　Markらとの論争は，依然として続いていた．1930年頃，Staudingerは，古典的な分子量測定法では高分子の分子量がなかなかうまく決定できないことから，新しい分子量測定法を展開した．すなわち，高分子溶液の粘度と分子量(重合度)の間に相関があるとしたのである．それを「粘度則(律)」と称した．さらに彼は高分子の分子モデルとして「木の杖」を考えた(しかし後にこれが誤りであることを認める)．すなわち高分子の分子構造から考えて，球状ではなく棒状に近いとして，そのモデルとして炭素数24～53までのパラフィンを採用し，それぞれのパラフィンの溶液の粘度を測定した．その結果，比粘度(溶液の粘度から溶媒の粘度を引いた値を溶媒の粘度で割った値)を濃度で割った還元粘度(η_{sp}/c)が分子量に比例することを見いだし，次式を提案した．

$$\frac{\eta_{sp}}{c} = K_m \cdot M \tag{1.2}$$

ただし，K_mは比例定数，η_{sp}は比粘度，cは溶質の質量濃度である．後に，この式の有用性について検討がなされ，ポリスチレンの塊状重合生成物について，重合温度が高いときには式(1.2)が成り立たないこと，またポリ塩化ビニルについても，重合度が100を超えると式(1.2)が成り立たないことが判明した．Markと物理化学者のW. Kuhnは，Staudingerの提唱する高分子の木の杖モデルと粘度則を信じなかった．特にKuhnは溶液中での高分子の形態としてコイル(Gauss鎖または統計鎖)のモデルを主張した．すなわち，溶解した高分子は，図1.3に示すような塊状の小球から膨張した球，さらには棒状に至るさまざまな形態をとるとした．しかしStaudingerは頑としてこの考えを受け入れなかった．

　多くの高分子/溶媒の組み合わせについて検討がなされ，現在では分子量の広い範囲で，Mark-Houwink-櫻田の式として知られる次の関係が受け入れられている．

$$[\eta] = K \cdot M_v^a \tag{1.3}$$

ただし，$[\eta] (= \lim_{c \to 0}(\eta_{sp}/c))$は極限粘度数(limiting viscosity number)または固有粘度(intrinsic viscosity)，Kとaは固有のパラメータである．あらかじめKとaが実験的に求められていると，粘度測定から(粘度平均)分子量(M_v)が決定できる．

　再び，低分子説か高分子説かの議論に話を戻す．高分子説の妥当性を強力に支

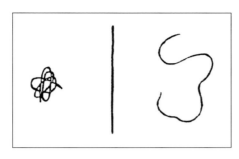

図1.3　Markの描いた溶液中での高分子のスケッチ
[R. Houwink *et al*., *Trans. Faraday Soc.*, **32**, 310（1936）]

持する実験事実は，Staudinger得意の有機化学的手法により見いだされた．すなわち，等重合度反応によるものである．彼はデンプンをまず三酢酸デンプンに変換した後，再びデンプンに戻して，それぞれの分子量(重合度)を比較したところ，反応の前後で重合度にほとんど変化のない，まさしく等重合度反応が起こっていることを明らかに示す結果を得た．Greenらのいう低分子の会合体であれば，誘導体に変え，溶媒が変わっても会合度が一定であるなどということは考えられない．

さらに同様の等重合度反応を，ゴムのモデル高分子としてのポリスチレン（polystyrene, PS）について行った結果，ポリスチレンの重合度(n)と，これを水素添加したポリビニルシクロヘキサンの重合度にほとんど差がないことが実証された．会合体を形成する上で必要な二重結合を飽和結合に変えても分子量がほとんど変化しないことから，スチレンが二次的な力で会合したのではなく，共有結合で連結されていることが実験的に裏づけられた．Staudingerはこれらの事実をすでに1920年発表の論文で予見しており，ポリスチレンの構造を右図のように明示していることは驚くべきことである．

ポリスチレンの分子構造

有機化学的手法という観点からは，ナイロンの発見につながるCarothersによる一連の重縮合の研究が高分子説を支える重要な貢献をしたことは言うまでもない．1935年にイギリスで開催されたファラデー討論会において，StaudingerはCarothersとともに，過去10年間におけるそれぞれの研究の大要を述べ，英国物理化学会は「高分子」を受け入れた．MeyerとMarkもその後さらに詳細な研究を行うことで，巨大分子的解釈に同意した．Bergmannも彼の以前の考えを捨て

た．Hessもセルロースに関する新たな研究において，以前のミセル構造の立場には戻らず，セルロースの巨大分子構造をその基礎にした．

こうして1920年の論文に端を発した16年間に及ぶ激しい論争も終焉を迎えた．そして，この論争は我々に多くの貴重な教訓を残した．まず，「多数意見が必ずしも真実を導かない」ということである．同時に，その考えが後に間違いであることがわかるとしても，多数意見になってしまった場合には，これを打ち破ることは至難の業であることもわかる．また，「正しく行われた実験の結果が，正しく解釈されるとは限らない」こともわかる．心しておきたいものである．

Staudingerには，それまでの業績に対して1953年にノーベル化学賞が贈られた．その受賞講演において，彼はKuhnの「コイル構造」に言及し，その考えを事実として受け入れたのである．

1.3.4 その後の高分子科学の展開

高分子説が確立された頃には，その過程において多くのビニルモノマーや環状モノマーなどの付加重合の研究が進み，ビニル重合におけるラジカル重合機構，速度論と重合度式が1940年頃までに確立された．

その頃アメリカでは，ハーバード大学からデュポン社に移ったCarothersらが，とにかく高分子量のポリエステルを重縮合反応で作ることに心血を注いでいた．間もなくして彼らは12000の分子量をもつ高分子の合成に成功した．そして，その高い分子量のおかげで溶融状態から繊維状に紡糸できることを見つけた．さらにこの長い線状分子が入り交じった不透明な糸を室温で強く引張りながら巻き直してみたところ，伸びていくのはもちろんのこと，不透明部が透明になり，分子配列性のきわめて高い繊維構造に変化することを発見した．これは今日の冷延伸(cold-drawing)と呼ばれる加工法の始まりである．この方法により，繊維中の高分子の配向がそろい，力学的強度の著しい向上が達成された．その後，Carothersはポリアミドへと方向を変え，ナイロン6,6を開発する．ポリエステルとポリアミドは逐次重合で形成される重縮合系高分子の代表例である．Carothersはこの逐次重合の理論を考えだし，重合度とモノマーの高分子への転化率(重合率)を関係づける式を導出した(第3章式(3.5))．この式により，高分子量の高分子を得るためには，十分に高い重合率が要求されることが示された．このようにCarothersは重縮合系の理論と合成の両面において華々しく研究を展開したが，残念なことに，ナイロン6,6の市場へのデビューを見ることなく，ま

W. H. Carothers（1896〜1937）　　　P. J. Flory（1910〜1985）

た自らの第一子の誕生を見ることなく，1937年に41年間という短い生涯を閉じた．

その少し前（1934年），P. J. Floryはデュポン社に入社し，尊敬するCarothersを上司としてその指導を仰ぐことになった．CarothersがFloryに与えた課題は，鎖状（合成）高分子の鎖長分布に関する数学的理論を開発することであった．さまざまな条件下での統計処理を試行錯誤し，数年後に発表した論文において「最確分布（most probable distribution）」という言葉を初めて使用した．これは実際の高分子生成物の鎖長分布を記述する標準となっていった．当時，鎖長分布の測定にはたいへんな手間がかかり，かつ正確なものではなかった．今日では，サイズ排除クロマトグラフィー（SECまたはゲル浸透クロマトグラフィー（GPC））法（2.4.2節参照）のおかげで日常的に測定されている．さらにFloryはデュポン社在籍中に，重合反応について1つの基本的で重要な貢献をしている．それはオレフィンの重合動力学において「連鎖移動反応」を素反応に含める必要性を指摘したことである．Carothersの死後Floryはデュポン社を去り，大学，企業の研究所を経て，最後はスタンフォード大学に留まった．この間，Floryは高分子物質の物理化学に関するほとんどの主要な問題を取り扱った．扱った問題は重合の動力学と機構，分子量分布，溶液の熱力学，粘度，結晶化，鎖のコンホメーション，ゴム弾性など多岐にわたり，300報を超す論文を発表した．そして，1948年にコーネル大学で1年間行った講義の内容をまとめた書籍 *Principles of Polymer Chemistry* として集大成した．これらの成果が認められ，Floryはめでたくスタンフォード大学初のノーベル化学賞受賞者となったのである（1974年）．

この頃，再び合成面において1つのブレークスルーが訪れる．それはK. ZieglerとG. Nattaによる有機金属触媒の発見である．エチレンをラジカル重合させたポ

K. Ziegler (1898〜1973)　　G. Natta (1903〜1979)

リエチレンは優れた材料であったが, いくつかの問題を抱えていた. その1つは, この重合反応を行うには, 300℃, 数百〜数千気圧というきわめて過酷な条件を必要としたことである. ドイツのマックスプランク研究所のZieglerらのグループはこの点を改良すべく, より穏やかな条件でポリエチレンが合成できないかと, 種々検討を重ねていた. ある日彼らがトリエチルアルミニウムとエチレンを反応させてポリエチレンを合成する実験を行っていたとき, ポリエチレンができずに, エチレンが2量化した1-ブテンのみが生じるというまったく予想外のことが起こった. 不思議に思って, Zieglerはその原因を徹底的に調べることにした. 数週間にわたる大掛かりな調査の結果, 反応容器(オートクレーブ)に存在したニッケル塩が原因であることを突き止めた. しかしZieglerはこれだけでは満足できずに, ニッケルに類縁するコバルトから鉄, さらにジルコニウム, チタンまでの遷移金属元素の触媒能を系統的に調査した. その結果, 驚くべきことに, 四塩化チタンを用いたとき, 常温・常圧という穏やかな条件でポリエチレンが合成できることを見いだしたのである. チーグラー触媒 ($TiCl_4/(C_2H_5)_3Al$) の誕生である. ところがこの大発見にはZieglerが気づかなかったさらなる展開が残っていた. イタリアのパヴィア大学のNattaは, 顧問をしていた会社の研究所でチーグラー触媒を検討するうちに, 四塩化チタンの代わりに三塩化チタンを試みることを思いついた. そして, この触媒はプロピレンを重合させる能力があることを見つけた. しかもこのポリプロピレンは立体規則性を有していた. 二人が発見した触媒は, 今日ではチーグラー・ナッタ触媒と呼ばれ, その後も改良が重ねられ, 現在もプラスチック工業の主役の座にある. この業績により, 二人はそろって1963年にノーベル化学賞を受賞した. 彼らの発見した触媒の波及効果は絶大で, ビニ

ル高分子の不斉炭素の立体配置の制御，ジエン高分子の1,2-構造と1,4-構造およびシスとトランスの制御などを達成した．また，後述するKellerによる高分子単結晶の観察に用いられたポリエチレンは，この触媒を用いた重合で得られたものである．

　予想と異なる事象が生じたとき，目的と違うからといって無視することなく，その原因を徹底的に追求し，明らかになった原因をもとにさらに横へと展開して新たな可能性を探るというZieglerの手法は，現代を生きる我々にとっても非常に参考になり，「セレンディピティー（serendipity）」を生みだしうる．2000年に白川英樹が他の二人の共同受賞者（A. G. MacDiarmidとA. J. Heeger）とともにノーベル化学賞を受賞したとき，選考委員会はこの三人を，セレンディピティーの語源とされる「セレンディップの三人の王子」と紹介した．偶然と知恵によってアセチレンからポリアセチレン薄膜を作り，さらにドーピング処理によって導電性をもたせるという，一連の白川らの発見も，まさにセレンディピティーに当てはまる．この白川らが行ったアセチレン重合の触媒がチーグラー・ナッタ触媒であったことも忘れてはならない．

　高分子合成の分野では他に，今日の精密重合の礎となるM. Szwarcによるリビングポリマーの発見（1956年）や，W. Kaminskyらによるオレフィンの重合に高活性を示すメタロセン触媒の発見（1980年），さらにR. H. Grubbsによるメタセシス重合を用いた新規高分子の合成法の開発（1998年）など，高分子科学の発展にとって重要な研究が精力的に推し進められた．

　一方この頃，高分子固体に関する研究も大きな転機にあった．1957年 A. Kellerは，ポリエチレンの単結晶について，電子線回折，X線回折，電子顕微鏡などの手法を駆使して膨大な実験データを集め，**図1.4**に模式的に示す「高分子鎖の折りたたみ（ラメラ）構造」がゆるぎない事実であることを発表し，世界的な反響を巻き起こした．

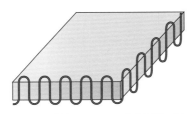

図1.4　ポリエチレン単結晶における高分子鎖の折りたたみ構造

さらに高分子のレオロジー的性質や熱的性質の研究が大きく展開したのも1950年代である．例えば，ガラス転移温度を基準とすると，粘弾性と温度の間にはほぼ高分子種によらない経験式（WLF式：Williams, Landel, Ferryの頭文字，第6章参照）が成り立つことが発見された．1970年代になるとP. G. de Gennes（1991年ノーベル物理学賞）は，フローリー・ハギンスの格子モデル（第5章参照）では説明できない高濃度の高分子溶液や高分子凝集系について新しい考え方を提案した．それは，曲がりやすい高分子鎖が示す性質を細部にとらわれず大局的な見地から解き明かしたスケーリング則である．また，高分子が流動するときに分子鎖が他の分子を横切ることなく自身の分子軸の方向には自由に拡散できるという，いわゆるレプテーション（reputation）モデルも提案し，高分子物理学の再構築がなされた．このモデルはのちに，土井とEdwardsによって濃厚系のレオロジーへと展開された．また同じ頃，生体高分子に関しても大きな進展が見られた．タンパク質のαヘリックス構造（α-helix structure）がL. Pauling（1954年ノーベル化学賞）によって，またDNAの二重らせん構造（double helix structure）がJ. P. WatsonとF. H. C. Crick（1962年ノーベル生理学・医学賞）によってそれぞれ明らかにされた．1963年には，R. B. Merrifield（1984年ノーベル化学賞）によりペプチドの固相合成法（solid-phase synthesis）が開発された．

このように見てくると，高分子の概念が確立されて以来，望みの高分子をいかにして作るか，そして合成された高分子はどのような構造をもちどのような性質を示すのかに焦点が当てられてきた．「合成」，「構造」，「物性」それぞれの学問領域がうまく連携をとり，今や確固たる1つの学問体系（＝高分子科学）に成長している．そして，その結果として，目的の機能を果たす「材料」が開発され，高分子産業の発展に貢献してきた．高分子科学と高分子産業の融合は，もはや天然物をはるかに越えた高性能の構造材料を生みだし，我々の生活をますます豊かで快適なものにしている．一方で，タンパク質や核酸などの生体高分子のもつ「賢い」機能にはまだまだ追いつけないことも素直に認めなければならない．高分子の研究に携わる科学者たちの「直観」に加え，「粘り」，「セレンディピティーの精神」が集約されることで，今後も未来材料の開拓に向け，高分子科学の分野が不連続かつ飛躍的に発展していくこと（パラダイムシフト）を期待したい．

❖演習問題

1.1 「高分子説」が受け入れられなかった頃の高分子に対する主流の考えを述べなさい．

1.2 Staudingerが「高分子説」を説明するために用いた等重合度反応について具体例をあげて説明しなさい．

1.3 「ミセル説」から「高分子説」へと変遷していく過程から我々が学ぶべき点をまとめなさい．

1.4 Carothersのナイロンやポリエステルの合成研究はStaudingerの「高分子説」を支持した．その理由を述べなさい．

［第 1 章の人物写真］

・H. Staudinger, W. H. Carothers, K. Ziegler, G. Natta：インターネット百科事典ウィキペディア（https://ja.wikipedia.org/wiki/）より引用
・P. J. Flory：東京工業大学名誉教授　安部明廣先生ご提供

第2章　　高分子の分子形態

　ある用途のために高分子材料を作ろうとするとき，物性に関する情報が必要となるが，その物性を決めるのは高分子の構造である．高分子の構造には2つの意味，すなわち巨大分子としての高分子1個の分子構造（化学構造）と，その集合体である高分子物質としての構造がある．本章では前者の化学構造についてビニル高分子をとりあげ，考えてみる．ビニル高分子は，1種類のモノマーを重合して得られる単独重合体と，2種類あるいはそれ以上のモノマーを重合（共重合）して得られる共重合体の2つに分類され（2.1.1節および2.1.3節），こうした高分子の化学構造は，繰り返し単位（モノマー単位）の結合様式，立体規則性，分子量，分子量分布などによって決まる．これを一次構造（primary structure）と呼ぶ．さらに高分子鎖は分子内，分子間相互作用によって多様なコンホメーション（立体配座）をとり，空間的配置を形成する．これを二次構造（secondary structure）と呼ぶ．実際の高分子物質の構造は，二次構造や第5章で述べる高次構造（higher order structure）が組み合わさって構成されている．

2.1　高分子の一次構造

2.1.1　繰り返し単位の結合様式

　まず，ビニルモノマー $CH_2=CH(X)$ が多数結合（重合）して生成するビニル高分子を例に考える．CH_2 を尾，$CH(X)$ を頭とすると，以下に示す2種類の生成物で，3通りの結合の仕方（**a, b, c**）が可能になる．すなわち，あるモノマー分子の CH_2 が別のモノマー分子の $CH(X)$ と結合する場合（**a**：式(2.1)）と，あるモノマー分子の CH_2 は別のモノマー分子の CH_2 と，$CH(X)$ は $CH(X)$ と結合する場合（それぞれ **c, b**：式(2.2)）である．

$$CH_2=CH \atop X \Bigg\{ \begin{array}{l} -CH_2-\overset{\mathbf{a}}{CH}-CH_2-\overset{\mathbf{a}}{CH}-CH_2-CH- \\ XXX \end{array} \quad (2.1)$$

$$-CH_2-\overset{\mathbf{b}}{CH}-\overset{\mathbf{b}}{CH}-CH_2-\overset{\mathbf{c}}{CH_2}-CH- \atop XXX \quad (2.2)$$

式(2.1)の結合 a を頭－尾(head-to-tail)結合，式(2.2)の b, c をそれぞれ頭－頭(head-to-head)結合，尾－尾(tail-to-tail)結合という．しかし一般に付加重合では，立体的要因を考慮すると，成長活性種はモノマーの尾(tail)側と結合をつくる方が有利となり，また，頭－尾結合により生じた成長活性種($-\overset{*}{\text{C}}\text{H(X)}$)の方が，頭－頭結合により生じた成長活性種($-\overset{*}{\text{C}}\text{H}_2$)よりも安定である場合が多く，頭－尾結合が優先されるため，ビニルモノマーの重合により生成した高分子は式(2.3)のように表される．

$$\text{CH}_2=\underset{\text{X}}{\text{CH}} \xrightarrow{\text{重合}} {\Large(}\text{CH}_2-\underset{\text{X}}{\text{CH}}{\Large)}_n \qquad (2.3)$$

次に，イソプレン(2-メチル-1,3-ブタジエン)のような共役ジエンモノマーを重合させた高分子の場合，複数の構造の可能性がある．前述のビニルモノマーと同じように，1,2 位あるいは3,4 位で付加重合して生じる高分子は，1,2-構造あるいは3,4-構造と呼ばれる．それに加え，共役ジエンモノマーでは1,4-付加重合によって1,4-構造の高分子が生成する．この1,4-構造の高分子には，さらに *trans* と *cis* の幾何異性体が存在する．

$$\underset{1}{\text{CH}_2}=\underset{2}{\overset{\text{CH}_3}{\text{C}}}-\underset{3}{\text{CH}}=\underset{4}{\text{CH}_2} \xrightarrow[1,4-\text{付加}]{1,2(\text{or }3,4)-\text{付加}} \cdots \qquad (2.4)$$

1,2-構造　　　　3,4-構造

$$\qquad (2.5)$$

trans-1,4-構造　　　*cis*-1,4-構造

イソプレンに対して通常のラジカル重合を行うと，これら4種類の混合物として得られる．古くより人類が重宝してきた天然ゴム(生ゴム)は，ほぼ100% *cis*-1,4-ポリイソプレンからできている．実際には，これを加硫して部分的に架橋し，よりゴム弾性を高めて使っていた．のちに，チーグラー・ナッタ触媒の発見により，100%近い *cis* 構造のポリイソプレンが合成できるようになり，天然ゴムに近い性質を示す合成ゴムが得られるようになった．一方で，*trans*-1,4-ポリイソプレン(グッタペルカ)はゴムの性質をまったく示さない．

以上で述べた線状高分子のつながり方は重合時に決まってしまう構造で，共有

結合を切ってつなぎかえない限りは変わらない．こうした重合時に決まる構造のことを**コンフィグレーション**（configuration，立体配置）と呼ぶ．

2.1.2 立体規則性

ビニルモノマーが重合して生成した高分子には，主鎖の結合様式に加え，不斉炭素（C^*）が存在し，その配列の仕方もコンフィグレーションの1つとなる．

いま，頭-尾結合のみでできた右図に示すビニル高分子を考える．C^*には側鎖置換基XとHのほかに，重合度がxとyの主鎖が結合するが，xとyの主鎖は繰り返し単位の数が異なるだけで明確な構造上の違いがあるわけでないので，1つのC^*の立体配置よりもむしろ隣り合う2個の繰り返し単位（ダイアッド，二連子，diad）の立体配置の方が重要になる．主鎖のC–C結合を平面ジグザグ状に引き延ばしたとき，**図2.1**に示すように，2個の繰り返し単位の立体配置が同じ場合（メソ，*meso*）と異なる場合（ラセモ，*racemo*）がある．また，3個の繰り返し単位（トリアッド，三連子，triad）の場合は，*mm*，*rr*，*mr*（または*rm*）という3つの相対的な立体配置があり，それぞれ**イソタクチック**（isotactic），**シンジオタクチック**（syndiotactic），**ヘテロタクチック**（heterotactic）トリアッドとも呼ばれる．これらトリアッドの繰り返

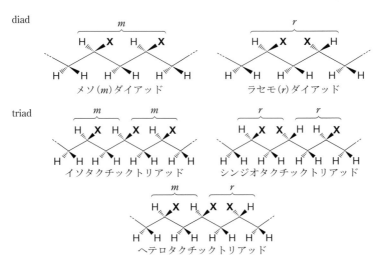

図2.1　ダイアッド（二連子）とトリアッド（三連子）

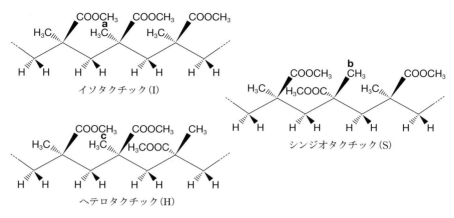

図2.2 ポリメタクリル酸メチルの立体規則性

しにより構成される高分子はそれぞれイソタクチック高分子，シンジオタクチック高分子，ヘテロタクチック高分子と呼ばれる．また，規則性がない場合を**アタクチック**（atactic）高分子と呼ぶ．このような置換基Xの配置の仕方を高分子の立体規則性（**タクチシチー**，tacticity）という．立体規則性の解析には，核磁気共鳴（NMR）分光法が主要な測定手段として用いられる．高分解能の^{1}H NMRや^{13}C NMR測定などが用いられ，化学シフトやスピン結合によるスペクトルの分裂を解析することにより，立体規則性の評価ができる．

　ポリメタクリル酸メチルは重合条件によってほぼ完全な立体規則性高分子（イソタクチック(I)，シンジオタクチック(S)，ヘテロタクチック(H)高分子）が合成できるので，ここではポリメタクリル酸メチルをとりあげて立体規則性について考えてみよう．3種類の立体配置を**図2.2**に示す．例えば，不斉炭素に結合している3つのαメチル基の炭素**a, b, c**に注目してみる．**a, b, c**はそれぞれ局所磁場環境が異なるので，^{13}C NMR測定で区別して観察することができ，それぞれのシグナルの強度からI/S/Hの含有量を求めることができる．これはトリアッドの例であるが，装置の進歩にともなってより精密なNMR測定が可能となり，さらに長い連子の立体規則性も評価できるようになってきている．

　高分子の高次構造は立体規則性によっても大きな影響を受けるため，高分子の溶解性，結晶性，さらには材料としての諸物性も立体規則性によって大きく異なる．例えばポリプロピレンについてみると，図2.1の側鎖(X)のメチル基が片方のみに規則的に結合したイソタクチックポリプロピレンは，優れた強度を有するこ

とからポリプロピレン樹脂として実用化されている．一方，アタクチックポリプロピレンは強度が足りず工業的には利用されていない．Xがフェニル基であるポリスチレンでは，シンジオタクチックポリスチレンが合成され，エンジニアリングプラスチックとして利用されている．それは，シンジオタクチックポリスチレンでは側鎖が規則的に配列して結晶化することで，結果として力学的強度の著しい向上が達成されるからである．このような立体規則性の高い高分子を生成する反応を**立体特異性重合**（stereospecific polymerization）と呼んでいる（第4章参照）．

2.1.3　共重合体の構造

前述のポリプロピレンやポリスチレンなどのように，1種類のモノマーから得られる高分子を**単独重合体**（homopolymer）というのに対して，2種類あるいはそれ以上のモノマーから共重合して得られる高分子を**共重合体**（copolymer）という．2種類のモノマー（A, B）からなる共重合体は，それらモノマー単位の配列の仕方によって以下のように分類できる（**図2.3**）．まず配列に規則性がないものを**ランダム共重合体**（random copolymer），AとBの繰り返し単位が交互に結合したものを**交互共重合体**（alternating copolymer）という．これらの共重合体はそれぞれの単独重合体とは異なる性質を示すことが多い．これに対して，AとBの単独重合体のブロック（かたまり）が結合したものを**ブロック共重合体**（block copolymer）という．繰り返し単位がブロックとなって高分子鎖中に結合しているため，それぞれの単独重合体の性質を兼ね備えていることがブロック共重合体の特徴で

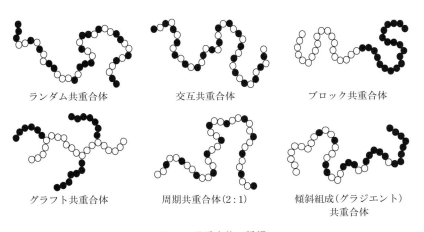

図2.3　共重合体の種類

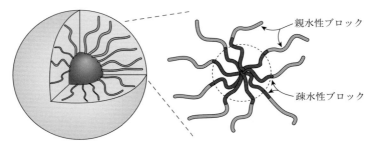

図2.4　高分子ミセルの模式図

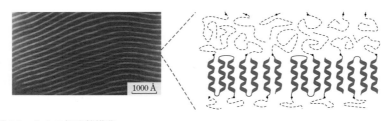

図2.5　ミクロ相分離構造
　　　左は電子顕微鏡写真，右はモデル図．
　　　［B. Perly, A. Douy, and B. Gallot, *Makromol. Chem.*, **177**, 2569(1976)より一部改変］

ある．すなわち，1個の分子が二面性を示すのである．例えば，親水性のブロックと疎水性のブロックをもつブロック共重合体が水中でつくる会合体がそのよい例である．界面活性剤が水中でミセルをつくるように，疎水性ブロックが核を構成し，その周りを親水性ブロックが取り囲んだ高分子ミセルをつくる（**図2.4**）．また，それぞれのブロック成分からなる単独重合体を混ぜただけの固体では，それぞれのブロックの相性が悪く混ざり合わずに，それぞれのブロックが同種のものどうしで集まろうとするが，ブロック共重合体では互いに共有結合でつながっているため，結果として両ブロックの鎖長に見合った空間的な分離状態，すなわち**ミクロ相分離構造**（microphase separated structure）と呼ばれる秩序性の高い高次構造が形成される．**図2.5**は，非晶のポリブタジエンとロッド状の形態をとりやすいポリ（L-グルタミン酸γ-ベンジル）からなるブロック共重合体の電子顕微鏡写真である．美しいミクロ相分離構造が観察される．

　以上の共重合体はいずれも線状（鎖状）構造であるのに対して，**グラフト共重合体**（graft copolymer）は枝分かれ構造をとる．耐衝撃性に優れたABS樹脂は，ポリブタジエン（B）の幹にアクリロニトリル（A）とスチレン（S）のランダム共重合体の

枝を付けたグラフト共重合体であり，やはりミクロ相分離構造を示す．「樹脂」と呼ばれることからわかるように，全体としては連続相を形成している．AS部分が熱可塑性樹脂 (thermoplastic resin) としての役割を果たすが，衝撃を受けたときにゴム状のB部分がエネルギーを吸収するので，均一な（ミクロ相分離していない）AS樹脂に比べて衝撃に強く割れにくい．

このように，ブロック共重合体やグラフト共重合体は，その秩序立った組織構造（ミクロ相分離構造）に基づいて優れた機能を果たすことから，機能性材料の素材として有用である．その基本となる組織構造の形成においては各ブロックやグラフト鎖が共有結合で連結していることが重要で，ブロックやグラフト成分の単純な混合では実現できない．

ほかにもより高度な一次構造をもつ周期共重合体 (periodic copolymer) や傾斜組成共重合体 (gradient copolymer) などが知られており，それぞれモノマー単位が秩序的連鎖（図2.3の例では2:1）で現れる共重合体，高分子鎖に沿って組成が連続的に変化する共重合体である．

2.2　高分子の二次構造

高分子の一次構造（コンフィグレーション）は重合時に決まる．それに対して，高分子鎖のC–C結合まわりの回転により，分子はさまざまな形態をとることができる．これを高分子の二次構造と呼ぶ．また，高分子鎖における原子や原子団の間の空間配置を**コンホメーション** (conformation, 立体配座) という．コンホメーションの多様性は高分子の最大ともいえる特徴であり，コンホメーションにより分子の集合体である高分子物質の性質は決まる．

高分子鎖のコンホメーションを説明するためのモデル分子として n-ブタンをとりあげる．いま，n-ブタン ($CH_3CH_2CH_2CH_3$) の中央のC2–C3結合まわりの回転異性体を考える．**図2.6** (a) は，C2–C3結合の回転角の変化に対してポテンシャルエネルギーが変化する様子を示している．図からわかるように，メチル基が互いに最も離れた位置にあるトランス (*trans*, T) のときに，ポテンシャルエネルギーは最小値をとる．このときの回転角を0°とすると，2つのメチル基が+120°，−120°の位置にあるそれぞれゴーシュ$^+$ (*gauche*$^+$, G^+) およびゴーシュ$^-$ (*gauche*$^-$, G^-) のときにもエネルギー的に極小の状態が現れる．±180°回転すると2つのメチル基が重なり合い，最も不安定な状態（回転ポテンシャルエネルギーは最大値）

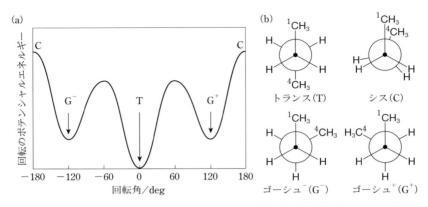

図2.6 (a) n-ブタンの回転ポテンシャルエネルギー変化と(b)回転異性体（Newman投影式）

となる．この状態をシス（*cis*, C）または重なり（eclipsed）形という．**図2.6**(b)にn-ブタンのT, C, G^+, G^-の回転異性体のNewman投影式を示す．すなわち，C2を手前に置き「●」印で，C3を後方に置いて大きな円で表してある．これらのうち，極小値をとる3つの回転異性体が，Tと$G^{\pm}$のエネルギー差によって決まる割合でそれぞれ存在している．Tと$G^{\pm}$の間のポテンシャルエネルギーの山は，室温付近において分子がもつ熱エネルギーと大差ないので，相互に変換が可能である．実在の高分子がどれくらいの速度で相互変換しているのかを見積もってみると，1秒間に10^{10}回もT↔$G^{\pm}$の転位が起こっていることになる．

1本の高分子鎖には多くのC–C結合があるので，分子内回転の自由度も多数あり，その結果，高分子鎖は多様な形態をとることができる．いま，図2.6でC1とC4の間の角度がある特定の値をとるようなC2–C3結合まわりの回転が生じたとする．それが連続的に起こると高分子鎖全体として規則正しい形態をとるようになる．イソタクチック型のポリプロピレン $\pm$CH$_2$–CH(CH$_3$)$\pm_n$ の結晶状態での分子形態がその例である．高分子鎖は側鎖メチル基3個ごとに1回転するらせん構造をとる（図5.13参照）．これを3/1（3_1）らせんと呼ぶ．側鎖の置換基がさらに大きくなると，原子間の相互作用によりらせん間隔は大きくなる．

高分子鎖の形態を定める因子には，この他に分子内や分子間に働く水素結合がある．例えば，ポリペプチド（ポリアミノ酸）の場合，分子鎖中の >C=O⋯H–N< 間での水素結合が働き，αヘリックス構造（α-helix structure, 36/10（36_{10}）らせん）やβシート構造（β-sheet structure）と呼ばれる二次構造を形成し，タンパク質が機能を発現する上で重要な役割を果たす．

2.3 特殊形状をもつ非線状高分子

　ここまで述べてきた高分子は，2つの末端を有する線状高分子である．しかし，天然高分子や合成高分子の中には種々の枝分かれをした分岐高分子や，線状高分子の両末端が結合した環状高分子などの特殊な形状をもつもの(非線状高分子)があり，次世代を担う新しい機能素材として期待が寄せられているものが多い．

　線状高分子と特殊形状をもつ高分子の分子形態を模式的に**図2.7**にまとめた．線状高分子にはすでに述べたように，単独重合体や共重合体・ブロック共重合体

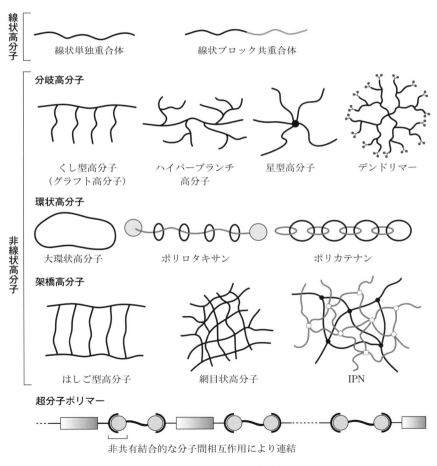

図2.7　線状高分子，特殊形状をもつ非線状高分子および超分子ポリマーの例

などがあり，2つの末端をもっている．一方，非線状高分子は図に示すように大きく3つに分類できる．

まず，分岐高分子としては，主鎖のいくつかの異なる点から1本ずつ枝（グラフト鎖）が生えたものを**くし型高分子**（comb polymer）といい，特に主鎖が $\text{-(A)}_{\overline{n}}$，枝が $\text{-(B)}_{\overline{n}}$ のくし型高分子をグラフト共重合体（2.1.3節）という．1点から3本またはそれ以上の枝ができたものを**星型高分子**（star polymer），さらに分岐度が高く，不規則に枝分かれしたものをランダム多分岐高分子（**ハイパーブランチ高分子**，hyperbranched polymer）という．多分岐高分子の中で特に美しい分子形態をもつものに**デンドリマー**（dendrimer）がある．デンドリマーはちょうど分子鎖が滝（cascade）のように規則正しく枝分かれしているというイメージから，以前はカスケード高分子と呼ばれたが，その後，樹木を意味するデンドロンやデンドリマーという名前を用いるようになった．この高分子の特徴は，分子鎖がコアから外側に向かって規則正しく枝分かれをしたナノメートルサイズの三次元構造体であり，単一の分子量をもつことである．デンドリマーの大きさは，「世代（generation）」で表現され，世代が増えるにつれて球状の形態をとるようになる．多くの末端基を分子の表面にもつことから機能化に適しており，また形態やサイズ（<10 nm）が球状タンパク質分子と類似していることなどから高分子に関わる研究者のみならず他分野の多くの科学者を魅了し続けている．

環状高分子（cyclic polymer）には，**大環状高分子**（macrocyclic polymer）の他に線状高分子と環状分子の組み合わせからなる**ポリロタキサン**（polyrotaxane）や，複数の環状分子の組み合わせからなる**ポリカテナン**（polycatenane）などがある．環を形成するときに，分子間相互作用を利用して閉環しやすいように工夫することで，効率よくカテナンが合成できるはずであるが，高分子量のポリカテナンの合成には至っていない．今後の課題である．

ポリロタキサンの代表例は，環状のシクロデキストリンと線状のポリエチレングリコールからなるネックレス状分子である．さらにこのシクロデキストリンを2量化して架橋構造をつくることもでき，この構造は架橋点がちょうど「滑車」のような役割を果たして，自由に動くゲル（環動ゲル）となる．

架橋高分子（crosslinked polymer）には，**はしご型高分子**（ladder polymer）と網目構造をもつ**網目状高分子**（network polymer），さらには2種類以上の高分子網目が化学結合をつくることなく相互に入り組んだ構造を形成した状態の相互侵入高分子網目（interpenetrating polymer network, **IPN**）などが含まれる．特に網目構

2.3 特殊形状をもつ非線状高分子

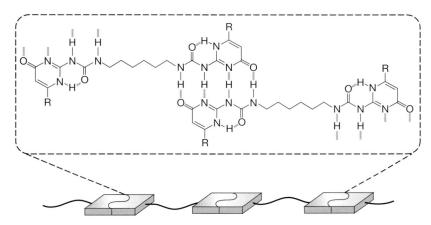

図2.8 多点水素結合で連結した超分子ポリマー
[R. P. Sijbesma *et al.*, *Science*, **278**, 1601 (1997) より一部改変]

造をもつ架橋高分子が溶剤を含んで膨潤した状態となったものは高分子ゲル (polymer gel) ともいわれる．高分子ゲルの架橋は，共有結合による架橋構造（化学架橋ゲル）に限らず，クーロン力による静電相互作用，配位結合，水素結合などの非共有結合的な分子間相互作用により形成される物理的な架橋構造（物理架橋ゲル）も含まれる．高分子ゲルについては第3章および第5章で述べる．

　最後に，新しい概念の高分子を紹介する．すなわち，炭素−炭素などの共有結合からなる高分子とは対照的に，モノマー単位が水素結合などの分子間相互作用により高分子量体を形成する高分子で，**超分子ポリマー** (supramolecular polymer) と呼ばれる．ウレイドピリミジノン部位の多点水素結合を利用した E. W. Meijer らの超分子ポリマーの例を**図2.8**に示す．J. M. Lehn ら（1987年ノーベル化学賞受賞）により提唱された超分子化学の概念を高分子量化に応用したものである．この超分子ポリマーはクロロホルム中の粘度測定の結果から分子量約500000と推定されている．従来の高分子と最も異なる点は，言うまでもなく，モノマー単位の連結の仕方が非共有結合であるために，可逆的な形成—解体が可能となることである．思い返せば，Staudinger が高分子説を主張していた頃，相反する考えとしてミセル説（低分子会合説）があった．これは非共有結合に基づく二次的な力で高分子化しているという考え方である．長い空白を経て，この二次的な力を利用して新しいタイプの高分子が創られたことに歴史の不思議さを感じる．

●コラム　　高分子ミセル型ドラッグデリバリーシステム

　図2.4に示したように，両親媒性ブロック共重合体は水中で会合して，疎水性ブロックを内核（コア），親水性ブロックを外殻（シェル）とする会合体（高分子ミセル）を形成する．その直径は用いる高分子鎖長（分子量）に依存するが20～100 nmであり，通常の界面活性剤からなるミセル（直径数nm）に比べて格段に大きい．また，ミセルを構成する高分子鎖のミセルからの解離速度は，低分子ミセルのそれに比べて小さく，きわめて高い構造安定性を実現することが可能である．こうした高分子ミセルは，がん細胞を標的としたドラッグデリバリーシステム（drug delivery system, DDS）において注目が集まっている．

　がん細胞を標的としたDDSの開発ポイントについて考えてみよう．まず，がん組織と正常組織との違いを知っておく必要がある．がん組織では血管やリンパの発達が，がん細胞の増殖に追いつかず，未成熟な組織として構築される．すなわち，がん組織の血管壁には数百nmの小孔が存在し，またリンパからの排泄作用が行われにくい環境にある．したがって，サイズが20～100 nmの薬剤の場合，正常な血管壁は通過できないが，がん組織への分配は可能であり，また排泄されにくいため，がん組織選択的に集積することになる．次に，どのように抗がん剤を封入・放出させるかという問題の解決と生体内でDDSが異物として認識されないための工夫が必要となる．最後に，DDS本体（素材）が生体に吸収されるか，もしくは体外に排出されることが望まれる．高分子ミセルを用いれば以上の要件を満たすことができる．

　図に示す高分子ミセルは直径20～100 nmの大きさなのでがん組織の血管壁のみを通過する．ミセル表面のポリエチレングリコール（PEG）鎖は非イオン性かつ親水性で，さらに高い分子運動性を有していることから，このDDSは血液成分とほとんど相互作用することなく，血液中で高い安定性を示す．ポリアミノ酸鎖のアミノ酸種を変えることで，抗がん剤もさまざまに選ぶことができる．最近では，がん細胞の発するシグナルを利用して抗がん剤の放出制御が行えるようになっている．

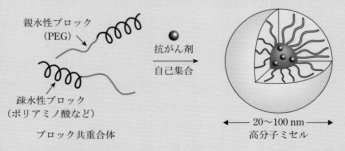

図　PEG/ポリアミノ酸ブロック共重合体と抗がん剤からなる高分子ミセル型DDS

2.4 高分子の分子量と分子量分布

タンパク質や核酸など一部の天然高分子を別にすれば,モノマーの重合により得られる高分子物質は,繰り返し単位の数が異なる高分子の同族体の混合物からできており,**分子量分布**(molecular weight distribution)をもっているのが一般的である.その分子量は平均値として表される.

2.4.1 平均分子量と分子量分布

ある高分子について,分子量M_iの分子がN_i個存在するとすれば,**数平均分子量**(number-average molecular weight)M_nは,高分子の全重量を,高分子を構成する全分子数で割ったもの,すなわち式(2.6)で定義される.

$$M_n = \frac{高分子の全重量}{高分子の分子数} = \frac{\sum M_i N_i}{\sum N_i} \tag{2.6}$$

言い換えれば,分子の数で平均した分子量ということになる.数平均分子量は,高分子に含まれる低分子量化合物の影響を受けやすい.これに対して,高分子量化合物の寄与を重視した**重量平均分子量**(weight-average molecular weight)M_wは,重量分率で平均した分子量であり,式(2.7)で表される.

$$M_w = \frac{\sum M_i^2 N_i}{\sum M_i N_i} \tag{2.7}$$

数平均分子量は高分子の性質を分子の数で考える場合の指標,重量平均分子量は質量で考える場合の指標とみなすことができる.次節で述べるように,前者はNMR法(末端基定量法)や浸透圧法などを利用して,また後者は静的光散乱法などを利用して,それぞれ求めることができる.

仮想的な系で両者を具体的に計算し,比較してみよう.例えば分子量が1000の高分子と分子量が10000の高分子を同数(N個ずつ)混合したサンプルについて,M_nとM_wを計算すると,

$$M_n = \frac{10^4 \times N + 10^3 \times N}{N+N} = \frac{1}{2} \times 10^4 + \frac{1}{2} \times 10^3 = 5.5 \times 10^3$$

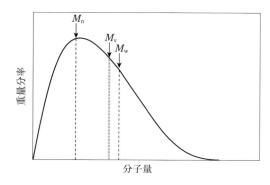

図2.9 分子量分布と平均分子量

$$M_w = \frac{(10^4)^2 \times N + (10^3)^2 \times N}{10^4 \times N + 10^3 \times N} = \frac{1}{1.1} \times 10^4 + \frac{1}{1.1} \times 10^2$$
$$= \frac{10}{11} \times 10^4 + \frac{1}{11} \times 10^3 = 9.2 \times 10^3$$

となり,M_wがM_nの約1.7倍大きくなることがわかる.M_nの式の中では分子量1000と10000の高分子の分子数の割合がともに1/2であるのに対して,M_wではそれぞれの重量分率は1/11と10/11となり,明らかに高分子量化合物の寄与が大きいことがわかる.

これら2つの平均分子量の間には,$M_n < M_w$の大小関係が常に成り立つ.その他に,1.3.3節でも述べたMark–Houwink–櫻田の式と呼ばれる粘度式をもとにした粘度平均分子量M_vがある.

$$[\eta] = K \cdot M_v{}^a \tag{2.8}$$

ただし,K, aはともに高分子の種類,溶媒の種類,温度などによって定まる定数であり,[η]は極限粘度数(あるいは固有粘度)である.

通常の高分子の分子量分布は図2.9に示したように,ある分子量で極大をもつ曲線で示される.M_nは曲線の極大,すなわち最も数多く存在する分子の分子量に近い値を示す.先にも計算したように,M_wはM_nより大きい.両者の比M_w/M_nは多分散度(polydispersity)と呼ばれ,分子量分布の広がりの尺度として用いられている.合成高分子では$M_w/M_n > 1$であり,この比が大きいものを多分散高分子(polydisperse polymer)と呼んでいる.一方,タンパク質などの生体高分子は一般に単一の分子量,つまり$M_w/M_n = 1$であり,単分散高分子(monodisperse polymer）と呼ばれる．合成高分子においても，4.1節で述べるリビング重合などを用いれば分子量分布の狭い単分散に近い高分子を得ることができる．単分散高分子は分子量分布の広い高分子にはない新たな機能・物性を発現する可能性が高く，また精密重合の技術がさらに進歩していることからも，今後ますます単分散高分子に対する期待が高まるであろう．

2.4.2 分子量の測定法

高分子であることを直接的に実感するためには，分子量の測定が不可欠である．高分子の分子量の測定は，高分子間の相互作用が無視できる状態にある希薄溶液の性質を利用して行うのが一般的である．すでに述べたように，高分子物質には分子量に分布があるため，得られる分子量は平均分子量であり，**表2.1**に示すように測定法により数平均，重量平均などのそれぞれ異なる分子量を与える．また測定可能な分子量範囲も測定法で異なる．

A. NMR法（末端基定量法）

何らかの手段により高分子鎖末端の数を定量することが可能な場合には，これにより分子の数，すなわち数平均分子量M_nが測定できる．具体的には，^{1}H NMRスペクトルを測定し，末端官能基と繰り返し単位のある部分の^{1}Hシグナルの積分値の比などから求める方法であり，特にリビング重合などで合成された高分子の分子量測定によく用いられている．ただし，分子量が大きくなると測定で得られるスペクトルがブロードになり，シグナル強度が弱くなるため，測定可能な分子量の限界は相対的に低い．

B. 凝固点降下法（cryoscopy）と沸点上昇法（ebullioscopy）

凝固点降下法と沸点上昇法は，質量分析法（H項参照）が登場するまでは数平均

表2.1 高分子の分子量測定法と得られる平均分子量の種類・測定範囲

測定法	平均分子量の種類	測定範囲
NMR法（末端基定量法）	M_n	$<10^4$
凝固点降下法・沸点上昇法	M_n	$<10^4$
蒸気圧浸透圧法	M_n	$<10^4$
浸透圧法	M_n	$10^4 \sim 10^6$
静的光散乱法	M_w	$10^4 \sim 10^7$
粘度法	M_v	$<10^7$
SEC	M_n, M_w, 分布	$<10^7$
MALDI–TOF MS	M_n, M_w, 分布	$<10^5$

分子量M_nを求める最も標準的な方法であった．溶液の凝固点は溶媒よりも低く，沸点は溶媒よりも高くなり，その低下または上昇の度合い(ΔT)は溶質の重量モル濃度(m)に比例すること(式(2.9))を原理としている．

$$\Delta T = K \cdot m \tag{2.9}$$

ここで，$m = (w_2/M_n) \cdot (10^3/w_1)$，$w_1$は溶媒の重量，$w_2$は溶質の重量である．この比例定数$K$と凝固点(融点)または沸点が既知の溶媒を用いれば，式(2.10)により溶質の分子量が求まることになる．

$$M_n = \frac{K}{\Delta T} \cdot \frac{w_2}{w_1} \cdot 10^3 \tag{2.10}$$

しかし，この方法は低分子化合物には有効であるが，特に分子量の大きな高分子化合物には適さない．例えば，グルコース(分子量180)の1%(質量濃度)水溶液の凝固点降下は0.103℃であり，精密な温度計があれば測定可能な温度差であるが，分子量が180000の高分子化合物の1%水溶液になると凝固点降下は0.000103℃となり，測定不可能である．もし測定可能な温度差にしようとすれば，濃度を1000倍にしなければならないが，これも現実的ではない．すなわち，これらの方法は絶対測定法ではあるが，A項のNMR法と同様に，測定できる分子量の上限が低いという点には注意しなければならない．

C. 蒸気圧浸透圧法(vapor pressure osmometry)

後述する浸透圧法(D項)の半透膜にかからない比較的低分子量の高分子のM_nを測定する標準的な方法である．高分子溶液中の溶媒成分の蒸気圧は，それと同じ温度の純溶媒の蒸気圧よりも低い．これは蒸気圧降下といわれる現象である．すなわち，溶液の液滴と純溶媒の液滴を同じ温度の純溶媒の飽和蒸気圧の雰囲気下に置くと，溶液滴へ溶媒蒸気が凝縮するため溶液滴の温度は雰囲気の温度より高くなる．溶液滴と溶媒滴の温度差は，溶液中の溶媒成分の蒸気圧降下の度合いに関係するので，この温度差を高精度で検知できる2本の温度センサーで測定すれば溶質である高分子の分子量が求まることになる．分子量が既知の試料で，溶質濃度による溶媒蒸気圧の変化と温度差の関係(検量線)をあらかじめ求めておく必要があることから，絶対測定法に準じた方法である．

D. 浸透圧法(osmometry)

溶媒は通すが溶質を通さないような膜を半透膜という．半透膜をはさんで溶液と溶媒を置くと，溶液を薄めようとして溶媒分子が溶液側へ移動し，圧力がかか

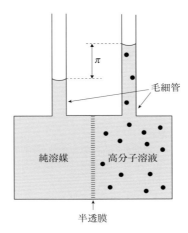

図2.10 浸透圧法の原理

る．すなわち，溶媒分子の移動を止めるためには溶液側に圧力をかけなければならず，この圧力を**浸透圧**(osmotic pressure) π という(**図2.10**)．希薄溶液中での高分子間の相互作用は無視できると考えられるので，気体の圧力と密度を溶液の浸透圧と濃度で置き換えると，気体の状態方程式のビリアル展開に対応して，浸透圧 π は式(2.11)のようになる．

$$\frac{\pi}{RTc} = \frac{1}{M_\mathrm{n}} + A_2 c + \cdots \tag{2.11}$$

ここで，R は気体定数($=8.314$ J mol K^{-1})，T は絶対温度(単位はK)，c は溶質の質量濃度，A_2 は溶媒中での2本の高分子鎖間の相互作用の強さを表す第2ビリアル係数である．一般には，右辺第2項以降の影響が無視できないため，(π/RTc) を c に対してプロットし，$c=0$ へグラフを外挿することにより M_n を求める．浸透圧法は，半透膜を通るような小さな分子には適用できず，高分子量物質のみに有効な絶対測定法であるといえる．

E. **静的光散乱法**(static light scattering)

空気中を舞うほこりに光が当たると，光の通り道がはっきりとわかる．この現象はチンダル現象と呼ばれ，日常よく遭遇する現象であるが，微粒子であるほこりによって光が散乱されるために生じる．同様に高分子を含む溶液は，肉眼では透明に見えるが，高分子は溶媒分子に比べてはるかに大きいので，微視的には不均一で，これに光が入射すると散乱される(**図2.11**)．光散乱法では，高分子物

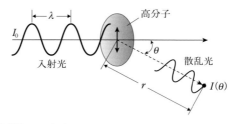

図2.11　光散乱法の測定系
　　　　入射光に対して角度θで試料から距離r離れたところで散乱強度
　　　　$I(\theta)$を測定する．

質を含む溶液(濃度c)に，波長λ，強度I_0の光を照射し，この入射光に対する角度がθで試料から距離r離れたところでの散乱光の強度$I(\theta)$の変化を測定する．I_0と散乱角θにおける高分子試料からの散乱光強度$I(\theta)$との比(レイリー比$R(\theta)$)と，高分子のM_wとの間には式(2.12)の関係がある．

$$R(\theta) = \frac{I(\theta)r^2}{I_0 V} = KcM_w P(\theta)S(\theta) \tag{2.12}$$

ここで，$P(\theta)$は粒子(高分子)内の干渉効果を表す粒子散乱関数で，高分子の慣性半径R_g(第5章参照)を用いて$1/P(\theta) = 1 + (R_g^2/3)(4\pi/\lambda)^2\sin^2(\theta/2) + \cdots$で表される．$S(\theta)$は粒子間の干渉効果を表す関数で粒子間干渉因子と呼ばれる．無限希釈状態では$S(\theta)$は1となる．また，入射光として直線偏光を用いたときには，$K = 4\pi^2 n^2 (dn/dc)^2/\lambda^4 N_A$($n$は溶液の屈折率，$(dn/dc)$は濃度増加による屈折率の増分，$\lambda$は光の波長，$N_A$はアボガドロ数)である．したがって，光源と高分子－溶媒の組み合わせが決まればKは一定の値である．

　光散乱の実験で得られた測定値から実際にM_wを求めるには，通常Zimmにより提案された方法が用いられる．上述した第2ビリアル係数A_2を用いて，式(2.12)は，

$$\frac{Kc}{R(\theta)} = \frac{1}{M_w} \cdot \frac{1}{P(\theta)} + 2A_2 c + \cdots \tag{2.13}$$

となる．したがって濃度の異なる溶液について，それぞれ角度θを変えて$R(\theta)$を測定し，$Kc/R(\theta)$とcのプロットにおいて$c \to 0$の切片の値からM_wを求めることができる．$Kc/R(\theta)$を$\sin^2(\theta/2) + kc$(kは任意の定数)に対してプロットしたものをジムプロット(Zimm plot)と呼ぶ(**図2.12**)．$Kc/R(\theta)$軸の切片よりM_w，$c \to 0$の傾きからR_g^2，$\theta \to 0$の傾きから第2ビリアル係数A_2が求められる．

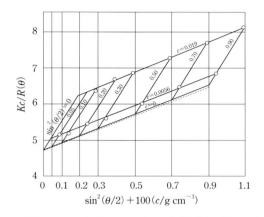

図2.12 ポリスチレン溶液のジムプロット(溶媒はブタノン)
[B. H. Zimm, *J. Chem. Phys.*, **16**, 1099 (1948)を一部改変]

F. 粘度法(viscometry)

　高分子溶液の粘性は分子量に依存する．この性質を利用して高分子溶液の粘性から高分子の分子量を評価することができる．古くから用いられてきたウベローデ型粘度計(Ubbelohde viscometer)を**図2.13**(a)に示す．これを用いて溶液と溶媒の粘性係数の比，すなわち相対粘度 $\eta_r = \eta/\eta_0$ を測定することができる．

　具体的には次のように操作する．まず一定温度の条件で，測定する高分子溶液を所定量入れ，中央の毛細管を含むガラス管上部の液溜めの上まで溶液をいったん吸い上げ，自然落下する液面が液溜め上部の刻線(L_1)から下部の刻線(L_2)まで

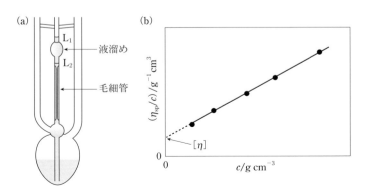

図2.13　(a) ウベローデ型粘度計と(b) 粘度法により得られる比粘度 η_{sp} と濃度 c の関係

通過する時間tを測定する．一定量の溶媒を加えて高分子溶液を希釈して同様の測定を繰り返す．続いて，純溶媒について通過時間t_0を測定する．

一定体積の密度ρ_0の溶媒と密度ρの溶液に対しては$\eta_r = \rho t / \rho_0 t_0$が成り立つ（ポアズイユの法則）．希薄溶液においては$\rho = \rho_0$と考えてよい．すなわち，$\eta_r = t/t_0$となる．

濃度cの高分子希薄溶液の粘度ηは，溶媒の粘度η_0，固有粘度（または極限粘度数）$[\eta]$を用いて，

$$\eta = \eta_0(1 + [\eta]c + k'[\eta]^2 c^2 + \cdots) \tag{2.14}$$

で表すことができる．k'はハギンス係数（Huggins coefficient）であり，経験的に$0.3 \sim 0.6$の間の値をとる．$[\eta]$は，溶媒に高分子を加えたときの高分子1個（単位濃度あたり）による相対粘度の増加分に対応する高分子固有の値であることから，固有粘度（または極限粘度数）と呼ばれる．比粘度η_{sp}を$\eta_{sp} = \eta_r - 1$で定義すると，希薄濃度条件下では式(2.14)から次式が得られる．

$$\frac{\eta_{sp}}{c} = [\eta] + k'[\eta]^2 c \tag{2.15}$$

$c \to 0$では，

$$[\eta] = \lim_{c \to 0}\left(\frac{\eta_{sp}}{c}\right) \tag{2.16}$$

となる．つまり，さまざまな濃度で測定したη_{sp}について(η_{sp}/c)対cのプロットを行い（**図2.13**(b)），これを$c=0$に外挿すると，固有粘度$[\eta]$が求まる．また，直線の傾きからハギンス係数k'も求まることになる．Kとaが既知であれば，式(2.8)を用いてM_vを求めることができる．

G. サイズ排除クロマトグラフィー（size exclusion chromatography, SEC）

ゲル浸透クロマトグラフィー（gel permeation chromatography, GPC）とも呼ばれる．カラムに充てんされた多孔性ゲルによる逆ふるい効果によりゲルの網目サイズより大きい溶質高分子はゲル内部に浸透（permeation）せず，そのまま溶出するのに対して，小さい溶質高分子はゲル内部の細孔に浸透してから溶出してくるために遅れて溶出する．すなわち，溶質分子の広がりの大きいものから順番に溶出してくる．溶出された溶質分子の濃度は，溶出液の屈折率や紫外吸収の差を利用した濃度検出器により求める．SECでは試料溶液を注入してからの溶出液の体積（V_e）と溶質高分子の濃度との関係が測定されることになり，この溶出曲線が分

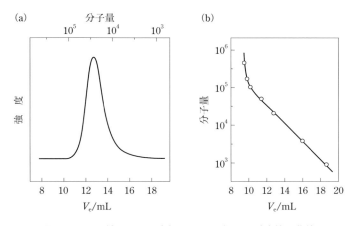

図2.14 SEC法における(a)クロマトグラムと(b)校正曲線

子量分布をそのまま表している(**図2.14**(a))．しかし定量的には，V_eと分子量との校正曲線(**図2.14**(b))をあらかじめ求めておいて，V_eを分子量に換算する必要がある．そのためには，絶対分子量が既知で，分子量分布の狭い(多分散度が1に近い)ポリスチレンやポリエチレンオキシドなどが標準物質としてよく用いられる．分子量分布がわかる試料については，そこからM_n, M_wは容易に求まる．ただし，標準物質とは異なる高分子についてのSECから求められる分子量は，あくまでも相対的な値であることに注意しなければならない．また，光散乱光度計を検出器として備えたSEC装置も市販されており，この場合は溶出成分の絶対分子量が直接測定できるので，校正曲線は不要である．

H. マトリックス支援レーザー脱離イオン化飛行時間型質量分析法(MALDI–TOF MS)

　一般に質量分析法は有機低分子化合物の分子量の決定にはきわめて有効な手段であるが，高分子化合物は揮発しにくいことから適用が困難であった．これをブレークスルーしたのが，田中耕一ら(2002年ノーベル化学賞)によって開発されたMALDI–TOF MS (matrix-assisted laser desorption ionization time-of-flight mass spectroscopy)法である．この方法では，レーザー光のエネルギーを効率よく吸収する大過剰のマトリックス(多くの場合，色素などの芳香環を含む化合物)中に試料を均一に分散させ，レーザー光をパルス照射することによって試料を分解させることなくイオン化させて分子量測定を行う．これにより，従来の質量分析では困難とされていたタンパク質や合成高分子の質量分析が可能となったことか

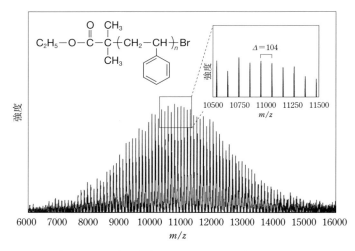

図2.15 リビングラジカル重合で合成したポリスチレン試料のMALDI-TOF MSスペクトル
SECから求めた試料のM_nは11000，多分散度は1.1．

ら，近年，急速に普及した．**図2.15**にはリビングラジカル重合の一種である原子移動ラジカル重合（ATRP，4.1節参照）で合成したポリスチレン試料のMALDI-TOF MSスペクトルを示す．試料中に含まれる構成成分の分子量とその強度がスペクトルとして求められる．そのため，標準試料を用いることなく直接，絶対分子量が求まるところがこの方法の最大のメリットである．ただし，すべての試料に万能のマトリックスは存在しないので，試料に適したマトリックス探しが必須となる．また，一般に高分子量成分ほどイオン化効率が低下するため，測定可能な分子量に限界が生じる点などは注意を要する．

● コラム　　生体高分子と合成高分子

　生体物質を分子量の観点から眺めてみると，核酸，タンパク質，多糖類などの高分子群と物質代謝の過程で生じるアミノ酸，単糖，脂質などの低分子群とに分けることができ，中間的な分子量のものはほとんど存在していないことがわかる．高分子群のうち生体に存在する高分子（生体高分子）は生命活動に直接関わりをもち，低分子ではなし得ない独自の働きをしている．**表**には，生体高分子の生成（合成）反応，構造，天然高分子を含む広義の生体高分子の種類とその機能についてまとめ，合成高分子のそれらと比較した．

　まず，核酸，タンパク質，多糖類と合成高分子の生成反応や，繰り返し単位（モノマー）の構造とその結合様式に関して比較してみよう．核酸は4種類のヌクレオチド（リボース，リン酸，核酸塩基から構成される化合物）がホスホジエステル結合でつながった鎖状の高分子であり，タンパク質は20数種のアミノ酸をモノマーとしてペプチド（アミド）結合を繰り返し有する鎖状の高分子である．タンパク質や核酸は鋳型に基づくテンプレート重合で生成する．一方，合成高分子のテンプレート重合に関する成功例は今のところほとんどない．多糖類はグルコースなどの単糖をモノマーとしてグリコシド（アセタール）結合で連なった鎖状または一部分岐構造を含む高分子である．これら生体高分子の生成反応は酵素により媒介さ

表　生体高分子と合成高分子の比較

比較項目	生体高分子	合成高分子
生成 **（合成）**	・テンプレート（鋳型）重合 　（DNA→RNA→タンパク質） ・酵素反応	・連鎖重合 ・逐次重合
構造 　一次構造 　二次構造	・分子量分布は単分散 ・定序配列 ・αヘリックス ・βシート ・二重らせん	（一般に） ・分子量分布は多分散 ・不規則配列 （基本的に） ・ランダムコイル
機能 1. 情報の保存・伝達 2. 情報の発現 3. 構造の形成	・核酸 ・タンパク質（触媒作用（酵素），輸送，運動（筋肉），免疫，ホルモン） ・繊維状タンパク質（コラーゲン，ケラチンなど） ・多糖類（セルロースなど）	― ・機能性高分子：導電性高分子，光機能性高分子，分離膜，刺激応答性高分子など ・合成繊維 ・プラスチック（エンジニアリングプラスチック）

第2章 高分子の分子形態

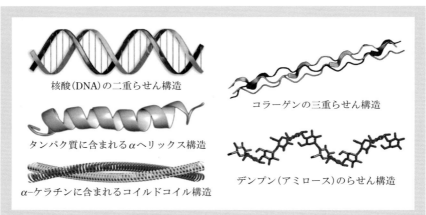

図 生体系に存在するさまざまならせん構造

れる．生体高分子の中で我々の身近にあるものとして，植物を形づくるセルロース，動物を形づくるコラーゲンやケラチンなど，構造形成を機能とする多糖類と繊維状タンパク質がある．こうした天然の構造形成高分子を手本として，我々人類はナイロンやポリエステルのような合成繊維を開発してきた．今日では，これら合成繊維は，その多様性と性能・機能において天然繊維を凌駕したかに見える．しかし一方で，繊維の風合いは複雑で，天然繊維とまったく同じものを人工的に合成することはできない．そのために天然の絹，綿，羊毛が衣類からなくなりはしない．

　続いて構造であるが，生体高分子は水中でらせん構造を形成しているものが多い．図にさまざまなタイプのらせん高分子の例を示す．DNAの二重らせんとタンパク質に存在するαヘリックスはともに水素結合によって安定化されたらせん構造をとる．ただし，前者は分子間の，後者は分子内の水素結合である点が異なる．動物の皮膚，腱，軟骨などに含まれるコラーゲンのアミノ酸組成は酵素などの他のタンパク質と異なり，[グリシン－プロリン（またはヒドロキシプロリン）－他のアミノ酸]という単位の繰り返しが主であり，この分子が3本撚り合わさって三重らせんを形づくっている．髪の毛や爪を構成する構造タンパク質であるα-ケラチンは，図に示すように2本のαヘリックス鎖が相互に巻き付いたコイルドコイル構造をとる．この構造が優れた力学的強度を発現する所以である．多糖類のもう1つの重要な機能，エネルギーの貯蔵を果たすデンプンの構成要素であるアミロースも，グルコースをつなぐグリコシド結合の立体配置に基づいてらせん構造を形成している．

　合成高分子においても，例えばイソタクチックポリプロピレンは結晶状態で規

則正しいらせん構造を形成する（第5章図5.13）．しかし，溶液にすることでこの構造は壊れてしまう．側鎖に立体的に大きなトリフェニル基を有するメタクリル酸トリフェニルメチル（TPMMA）を低温でアニオン重合（第3章参照）したPTPMMAは溶液中でも安定ならせん構造を形成する．また，左右一方向巻きの高分子を作り分けることもできる．この高分子は側鎖に光学活性基をもたないにもかかわらず，高い不斉識別能をもつことが明らかになっている．

一方向巻きのPTPMMA

　最後に機能であるが，狭義の生体高分子は，単なる構造の形成ではなく，より本質的に生命活動に関わる高分子を意味し，DNA，RNAに代表される核酸や酵素，輸送タンパク質などがこれに対応する．広義の生体高分子には，上述したように構造の形成もしくはエネルギーの貯蔵という役割もある．核酸の機能は，生命の情報を蓄え，伝達することである．また，この情報発現には酵素に代表されるタンパク質の存在が必須である．酵素は触媒として働くだけでなく，関与する物質との特異的な相互作用能を有している．言うまでもなく，このような核酸やタンパク質の情報発現のための「特異性（specificity）」は，高分子であるがゆえに分子間の相互作用が低分子に比べて格段に強く，力学的な強さと化学的な安定性をもたらし，高次構造形成を容易にしている．さらにいえば，長い線状の高分子は豊富な情報を蓄えるのに最適である．しかし，この豊富な情報を担うためには分子が巨大であるだけでは不十分で，水中において上述したらせんのような秩序構造を含む立体的に規制された高次構造が求められる．

　一方，合成高分子の機能は，今のところ繊維やプラスチックなどの構造形成に関するものがほとんどであるが，導電性高分子，光機能性高分子，刺激応答性高分子など，いわゆる機能性高分子と呼ばれるものの中には情報機能をもつものもある．しかし，それらは，生体高分子が示す分子レベルの情報機能には至っていないのが現状である．今後は，構造素材としての合成高分子のいっそうの飛躍と，生体高分子のもつ高度な情報の保持・発現機能を賦与した新たな人工高分子系の創出に期待がかかる．

❖ 演習問題

2.1 ビニル高分子に関する立体規則性の4連子は何種類あるか.また,それらをmとrで表しなさい.(mとrについては,下記の注も参照)

2.2 ブロック共重合体からなる高分子ミセルの特徴を,通常の界面活性剤からなるミセルとの比較において説明しなさい.

2.3 図2.8以外の超分子ポリマーの例を調査しなさい.

2.4 下表に示す4つの分子量からなる仮想的な高分子を考える.M_n,M_wおよび多分散度をそれぞれ求めなさい.

分子量	100000	200000	400000	1000000
重量分率	0.1	0.5	0.3	0.1

2.5 ウベローデ型粘度計を用いてポリビニルアルコールの希薄水溶液の粘度を測定し,粘度平均分子量M_vを求めようとした.水溶液の液面が図2.12(a)のL_1からL_2までを通過する時間tを測定した結果得られた溶液濃度cとtの関係を表にまとめた.これをもとに,このポリビニルアルコールの固有粘度$[\eta]$およびハギンス係数k'を求めなさい.また,式(2.8)を用いて粘度平均分子量M_vを計算しなさい.ただし,$K=0.070$,$a=0.60$とする.

溶液濃度 c/g cm^{-3}	0	0.003	0.005	0.0075	0.010
時間 t/sec	120.0	141.8	158.4	181.2	206.4

(注)2020年に立体特異性高分子に関する用語と表記に関するIUPAC勧告が出され,これまで二連子の立体構造の表記として用いられてきた「メソ」「ラセモ」の用語を使用しないことが推奨されている.記号のmおよびrは従来と変わりなく使用することができ,それぞれ隣接する立体生成(不斉)中心の立体配置の保持(maintained)および反転(reversed)を意味することが,再定義された.

第3章 高分子の生成反応と高分子反応

3.1 高分子生成反応の特徴

　低分子化合物である**モノマー**（monomer）が反応によって互いに連結し，モノマー分子間で新しい結合を生成することによって高分子が生成する反応を**重合**（polymerization）と呼ぶ．ポリエチレンやポリエチレンテレフタレート（poly(ethylene terephthalate), PET）などの合成高分子だけでなく，多糖やDNAなどの天然高分子や生体高分子も含めて，高分子はすべて繰り返し単位が多数連結した鎖状構造をもつ．

　生体高分子の種類に応じて生成過程の仕組みは異なるが，生体は取り巻く環境下に存在する低分子化合物を原料として用い，巧みに設計された反応によって高度に制御された高分子を生体内で産出し，生命活動に利用してきた．一方，人類は，石炭や石油からそれぞれ得られる，アセチレンやエチレンをはじめとする多くの低分子化合物をモノマーとして利用し，高性能の高分子を手にするための重合手法を開発し，天然高分子に替わる合成高分子をこれまでに数多く生みだしてきた．近年，高分子の原料として，エチレンなどの化石資源にさらに糖類などの持続再生可能な原料が加わり，後者の重要性が増す傾向にある．

　高分子を合成する手段として，重合以外の方法も古くから知られている．例えば，高分子の繰り返し構造を何らかの反応で別の繰り返し構造に変換することによって，異なる高分子が合成できる．こうした高分子反応（polymer reaction）を利用すると重合度を一定に保ったまま異なる性質の高分子に変換（等重合度反応）することができる．100年ほど前，Staudingerが提唱した高分子説は，高分子反応によって実験的に証明されることで，多くの人々に受け入れられるようになった（第1章を参照）．天然由来の材料であるセルロース（cellulose）の人工修飾によって合成される三酢酸セルロースなどの半合成高分子も高分子反応の産物である．やや古典的な手法にも見える高分子反応であるが，最近のクリック反応の目覚ましい展開にともない，新しい高分子生成のための有効な手法として，再びスポットライトを浴びている（後述）．

第3章 高分子の生成反応と高分子反応

表3.1 重合方法の分類および生成する高分子の例

付加重合 (連鎖重合)	ラジカル重合	ポリエチレン，ポリスチレン，ポリ塩化ビニル，ポリ酢酸ビニル，ポリメタクリル酸エステル，ポリアクリル酸エステル，およびそれらの共重合体など
	アニオン重合	ポリイソプレン，ポリスチレン，スチレン–ブタジエンゴム(SBR)，スチレン–ジエン系熱可塑性エラストマー(SIS, SBS)，ポリメタクリル酸エステルなど
	カチオン重合	ポリイソブチレン，ブチルゴム，ポリビニルエーテル，ポリ(N–ビニルカルバゾール)など
	配位重合	ポリエチレン，ポリプロピレン，ポリスチレン，ポリイソプレン，エチレン–プロピレンゴム(EPR)，ポリアセチレン
開環重合 (連鎖重合)	アニオン開環重合	ポリエチレンオキシド，ポリアミド，ポリジメチルシロキサン，ポリ乳酸など
	カチオン開環重合	ポリエチレンイミン，ポリオキシメチレンなど
	開環メタセシス重合	ポリノルボルネンなど
逐次重合	重縮合	ポリエステル，ポリアミド，ポリカーボネート，ポリエーテル，ポリイミド，ポリチオフェン，ポリフェニレンビニレンなど
	重付加	ポリウレタンなど
	付加縮合	フェノール樹脂，メラミン樹脂，尿素樹脂，エポキシ樹脂など

　重合は，表3.1に示すように，**連鎖重合**(chain polymerization)と**逐次重合**(step-growth polymerization)に大きく分類できる．連鎖重合とは，連鎖反応によって高分子が生成する反応のことであり，**開始反応**(initiation reaction)によって生成した活性種が，モノマーと反応して成長活性種を生成し，モノマーとの反応(**成長反応**，propagation reaction)を繰り返すことによって，高分子が生成する．成長活性種は**停止反応**(termination reaction)によって消失し，一連の連鎖反応は終結する．連鎖重合は，成長活性種の性質に応じて，**ラジカル重合**(radical polymerization)，**カチオン重合**(cationic polymerization)，**アニオン重合**(anionic polymerization)，**配位重合**(coordination polymerization)に分類される．表3.1には，これらの重合で生成する代表的な高分子の例も示す．私たちの身の回りで利用されている合成高分子は，高分子の種類ごとにそれぞれ異なる重合方法によって合成されていることがわかる．

　連鎖重合では，成長活性種とモノマー間の反応(成長反応)によって高分子が生成する．ビニルモノマーの二重結合への付加によって成長反応が進行する**付加重合**(addition polymerization)と，環状モノマーの開環をともなって成長反応が進

行する**開環重合**(ring-opening polymerization)が知られている．前者では，成長反応が1回起こるたびに，1個の二重結合が単結合に変化し，高分子とモノマー間で単結合が新たに生成する．重合は，数多くのモノマーが連結して高分子が生成する反応であり，全体の分子数は減少し，また，繰り返し単位が長く連なった高分子鎖の自由度は小さくなる．このように，重合はエントロピー的に不利な反応である($\Delta S < 0$)．反応が進行して高分子量体が生成するためには，エンタルピー的に反応が促進されることが必要であり，成長反応が発熱反応でなければならない(式(3.1)～式(3.3))．重合で発生する熱量を**重合熱**(heat of polymerization，あるいは生成エンタルピー)ΔHと呼ぶ．言い換えると，重合が進行するには，ΔHが負である必要がある(このことは，連鎖重合だけに限らず逐次重合を含めた高分子の生成反応すべてに当てはまる)．炭素－炭素二重結合への付加反応の生成エンタルピーは負($\Delta H < 0$)であり，重合に適している．一方，炭素－酸素二重結合(カルボニル基)への付加反応は吸熱的($\Delta H > 0$)であることが多く，カルボニル化合物の付加重合は，ごく少数の例外(ホルムアルデヒドの重合など)を除いて起こらない．

$$CH_2=CH\text{-}R \xrightarrow{\Delta H = -90 \sim -60 \text{ kJ mol}^{-1}} \{CH_2\text{-}CH(R)\}_n \quad (3.1)$$

$$CH_2=C(R^1)(R^2) \xrightarrow{\Delta H = -60 \sim -40 \text{ kJ mol}^{-1}} \{CH_2\text{-}C(R^1)(R^2)\}_n \quad (3.2)$$

$$HC(R)=O \xrightarrow{\Delta H > -30 \text{ kJ mol}^{-1}}_{\times} \{CH(R)\text{-}O\}_n \quad (3.3)$$

環状モノマーの開環重合では，結合の組み替えによって高分子が生成するので，重合が進行する(成長反応が発熱的である)ためには，環状モノマーがひずみによる過剰なエネルギーを含み，環状構造から鎖状構造に変化するとき，ひずみエネルギーが解放されることが必要である(式(3.4))．開環重合の成長反応は，逆反応である反成長反応(高分子の成長末端からモノマーが生じる反応)と平衡状態にあることが多い．成長反応と反成長反応がつり合う温度を**天井温度**(ceiling temperature)と呼び，この温度では$\Delta H = T\Delta S$であり，成長反応は進行しない．高分子量体を得るには天井温度以下の低温で重合を行う必要がある．

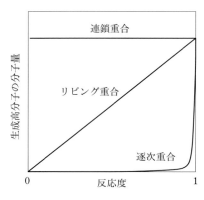

図3.1　反応率と分子量（重合度）の関係

$$\text{\{CH}_2\text{\}}_m\text{X} \xrightarrow{\Delta H = -100 \sim -20 \text{ kJ mol}^{-1}} [\text{\{CH}_2\text{\}}_m\text{X}]_n \quad (3.4)$$

　連鎖重合とは対照的な反応が逐次重合であり，求核置換あるいは求電子置換反応によって結合が生成する．連鎖重合と異なり，成長反応に関わる特別な活性種が存在するわけではなく，モノマーあるいは高分子を問わず，反応が可能な官能基間でランダムに結合生成反応が起こる．逐次重合には有機化学で知られている結合生成のための反応が利用され，**重縮合**（polycondensation）によってポリエステル（polyester）やポリアミド（polyamide）が，**重付加**（polyaddition）によってポリウレタン（polyurethane）が生成する．有機エレクトロニクス分野に欠かせない機能性有機材料である共役高分子の合成には，さまざまな**クロスカップリング反応**（cross-coupling reaction）が用いられている．また，**付加縮合**（addition condensation polymerization）によって，三次元架橋した耐熱性高分子が合成できる（架橋については3.5.4節で詳述）．

　連鎖重合と逐次重合にはそれぞれ特徴がある．連鎖重合で生成する高分子の分子量（重合度）は，反応度（モノマー消費の割合）に関係なく，重合中一定であり，多くの場合，モノマーや開始剤（initiator）の濃度によって決まる（**図3.1**）．重合初期から高分子量の高分子が生成し，反応中はモノマーと高分子が常に共存する．連鎖重合には重合速度が大きく，高分子量体が得られやすいなどの特徴がある．

　一方，逐次重合では，重合初期にまず2量体（ダイマー，dimer）が生成し，生成物が反応を繰り返すことによって，ゆっくりと分子量が増大する．反応度が高

くなり，モノマーやオリゴマー(oligomer)がほとんど消費され，高分子間での反応が優勢になると高分子量体が生成する．逐次重合に対する数平均重合度DP_n(degree of polymerization)は，反応度pを用いて，式(3.5)で表される．

$$DP_n = \frac{1}{1-p} \tag{3.5}$$

ここで，完全にモノマー(反応にかかわる官能基)が消失したときの反応度を1とする．この式から，1000のDP_nをもつ(数万から数十万の分子量に相当する)高分子を逐次重合で得るには，pが0.999まで到達する必要があることがわかり，連鎖重合では反応初期から高分子量体が生成することとは異なる．また，逐次重合で高分子量体を合成するには，反応に用いる2種類の官能基(例えば，カルボキシ基とヒドロキシ基など)の濃度を厳密に合わせておく必要がある．逐次重合で生成する高分子の多分散度(M_w/M_n)は$1+p$で表され，反応度が1に近づくと，M_w/M_nの値は2に等しくなる．

3.2　代表的な高分子の構造と合成法

連鎖重合のうち，付加重合に用いられるモノマーは，基本構造であるエチレン骨格上の置換基の数によって，一置換エチレン，1,1-二置換エチレン，1,2-二置換エチレン，多置換エチレンに分類される(図3.2)．通常，さまざまな置換エチレンすべてを総称してビニルモノマー(vinyl monomer)と呼ぶことが多いが，一

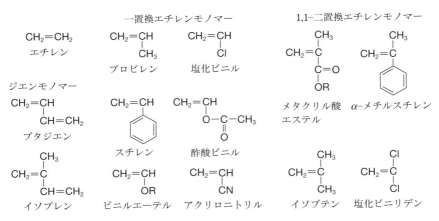

図3.2　置換エチレンモノマーの分類と重合に用いられるモノマーの構造(Rはアルキル基など)

表3.2　ビニルモノマーの重合の熱力学パラメータと天井温度

モノマー	$-\Delta H/\mathrm{kJ\,mol^{-1}}$	$-\Delta S/\mathrm{J\,mol^{-1}\,K^{-1}}$	天井温度/℃
エチレン	93	155	400
イソブテン	48	121	50
スチレン	73	104	310
α-メチルスチレン	35	100	61
メタクリル酸メチル	56	117	220

置換エチレンだけをビニルモノマーと呼ぶこともある．実際，高分子が生成可能なモノマーの多くは一置換エチレンに分類される構造をもつが，一部の1,1-二置換エチレンも重合することが知られている．しかし，1,2-二置換エチレンや多置換エチレンの重合性は，成長反応での立体障害により著しく低下するため，フマル酸エステル，N-置換マレイミド，テトラフルオロエチレンなどの例外を除いて，高分子量体を得ることはできない．1,1-二置換エチレンは，高分子鎖の置換基間の立体反発のため，一置換エチレンの場合に比べて，生成する高分子がエネルギー的に不利となり，重合にともなう発熱量（ΔHの絶対値）が小さい（**表3.2**）．そのため天井温度が低く，多くは高分子量体を生成しない．また，1,1-二置換エチレンから生成した高分子を分解温度以上の高温で加熱すると，解重合（depolymerization）によってモノマーが定量的に回収できる．なお，環状モノマーの開環重合もΔHの絶対値が小さく，平衡重合となることが多い．

　ビニルモノマーから生成する高分子（いわゆるビニル高分子）は，主鎖が炭素-炭素単結合の繰り返しで構成されており，置換基の構造を反映した性質を示す．ポリエチレンやポリプロピレンには結晶性があり，結晶化度が高くなると強度が増し，透明性は低下する．ポリエチレンには，配位重合によって得られる高密度ポリエチレン（high density polyethylene, HDPE；分岐が少なく，高結晶性を示す）とラジカル重合によって得られる低密度ポリエチレン（low density polyethylene, LDPE；分岐が多く，結晶性が比較的低い）があり，高強度材料には前者が，透明材料には後者が適している．ポリスチレンは，非晶（アモルファス）で100℃のガラス転移温度をもつため，耐熱性に優れた透明高分子材料として用いられる．ポリ塩化ビニル（poly(vinyl chloride), PVC）は，硬質の汎用樹脂として建築用材料や水道管などさまざまな用途に用いられる．可塑剤（plasticizer）を添加した軟質ポリ塩化ビニルは，医療用輸液バッグ，各種チューブ，人工皮革，室内装飾材などに利用されている（6.1.2節参照）．上記の高分子は5大汎用高分子と呼ばれ，

国内のプラスチック生産量の約70%（重量比）を占める．ビニル高分子はすべて熱可塑性であり，加工性に優れ，安価にかつ大量に合成できる利点があるが，耐熱性に乏しい．

1,1-二置換エチレンから得られる高分子としてポリメタクリル酸メチルやポリ塩化ビニリデン（ポリ(1,1-ジクロロエチレン)とも呼ばれる）があるが，これらはともに透明性に優れた非晶高分子であり，それぞれ有機ガラスや包装材として利用されている．ブタジエンやイソプレンなどのジエンモノマーも付加重合に適したモノマーであり，ジエンモノマーからは柔軟性に優れた高分子が得られる．cis-1,4-構造をもつポリブタジエンやポリイソプレンを架橋した高分子は典型的なゴム弾性を示し，エラストマー（ゴム）材料として広く利用されている．

優れた耐熱性や機械的強度をもつ高分子は，**エンジニアリングプラスチック**（engineering plastic，エンプラ）と呼ばれる．通常，100℃以上の高温で使用可能な高い強度と弾性率を示す高分子をエンジニアリングプラスチックと呼び，150℃以上の高温で同様の物性を示す高分子をスーパーエンジニアリングプラスチック（スーパーエンプラ）とさらに区別して呼ぶ．**図3.3**に示すように，エンジニアリングプラスチックは，主鎖中にヘテロ原子（酸素，窒素，イオウなど），官能基（エステル，アミド，イミドなど），ベンゼン環やナフタレン環などの芳香環を含み，環状モノマーの開環重合（ナイロン6など），あるいは重縮合（ナイロン6,6，ポリカーボネート，ポリスルホン，ポリイミドなど）によって合成される．耐熱性や機械的強度だけでなく，耐摩耗性や電気特性，化学薬品耐性において優れた特性を示すものも多い．

また高い耐熱性をもつ材料は，熱可塑性高分子では得ることができず，熱硬化反応（thermal curing reaction）あるいは光硬化反応（photocuring reaction）によって合成される三次元架橋した網目状高分子（network polymer）が用いられる．付加縮合によって合成されるフェノール樹脂（phenol resin），尿素樹脂（urea resin），エポキシ樹脂（epoxy resin）などは，硬化反応によって優れた耐熱性や機械的強度を示す．ガラス繊維や炭素繊維などの無機充てん材と高分子を組み合わせた繊維強化プラスチック（fiber-reinforced plastic, FRP）では，マトリックス樹脂としてエポキシ樹脂などの熱硬化性高分子が用いられる．熱硬化性高分子は，耐溶剤性にも優れる反面，加工性やリサイクル性では熱可塑性高分子に劣るため，熱可塑性高分子と熱硬化性高分子のどちらが適しているかは目的に合わせて選択する必要がある．

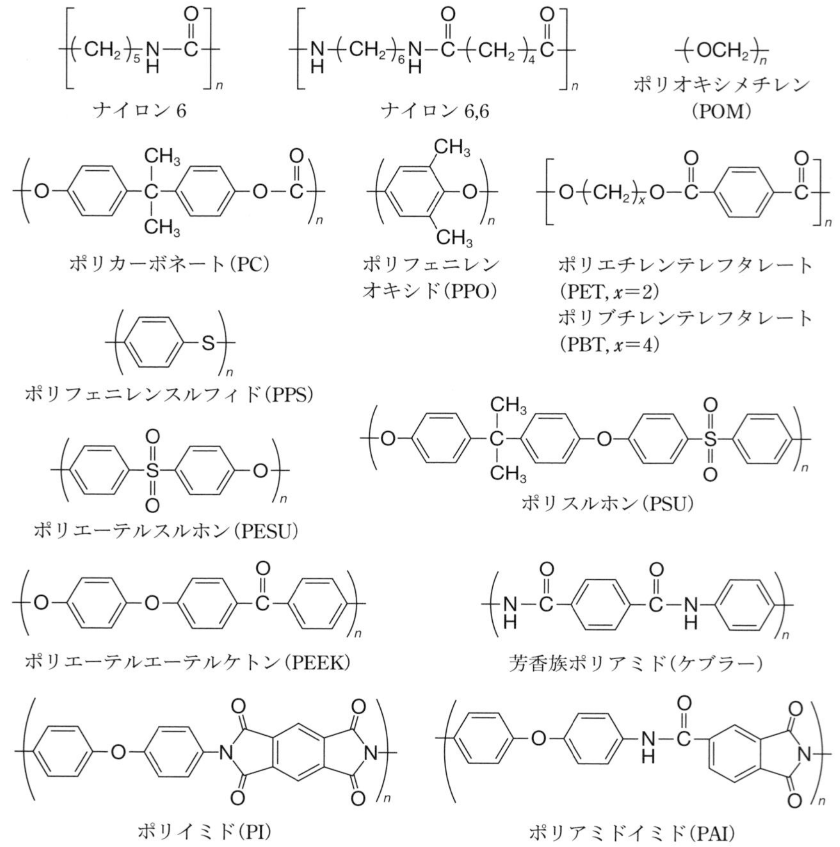

図3.3　エンジニアリングプラスチックの化学構造

3.3 連鎖重合

3.3.1 重合の種類とモノマー

　使用するモノマーの構造によって，連鎖重合はビニルモノマーを用いる付加重合と環状モノマーを用いる開環重合の2種類に分類される．付加重合や開環重合は，反応機構の違いによって，さらにラジカル重合，アニオン重合，カチオン重合，配位重合に分類される．代表的なビニルモノマーと環状モノマーに適用できる重合方法を**表3.3**にまとめる．

　付加重合に用いられるビニルモノマーの中で，最も単純な構造の炭化水素モノ

表3.3 ビニルモノマーや環状モノマーに適用可能な重合方法の比較

モノマー		ラジカル重合	アニオン重合	カチオン重合	配位重合
エチレン		◎	×	×	◎
プロピレン		×	×	×	◎
イソブテン		×	×	◎	×
ビニルエーテル		×	×	◎	×
メタクリル酸エステル		◎	◎	×	○
アクリロニトリル		◎	○	×	○
スチレン		◎	◎	○	○
ブタジエン		◎	◎	×	◎
イソプレン		◎	◎	×	◎
塩化ビニル		◎	×	×	×
酢酸ビニル		◎	×	×	×
エチレンオキシド	開環重合	×	◎	○	◎
γ-ブチロラクトン		×	◎	○	◎
ε-カプロラクタム		×	◎	×	×
テトラヒドロフラン		×	×	◎	×

◎：高分子化に適している，○：高分子化が可能，×：高分子が得られない

マーであるエチレンは，ラジカル重合あるいは配位重合によって，それぞれ低密度あるいは高密度ポリエチレンを生成する．プロピレンは配位重合によってのみ重合が可能である．プロピレンのラジカル重合では，モノマーへの連鎖移動反応（後述）によって安定なアリルラジカルが生成するため，成長反応が進行せず，高分子量体を得ることができない．また，炭化水素モノマー以外の官能基や極性基を含むモノマーの配位重合では，触媒活性が損なわれやすく，高分子を得ることが難しい．1,1-二置換エチレンであるイソブテンは，2つのメチル基の立体障害のため，配位重合では高分子を得ることができないが，電子供与性(electron-donating)の置換基はカチオン重合に有利に作用し，低温でカチオン重合を行うと高分子が生成する．アルコキシ基はメチル基より電子供与性が高いため，ビニルエーテルもカチオン重合によって高分子化できる．

一方，電子求引性(electron-withdrawing)で共役可能な置換基をもつメタクリル酸エステルやアクリロニトリルは，アニオン重合に適している．メタクリル酸エステルやアクリロニトリルは，ラジカル重合によっても高分子量体を生成する．非共役モノマーである塩化ビニルや酢酸ビニルは，ラジカル重合によってのみ重合可能であり，アニオン重合やカチオン重合では高分子は得られない．

ブタジエンやイソプレンなどのジエンモノマーが，ラジカル重合や配位重合だけでなく，アニオン重合も可能であるように，炭化水素モノマーの一部は多くの

重合に適用できることが知られている．一般に，アニオン重合性のモノマーとカチオン重合性のモノマーでは，置換基の電子的性質が正反対であるので，どちらかの重合のみが使用されるが，スチレンは，例外的にすべての重合方法で高分子化が可能である．

開環重合性のモノマーの代表例としては，エチレンオキシド，γ-ブチロラクトン，ε-カプロラクタム，ラクチドがあり，アニオン重合や配位重合によって，それぞれポリエチレンオキシド(ポリエチレングリコールともいう)，ポリエステル，ポリアミド，ポリ乳酸が生成する．テトラヒドロフランはカチオン開環重合によってポリエーテルを生成する．開環重合は連鎖反応機構で進行するため，付加重合と同様，重合速度が大きく，高分子量体を容易に得ることができる．後で述べる重縮合とは異なり，重合中に脱離成分がなく，2種類の反応する官能基のモル比を合わせる必要がない，リビング重合化が容易で末端基修飾が可能であるなどの利点をもつ．開環重合は，付加重合では得られない機能性高分子の合成法として重要であり，工業的な生産に多く用いられている．

3.3.2 重合方法の分類

高分子を合成するための重合方法は，用いるモノマー，開始剤，溶媒や反応媒体の有無や種類などによって，以下のように分類される．特徴を表3.4にまとめる．

バルク重合(bulk polymerization，塊状重合)は，液状のモノマーを開始剤の存在下で，加熱や光(放射線)照射によって重合する方法で，溶媒や不純物の影響を受けにくく，高分子量体を得やすいという特徴がある．ただし，重合率が高くなると重合溶液の粘性が高くなり，重合熱の除去が難しくなる．バルク重合は，型に流し込んだモノマーを100%の重合率まで重合して，そのまま成形物として利用(注型重合)する場合に適している．ポリスチレンの工業生産はバルク重合で行われ，重合途中のスラリー状の反応混合物から未反応モノマーを回収してモノマー貯蔵タンクに戻して重合に再利用し，残ったポリスチレンが生成物として取り出される．

溶液重合(solution polymerization)では，モノマーと生成した高分子の両方がともに溶媒に可溶であり，均一系で重合が進行する．重合熱の除去が容易で，重合速度の調整が可能であるが，バルク重合に比べると生成高分子の分子量が低下する．反応速度論や反応機構を研究する目的に適した重合方法である．バルク重合や溶液重合はどちらも均一系で進行する点が特徴である．

3.3 連鎖重合

表3.4 さまざまな重合方法およびその特徴

重合方法	モノマー/開始剤/溶媒	重合の特徴
均一系重合 バルク重合 （塊状重合）	液状/モノマーに可溶/なし	・高分子量の高分子が生成する ・重合熱の除去が困難である
溶液重合	油溶性/油溶性/有機溶媒 （あるいは水溶性/水溶性/水）	・反応速度の制御が容易である ・研究室で速度論や反応機構の研究に用いられる
不均一系重合 懸濁重合	油溶性/モノマーに可溶/水	・分散安定剤の添加や攪拌が必要である ・高分子量の高分子が生成しやすい ・生成物の粒子径の調整が可能である
乳化重合	油溶性/水溶性/水	・乳化剤を添加する必要がある ・高分子量で微粒子状の高分子が生成する ・ラテックスとして利用できる
分散重合 （沈殿重合）	油溶性/油溶性/有機溶媒 （あるいは水溶性/水溶性/水）	・粒子状の高分子が生成する ・高分子の単離操作が簡便である ・重合熱の除去が容易である （不均一系重合すべてに共通）
固相重合	固体/熱・光・放射線/なし	・立体特異的な高分子が生成する ・高分子単結晶を得ることが可能 ・モノマーの種類が限定される

　一方，不均一系重合は，均一系重合に比べて反応系は複雑になるが，重合熱の除去が容易である，媒体として水が利用できる，生成高分子の単離が容易であるなど利点が多い．そのため，工業的な高分子製造工程では不均一系重合がよく用いられる．不均一系重合には，油溶性のモノマーを水中で重合するもの（懸濁重合や乳化重合）と生成する高分子が沈殿するもの（分散重合）とがある．特に，ラジカル重合では，分散剤として水を使用することが可能であるため，懸濁重合や乳化重合がよく用いられる．

　懸濁重合(suspension polymerization)は，油溶性の液体モノマーを水中で分散させて重合を行う方法で，開始剤はモノマーに溶解している．油滴の中はバルク重合の状態に近いが，周りを水で取り囲まれているため重合熱が容易に除去できる．油滴の大きさは，分散安定剤として加える水溶性高分子の種類や添加量によって決まり，油滴サイズの高分子ビーズが生成する．単離操作も簡単であり，数十µmから数mmまで粒径の調整が可能である．

　乳化重合(emulsion polymerization)は，水中で油溶性のモノマーを重合する点

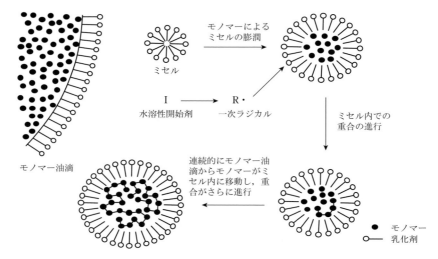

図3.4 乳化重合の反応モデル

で懸濁重合と共通するが，乳化剤を加えて重合系全体を乳化させている点が大きな違いであり，重合反応の機構はまったく異なる．乳化重合の反応モデルを図3.4に示す．乳化重合では，水溶性の開始剤が用いられ，水中で発生したラジカルがモノマーミセル（通常，数十nm程度の大きさ）内に取り込まれて，ミセル内で重合が進行する．ミセル内でモノマーが消費されるのにともない，モノマー液滴（数μm以上の大きなもの）からミセル内へモノマーが補給され，高分子の成長が続く．重合の進行に従って，ミセルは次第に大きくなり，反応の最終生成物としては，高分子の微粒子が分散した液（ラテックス）が得られる．高分子量体が得られやすく，ポリブタジエンやポリ塩化ビニルの工業生産に利用されている．乾燥によって高分子を単離できる点も特徴である．重合反応後に得られる乳化液がそのまま利用されることもあり，ポリ酢酸ビニル（poly(vinyl acetate)）の乳化液は，木材用接着剤として用いられている．

　生成する高分子が溶媒に溶けない場合は，重合の進行とともに高分子が微粒子状の沈殿として析出する．この重合方法は**分散重合**（dispersion polymerization）や**沈殿重合**（precipitation polymerization）と呼ばれ，重合反応後の高分子の分離が容易である．ただし，アクリロニトリルのバルク重合のように，生成する高分子がモノマーに溶解しない場合は，重合熱の除去や反応の制御が難しい．エチレンやプロピレンのようにモノマーが気体の場合は，反応装置に固定した担持触媒に

●コラム　　固体の中で分子が動く

　化学反応の多くは溶液中で行われる．高分子合成では，エチレンの重合のようにモノマーが気体の場合には気相反応が利用されているが，バルク重合，溶液重合，懸濁重合，乳化重合など，ほとんどの重合反応は液体中で反応が行われている．重合熱が容易に除去できるという利点があるが，理由はそれだけだろうか？　固体中で行われる架橋などの高分子反応では，ガラス転移温度以上まで加熱して分子が動ける状況にしないと反応がうまく進まない．バルク重合でも重合率が上がると，まず高分子間での停止反応が起こりにくくなり，重合速度が急激に加速する（ゲル効果あるいはTrommsdorff効果と呼ばれる）ことが知られている．さらに反応が進んで固体になると，低分子化合物であるモノマーの拡散さえも起こらなくなり，その段階で重合が止まってしまう．

　固体の中では分子は自由に動けないので反応など起こるはずがない．古くギリシャ時代のアリストテレスが残した"Corpora non agunt nisi fluida seu soluta（液体や溶液にならないものは反応しない）"の言葉のとおり，このことは間違いないものとして，長い間信じられてきた．確かに，固体中で分子は自由に動き回ることはできない．しかし，分子やその一部が回転し，コンホメーションを変えることはできる．実は，固体の中で分子が反応することは珍しいことではなく，結晶中で重合反応が進行することが知られている．1960年代にジアセチレンやジオレフィン誘導体の固相重合（トポケミカル重合）が発見されたが，これらの重合は他の連鎖重合や逐次重合と大きく異なる特徴をもつため，教科書の中ではいつも特別な（例外的な）反応として取り扱われてきた．30年後に，1,3-ジエンモノマーでもトポケミカル重合が可能なことが明らかになり，固相重合は決して特別な重合ではなくなった．現在までに，1,3-ジエンモノマーだけでなく，キノジメタンなども含めた多くの化合物で固相重合が報告されている．

　意外にも，トポケミカル重合の原理はごく単純である．結晶中で高分子の繰り返し周期に一致する配置（距離）でモノマーが配列しているとき，モノマーはその位置を変える必要なしに（すなわち重心の移動を起こさずに）成長反応を起こすことができ，分子間で次々と新しい共有結合をつくりながら高分子が生成する．単結晶X線構造解析の装置や解析法の技術が飛躍的に発展し，昔はよくわからなかった反応が，現在では直接観察できるようになっている．トポケミカル重合では，モノマー単結晶から高分子単結晶が生成するので，反応途中の結晶構造の変化の様子をX線構造解析で追跡することもできる．精密な構造をもつ二次元（シート状）高分子や三次元架橋高分子の合成など，通常の重合方法では難しい高分子の合成への応用が期待されている．

ガス状のモノマーを吹き込み(低圧気相重合法), 結晶性ポリオレフィンを微粉末状の生成物として得ることが多い. メタロセン触媒(後述)を用いるオレフィンの重合では, 溶液重合も用いられる. 低密度ポリエチレンの製造には, 高温・高圧下でのラジカル重合(超臨界状態に近いバルク重合), あるいはエチレンと α-オレフィン($CH_2=CH(R)$)の共重合(低圧気相重合法)が用いられる.

以下, ラジカル重合, アニオン重合, カチオン重合, 配位重合, 開環重合について, モノマー, 開始剤, 溶媒の種類や重合の特徴などをそれぞれ詳しく説明する.

3.3.3 ラジカル重合

A. ラジカル重合の特徴

ラジカル重合は, 多くの種類のビニルモノマーに適用できること, 重合操作が簡便で容易であること, 水や多くの種類の有機溶媒を使用できること, 共重合することによって高分子のさまざまな物性を制御できることなど, 実用的な面での利点が多く, 最も広く用いられている高分子合成方法である.

ラジカル重合では, 加熱するか, 光や放射線を照射することによって, ラジカル重合開始剤が分解して一次ラジカル(primary radical)が生成し, モノマーに付加することによって重合反応が開始する. 成長ラジカルは成長反応を繰り返し, そして最後に停止反応が起こり, 高分子を生成する(式(3.6)).

$$I \xrightarrow{\text{加熱・光照射}} R\cdot \xrightarrow{CH_2=CH \atop X} R-CH_2-\overset{\cdot}{\underset{X}{C}}H \xrightarrow{CH_2=CH \atop X} \Longrightarrow$$

$$R-\!\!\left(\!CH_2-\underset{X}{CH}\!\right)_{\!n-1}\!\!CH_2-\overset{\cdot}{\underset{X}{C}}H \xrightarrow{\text{停止反応}} \left(\!CH_2-\underset{X}{CH}\!\right)_{\!n} \quad (3.6)$$

開始剤を加えずに加熱するだけで, ラジカル種が発生し, 重合が進行することもある(熱重合開始). 例えば, スチレンを100℃以上で加熱すると, スチレンモノマー間でディールス・アルダー反応(Diels-Alder reaction)や水素原子の移動が起こり, ラジカルが発生して重合が開始される. モノマー中に含まれる微量の酸素や不純物が開始剤となることもあり, モノマーを保存するときには重合が起こらないように, 重合禁止剤(ラジカル捕捉剤)が加えられる.

ラジカル重合によって工業的に製造されている代表的な高分子として, 低密度

ポリエチレン(高温・高圧での重合)，ポリ塩化ビニル(懸濁重合，乳化重合)，ポリスチレン(バルク重合)があり，それぞれ国内で年間数十万から百数十万トンの規模で工業生産されている．これら以外に，ポリ酢酸ビニル(乳化重合)は接着剤などに利用されるだけでなく，高分子反応によってポリビニルアルコール(poly(vinyl alcohol), PVA)に変換され，繊維素材やフラットパネルディスプレイの偏光板として利用されている．透明性に優れたメタクリル樹脂(バルク重合)は，水族館の大型水槽などでガラス代替材料として用いられている．また，アクリル酸エステルの共重合体(3.3.8節)は，多品種で高機能性が要求される粘着剤，接着剤，コーティング剤などに使用されている．

B. ラジカル重合開始剤

　ラジカル重合開始剤は，加熱や光照射によって分解してラジカル種を発生し，モノマーに付加して重合を開始する．ラジカル重合開始剤としては，アゾ化合物(azo compound)や過酸化物(peroxide)がよく用いられる．ここで，開始剤が分解して残りが半分になるまでに要する時間は**半減期**(half-life)と呼ばれる(放射性物質の崩壊と同じ)．代表的な開始剤の構造と10時間半減期温度(開始剤が10時間で半分になる温度)を図3.5に示す．

　ラジカル重合開始剤の分解速度は，化合物によって異なり，重合条件に適した開始剤を選択する必要がある．分解の活性化エネルギーの小さい(分解が速い)開始剤は，短時間で多くのラジカルを発生するが，消費される時間も短い．逆に，分解が遅い高温用の開始剤は室温付近ではほとんど分解が起こらない．

　半減期(分解速度)は温度に依存するので，重合に必要な時間と半減期の両方を考慮して，開始剤の種類や重合条件(温度や反応時間)を決める必要がある．通常のラジカル重合では，半減期が数時間から十数時間になるように条件を設定することが多い．

　室温以下の低温での重合には，レドックス系開始剤が適している．レドックス系開始剤は，酸化剤と還元剤の組み合わせで構成され，両者を混合すると直ちに酸化還元反応が進行し，ラジカルが生成する．酸化還元反応は，温度に関係なく速やかに進行するためである．

　アゾ化合物の一部は，熱や光によって分解することから，ラジカルを生成するための開始剤として用いられる．アゾ開始剤(azo initiator)は，分解速度が一定，溶媒や添加物の影響を受けにくい，開始剤への連鎖移動反応が無視できる，分解によって窒素ガスを発生するなどの特徴をもち，反応速度論の研究に用いられる．

アゾ開始剤

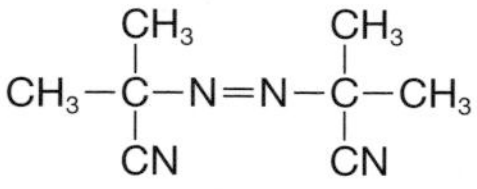

2,2′-アゾビスイソブチロ
ニトリル（AIBN, 65℃）

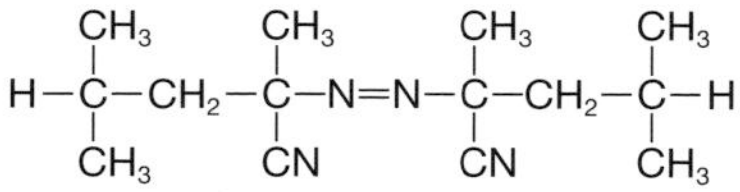

2,2′-アゾビスジメチルバレロ
ニトリル（AVN, 50℃）

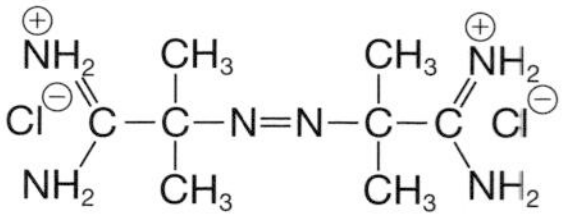

2,2′-アゾビス(2-メチルプロピオン
アミジン)二塩酸塩（水溶性, 56℃）

過酸化物

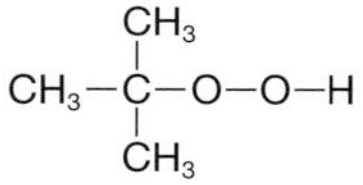

tert-ブチルヒドロペル
オキシド（TBHP, 168℃）

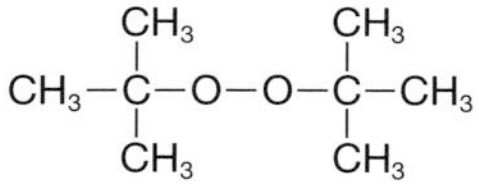

ジ-tert-ブチルペル
オキシド（DTBP, 125℃）

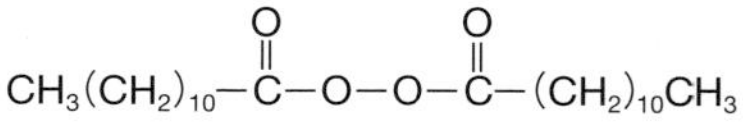

ラウリルペルオキシド
（LPO, 66℃）

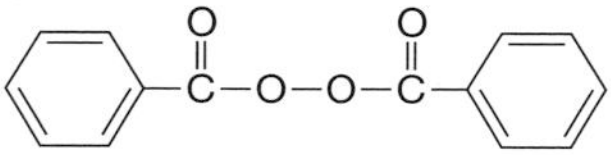

過酸化ベンゾイル
（BPO, 78℃）

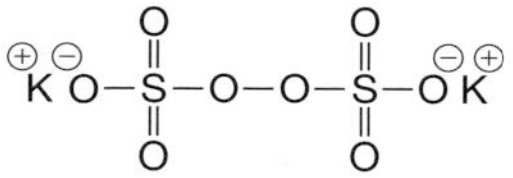

過硫酸カリウム
（水溶性, KPS, 69℃）

レドックス系開始剤

過酸化水素/鉄(II)塩，セリウム塩/アルコール，過酸化ベンゾイル/ジメチルアニリン，
酸素/トリエチルホウ素

図3.5　代表的なラジカル重合開始剤（カッコ内の数値は10時間半減期温度）

　開始剤分子は周りを溶媒やモノマーで取り囲まれており，生成した一次ラジカルの一部は，ラジカルどうしで直ちに反応（再結合あるいは不均化）して失活する（かご効果，cage effect）．開始剤の分解によって生成したラジカルのうち，重合開始に関与したラジカルの割合を**開始剤効率**（initiator efficiency）と呼ぶ．**2,2′-アゾビスイソブチロニトリル**（2,2′-azobis(isobutyronitrile), AIBN）の開始剤効率は，通常の重合条件下で0.5〜0.6である．開始剤効率は媒体の粘性の影響を受けやすいため，粘性の高い媒体中では大きく低下する．例えば，メタクリル酸メチルのバルク重合を行うとき，重合率が50％以上になると反応系全体の流動性が著しく低下し，さらに重合率が高くなると，固体（ガラス）になるため，重合終期での開始剤効率は著しく低下する．

　アゾ開始剤から生成するラジカル種は，常に炭素ラジカルである．ラジカルが存在する炭素上の置換基がすべてアルキル基の場合，炭素ラジカルは求核的な性質を示し，電子受容性モノマー（例えば，メタクリル酸メチルなど）への付加が速

やかに起こる．多くのアゾ開始剤は，置換基として電子求引性のシアノ基（−C≡N）やエステル基（−COOR）を含むため，求核性（nucleophilicity）は低下し，生成する炭素ラジカルは中性あるいは弱い求電子性を示すことが多い．炭素ラジカルは，水素引き抜きを起こしにくいので，連鎖移動反応が起こりにくく，ビニルモノマーの二重結合に選択的に付加する．

一方，過酸化物は，溶媒やモノマーの種類によって分解速度が大きく変化し，アミンなどの酸化されやすい化合物の存在によって分解が促進される．酸化還元反応が急激に起こると，爆発的に分解することもある．適度な還元剤と組み合わせると，レドックス系開始剤として用いることができ，低温での重合に有効である．過酸化物の開始剤効率はほぼ 1 に近い．分解によって生成する酸素ラジカルは求電子性が高く，メタクリル酸メチルなど電子受容性モノマーへの付加は遅い．過酸化物は，β 開裂（式(3.8)を参照)，あるいは溶媒分子に連鎖移動してから開始反応に関与することがあり，開始反応機構は複雑なものとなるが，工業的な製造工程に多く用いられている．

酸素ラジカルは，炭素ラジカルと異なり，水素引き抜きを起こしやすいため，高分子材料の表面グラフト修飾にも用いられる．例えば，ポリエチレン材料の表面を過酸化物から生じたラジカルが攻撃し，ポリエチレン鎖から水素引き抜きを起こすと，高分子鎖上にラジカルが発生し，このときモノマーが存在すると，ポリエチレンからグラフト鎖が成長する．親水性の高分子鎖をポリエチレン材料表面にグラフト化すると材料表面の親水性が向上し，接着性や塗装性，帯電性などを改善することができる．

C. 重合反応の機構

連鎖重合は，開始反応，成長反応，停止反応の各素反応の組み合わせによって起こる．連鎖移動反応が起こる場合もある．開始剤としてAIBNを用いて，スチレンをトルエン中，80℃で重合したときにどのような反応が起こるかを考えてみよう（式(3.7)）．

アゾ開始剤の分解反応では，2 箇所の炭素−窒素結合が均等（ラジカル）開裂して，1 分子の開始剤から 2 個のラジカルと 1 分子の窒素が生成する．AIBNの分解では，2-シアノ-2-プロピルラジカルが生成する．これを一次ラジカルと呼ぶ．アゾ開始剤から生じる一次ラジカルは炭素ラジカルであり，連鎖移動反応を起こさず，選択的にビニルモノマーに付加する．このとき，立体障害が小さく，生成するラジカルが安定な共鳴構造をとるように，置換基のないビニル基の β 炭素側

から優先して付加が起こる．一次ラジカルがスチレンモノマーに付加すると，用いた開始剤の種類に関係なく，ラジカル中心は同じ構造となる．これを**成長ラジカル**(propagating radical)と呼ぶ．成長ラジカルは，モノマーと反応して成長ラジカルを再生する(成長反応)．このとき，成長末端のラジカルの構造は変化しないが，成長反応が1回起こるたびに重合度は1つ大きくなる．成長ラジカルは成長反応を数十回から数百回(あるいはそれ以上のこともある)繰り返して，高分子量体を生成する．成長ラジカルの付加は，一次ラジカルと同様，ビニル基のβ炭素側から優先して起こる(頭－尾付加，式(3.9))．

2分子の成長ラジカル間で停止反応が起こると，高分子鎖の成長末端は不活性化し，連鎖的な成長反応が停止する．停止反応には，再結合反応(combination reaction)および不均化反応(disproportionation reaction)の2種類が存在し，前者からは1分子の高分子鎖が生成し，高分子鎖の両末端の構造は，開始反応によって決まることになる．一方，不均化反応からは2分子の高分子鎖が生成し，高分子鎖の片方の末端は開始反応によって，もう一方の末端は停止反応によって構造が決まる．不均化反応は，高分子ラジカル間の水素引き抜き反応であり，飽和末端の高分子と不飽和末端の高分子が生成する．スチレンの停止反応は，ほぼ再結合反応によって起こることが知られている．このため，ラジカル重合で生成するポリスチレンには両末端に開始剤切片が含まれる．

(3.7)

過酸化ベンゾイル（benzoyl peroxide, BPO）を開始剤として用いてメタクリル酸メチルを同様の条件で重合させた場合には，どのような違いが見られるだろうか．AIBNを用いたスチレンの重合との違いを比べてみよう（式(3.8)）．

$$\tag{3.8}$$

BPOは，熱によって最も弱い酸素－酸素間の結合が均等開裂して，ベンゾイルオキシラジカル（$C_6H_5COO\cdot$）を生成する．このラジカルは，メタクリル酸メチルに付加して重合を開始する．このとき，ベンゾイルオキシラジカルはモノマーや溶媒へ連鎖移動反応を起こしやすいため，水素引き抜きによって一次ラジカルと異なる構造のラジカルも生成する．この新たに生じたラジカルがモノマーに付加して重合が開始すると，高分子末端にモノマーや溶媒の構造の一部が含まれることになる．ベンゾイルオキシラジカルは高い求電子性をもち，メタクリル酸メチルへの付加速度が小さいため，1分子分解も起こり，β開裂によってフェニル

ラジカル($C_6H_5\cdot$)と二酸化炭素を生成する．フェニルラジカルは求核性の高い炭素ラジカルであるため，メタクリル酸メチルに対して高い反応性を示し，速やかに付加する．

このように，BPOによるメタクリル酸メチルの重合の開始反応過程には多くの反応が含まれ，高分子の開始末端構造は単純ではないことがわかる．また，メタクリル酸メチルの重合では，再結合反応と不均化反応の両方の停止反応が競争して起こることが知られている．

スチレンやメタクリル酸メチルの重合では，成長活性種が共役ラジカルであり，付加反応は高い位置選択性を示す．そのため，繰り返し構造はほぼ100％頭−尾構造からなり，成長反応での頭−頭付加(ビニル基のα炭素への成長ラジカルの付加，head-to-head addition)は無視できる．これに対して，酢酸ビニルや塩化ビニルの重合では，頭−尾付加(式(3.9))が優先して起こるが，同時に数％程度の頭−頭付加が含まれ(式(3.10))，成長ラジカルからの連鎖移動反応も無視できない．

$$(3.9)$$

$$(3.10)$$

また，ラジカル重合では立体規則性の制御は難しく，共役モノマー，非共役モノマーのどちらの場合も，アタクチックな構造の高分子が生成する．しかし，かさ高い置換基をもつモノマーのラジカル重合やルイス酸(Lewis acid)などを添加したラジカル重合では，立体規則性の制御が可能になることが知られている(4.2.4節参照)．

成長ラジカルからの**連鎖移動反応**(chain transfer reaction)が起こると，生成する高分子の分子量は低下する．連鎖移動反応とは，成長ラジカルが他の分子と反応(ラジカルが移動)して高分子の成長がそこで止まり，新しく生成したラジカルから再び成長が続く反応のことである．式(3.11)に示すように，連鎖移動反応は水素などの原子の引き抜き(移動)によって起こることが多い．

$$\text{\textasciitilde{}}CH_2-\dot{C}H\text{(R)} + XH \xrightarrow{\text{連鎖移動反応}} \text{\textasciitilde{}}CH_2-CH_2\text{(R)} + X\cdot \quad (3.11)$$

$$X\cdot + CH_2=CH\text{(R)} \xrightarrow{\text{再開始反応}} X-CH_2-\dot{C}H\text{(R)} \xrightarrow{CH_2=CH(R)} X\text{-}(CH_2-CH(R))_n\text{-}CH_2-\dot{C}H\text{(R)} \quad (3.12)$$

スチレンやメタクリル酸メチルなどの**共役モノマー**(conjugated monomer)のラジカル重合では，溶媒やモノマーへの連鎖移動反応の影響は比較的小さく，高分子量体が得られやすい．一方，エチレン，塩化ビニル，酢酸ビニルなどの**非共役モノマー**(non-conjugated monomer)のラジカル重合では，成長ラジカルの反応性が高く，連鎖移動反応を起こしやすい．

モノマーや生成した高分子への連鎖移動反応は，複雑な構造の高分子を生成する要因となり，生成した高分子の結晶性や熱安定性に影響を及ぼす．例えば，低密度ポリエチレンは，高温・高圧下でエチレンをラジカル重合することによって製造され，長鎖分岐(long-chain branching)と短鎖分岐(short-chain branching)の両方を含んでいる．長鎖分岐は，重合中に成長ラジカルが他の高分子鎖から水素を引き抜くことによって生じる(式(3.13))．一方，短鎖分岐は，成長ラジカルのバックバイティング(back-biting)，すなわち成長末端から数えて5～6番目の炭素上の水素を成長ラジカルが分子内で引き抜くことで生成し，C4分岐やC5分岐がつくられる(式(3.14))．これらの分岐は，ポリエチレン鎖の結晶化を阻害するため，結晶化度の低いポリエチレン(低密度ポリエチレン)が生成する(第5章参照)．エチレンの高圧重合法は，過酷な反応条件に耐える装置を必要とすることや，製造に多くのエネルギーを必要とすることなどの理由から，低中圧でのエチレンとα-オレフィンの配位共重合による直鎖状低密度ポリエチレンの製造法の重要性が増している(3.3.6節)．

$$\text{\textasciitilde{}}CH_2-\dot{C}H_2 + \text{\textasciitilde{}}CH_2-CH_2-CH_2-CH_2\text{\textasciitilde{}} \xrightarrow{\text{分子間水素引き抜き}}$$
$$\text{\textasciitilde{}}CH_2-CH_3 + \text{\textasciitilde{}}CH_2-CH_2-\dot{C}H-CH_2\text{\textasciitilde{}} \xrightarrow{\text{成長反応}} \text{長鎖分岐} \quad (3.13)$$

$$\text{〜〜CH}_2\text{-}\dot{\text{C}}\text{H}_2 \longrightarrow \text{〜〜CH}\underset{\text{H}}{\overset{\text{CH}_2}{\underset{\dot{\text{CH}}_2}{\text{CH}_2}}}\text{CH}_2 \xrightarrow[\text{(バックバイティング)}]{\text{分子内水素引き抜き}}$$

$$\text{〜〜}\dot{\text{C}}\text{H}\underset{\text{CH}_3}{\overset{\text{CH}_2}{\underset{\text{CH}_2}{\text{CH}_2}}}\text{CH}_2 \xrightarrow{\text{成長反応} } \text{短鎖分岐 (C4 分岐)} \tag{3.14}$$

他の非共役モノマーの重合でも成長ラジカルの連鎖移動反応が起こり，高分子の構造や物性に影響を与える．酢酸ビニルの重合ではモノマーや高分子への連鎖移動反応によって分岐構造をもつポリ酢酸ビニルが生成する．ポリ酢酸ビニルを加水分解してエステル結合を切断すると分岐構造は消失し，直鎖状のポリビニルアルコールが生成する（式(3.15)，式(3.16)）．連鎖移動反応は主にメチル基からの水素引き抜きによって進行するため，加水分解後の重合度は低くなる．同様に，塩化ビニルの重合でも連鎖移動反応は頻繁に起こり，連鎖移動反応で生じた構造の一部はポリ塩化ビニルの熱安定性低下の原因となる．

(式 3.15)

(式 3.16)

連鎖移動反応が起こりやすい化合物（**連鎖移動剤**，chain transfer agent）を添加して重合を行うと，高分子の分子量調整や末端基への官能基の導入が可能になる．チオールやトリクロロブロモメタンは，共役モノマーの重合にも有効な連鎖移動

剤として働き，末端基への官能基の導入やオリゴマーの合成に利用される（式(3.17)，式(3.18)）．

$$CH_2=CHX \xrightarrow[\text{ラジカル重合}]{RSH} RS{-}(CH_2{-}\underset{X}{CH}){-}_n H \quad (3.17)$$

$$CH_2=CHX \xrightarrow[\text{ラジカル重合}]{CBrCl_3} Cl_3C{-}(CH_2{-}\underset{X}{CH}){-}_n Br \quad (3.18)$$

連鎖移動反応によって生成するラジカルが安定で再開始反応が起こらないとき，重合反応はそこで停止する．連鎖移動反応によって安定なフェノキシラジカルが生成すること（式(3.19)）を利用して，2,6-ジ-*tert*-ブチル-4-メチルフェノール（BHT）が重合禁止剤として用いられている．プロピレンがラジカル重合しないのも，成長ラジカルがプロピレンモノマーに連鎖移動して安定なアリルラジカルが生成する（退化的連鎖移動）ためである．

$$\sim\sim\sim CH_2{-}\underset{R}{\dot{C}H} + \underset{BHT}{\text{(CH}_3\text{)}_3C\text{-phenol-}C\text{(CH}_3\text{)}_3} \xrightarrow{\text{連鎖移動反応}} \sim\sim\sim CH_2{-}\underset{R}{CH_2} + \text{(CH}_3\text{)}_3C\text{-phenoxy-}C\text{(CH}_3\text{)}_3 \quad (3.19)$$

D. 重合反応の速度

重合反応は，式(3.20)〜式(3.25)で表される開始反応，成長反応，停止反応，連鎖移動反応の各素反応から成り立っている．

$$\text{開始反応}: I \xrightarrow{k_d} 2R\cdot \quad (3.20)$$

$$R\cdot + M \xrightarrow{k_i} P\cdot \quad (3.21)$$

$$\text{成長反応}: P\cdot + M \xrightarrow{k_p} P\cdot \quad (3.22)$$

$$\text{停止反応}: 2P\cdot \xrightarrow{k_t} P \text{ or } 2P \quad (3.23)$$

$$\text{連鎖移動反応}: P\cdot + A \xrightarrow{k_{tr}} P + A\cdot \quad (3.24)$$

$$A\cdot + M \xrightarrow{k_i'} P\cdot \quad (3.25)$$

ここで，Mはモノマー，Iは開始剤，Pは生成高分子，Aは連鎖移動剤である．R·は開始剤の分解によって生じた一次ラジカル，P·は成長ラジカルを表す．k_dとk_iはそれぞれ開始剤の分解とモノマーへの付加反応の速度定数，k_pとk_tはそれぞれ成長反応と停止反応の速度定数，k_{tr}とk_i'はそれぞれ連鎖移動反応と再開始反応（reinitiation reaction）の速度定数である．

ラジカル重合の開始，成長，停止反応速度は，それぞれ次のように表される．

$$R_i = -\frac{d[I]}{dt} = 2k_d f[I] \tag{3.26}$$

$$R_p = -\frac{d[M]}{dt} = k_p[P\cdot][M] \tag{3.27}$$

$$R_t = -\frac{d[P\cdot]}{dt} = k_t[P\cdot]^2 \tag{3.28}$$

ここで，fは開始剤効率である．重合中の成長ラジカル濃度は一定（これを定常状態という）となるため，開始速度と停止速度は等しくなる（$R_i=R_t$）．成長反応の速度定数は成長ラジカルの分子量によらないとし，モノマーが成長反応だけで消費される（開始剤の一次ラジカルの付加によるモノマーの消費を無視する）とすると，全重合速度（高分子の生成速度）はモノマーの消失速度に等しくなり，式(3.27)に$[P\cdot] = (2k_d f[I]/k_t)^{0.5}$を代入して，以下のように表すことができる．

$$R_p = -\frac{d[M]}{dt} = \left(\frac{2k_d f[I]}{k_t}\right)^{0.5} k_p[M] \tag{3.29}$$

この式から，R_pはモノマー濃度の1次に，開始剤濃度の0.5次に比例することがわかる．特に，後者から成長ラジカル間で2分子停止（bimolecular termination）が起こっていることがわかる．アニオン重合やカチオン重合では2分子停止が起こらないため，反応速度の開始剤濃度に対する依存性を調べると，重合がラジカル機構で進んでいるかどうかを調べることができる．なお，停止反応に一次ラジカルが関わると（一次ラジカル停止），重合速度の開始剤濃度に対する依存次数は0.5以下の値となり，完全に一次ラジカル停止のみが起こる場合には，重合速度は開始剤濃度に依存しなくなる（開始剤濃度の次数が0となる）．また，連鎖重合で生成する高分子のDP_nは，成長反応と停止反応の比によって決まり（すなわち，$DP_n = R_p/R_t = R_p/R_i$），重合初期から高分子量体が生成する（図3.1参照）．

上記の速度定数のうち，k_pとk_tはモノマーの重合反応性を直接表すパラメータであり，電子スピン共鳴（electron spin resonance, ESR）分光法やパルスレーザー

重合(pulse laser polymerization, PLP)法によって決定される．ESR法は，重合条件下で成長ラジカルのESRスペクトルを直接観測し，そのシグナル強度から定常状態や非定常状態での成長ラジカル濃度を決定する方法で，重合速度と成長ラジカル濃度，あるいはその時間変化の様子から，k_pやk_tを求めることができる．PLP法では，光開始剤を含むモノマー溶液にレーザー光を短いパルスで照射したときに生成する高分子をサイズ排除クロマトグラフィー(SEC，2.4節参照)で解析してk_pを決定する．パルスでレーザー光が照射されると，一次ラジカルが発生して重合を開始し，次のパルス照射までの間に成長反応が起こる．ここで，パルス間隔と一次ラジカル停止した高分子の重合度からk_pを求めることができ，パルスレーザーを1回だけ照射したときの結果と組み合わせるとk_tを決定できる．国際純正および応用化学連合(International Union of Pure and Applied Chemistry, IUPAC)高分子部門のワーキンググループは，信頼性の高いk_pやk_tの値を決定しており，スチレンやメタクリル酸メチルのk_pに対して次式の使用を推奨している．

$$\text{スチレン}：k_p(\text{L mol}^{-1}\text{ s}^{-1}) = 10^{7.63}\exp\left(-\frac{32.51\text{ kJ mol}^{-1}}{RT}\right) \quad (3.30)$$

$$\text{メタクリル酸メチル}：k_p(\text{L mol}^{-1}\text{ s}^{-1}) = 10^{6.427}\exp\left(-\frac{22.36\text{ kJ mol}^{-1}}{RT}\right) \quad (3.31)$$

連鎖移動反応の起こりやすさは，成長反応速度定数に対する連鎖移動速度定数の比(連鎖移動定数，$C_{tr}=k_{tr}/k_p$)で表される．連鎖移動反応によって生じたラジカルの再開始反応が速やかに起こる(式(3.25)の速度定数k_i'が十分大きい)場合，連鎖移動反応が起こっても重合速度に変化はなく，高分子の分子量だけを低下する働きがあり，生成する高分子鎖の量に変化はないが，高分子鎖の数が増えることになる．非共役モノマーの重合に対する連鎖移動定数は，共役モノマーに対する値に比べて大きい．非共役モノマーから生成する成長ラジカルは反応性が高く，連鎖移動反応(水素やハロゲンの引き抜き)を起こしやすいためである．一般に，

表3.5　代表的なビニルモノマーの各種反応速度定数の比較(60°C)

モノマー	k_p/ L mol^{-1}s^{-1}	$k_t\times 10^{-7}$/ L mol^{-1}s^{-1}	$k_p/k_t^{0.5}$/ L$^{0.5}$ mol$^{-0.5}$s$^{-0.5}$	C_{tr} トルエン	ブタンチオール
スチレン	341	7.2	0.021	1.2×10^{-5}	22
メタクリル酸メチル	833	3.7	0.12	2.0×10^{-5}	0.67
アクリロニトリル	1960	7.8	0.22	5.8×10^{-4}	0.7
酢酸ビニル	3700	11.7	0.34	2.1×10^{-3}	48

コラム　係数の2はつけるべき，とるべき？

　一般に，ラジカル重合の停止反応速度は式(3.28)で表すことができる．ところが，一般的な反応速度論の教科書に従えば，停止反応速度は次のように定義されることが多く，IUPACでも次の式(速度定数の前に係数2が含まれる)を使用することが推奨されている．

$$-\frac{d[\mathrm{P}\cdot]}{dt} = 2k_t[\mathrm{P}\cdot]^2$$

　海外で出版された教科書の記述を比べてみると，英国の古典的なラジカル重合の教科書(J. C. Bevington著, *Radical Polymerization*, Academic Press (1961) やC. H. Bamfordほか著, *The Kinetics of Vinyl Polymerization by Radical Mechanism*, Butterworths Scientific Publications (1958))では式(3.28)が主に使用されているのに対し，北米で古くから使われてきた教科書(P. J. フローリ 著，岡 小天，金丸 競訳，高分子化学，丸善(原著初版，1953年)やG. Odian著, *Principles of Polymerization*, Wiley Interscience (第4版，2004年)など)や比較的最近出版された教科書では，上記の式が使用されることが多い．国内の教科書も似た状況にある．

　これら教科書間の記述の不一致を指摘し，注意喚起している教科書(例えば，G. Moad, D. H. Solomon, *The Chemistry of Radical Polymerization*, *2nd Fully Revised Edition*, Elsevier (2006))もあるが，多くの場合は何の説明もなしにどちらかの式が用いられている．係数の2をつけて速度式を定義して求めたk_tの数値は，係数なしの式で定義された場合の1/2の値となるため，各人がそれぞれ好き勝手に使用すると混乱を招きかねない．そこで，ポリマーハンドブック(*Polymer Handbook*, *4th Edition*, Wiley Interscience (1999))には，原著論文でどちらの定義が使用されているかをチェックした上で，式(3.28)を用いて再計算したk_tの値が一覧表にまとめられている．

　では，どちらの式が正しいのか，答えはそう簡単ではない．ある反応系に分子Aと分子Bが存在する場合，2分子反応によって反応生成物が生じるときには，同じ分子間の反応(A+A→CあるいはB+B→D)と異なる分子間の反応(A+B→E)の反応速度定数のk_{AA}(あるいはk_{BB})とk_{AB}を含む反応速度式をどのように定義するかによって，係数の2をつける，つけないの取り扱いが異なってくる．実は，係数2をつけない停止反応の速度式の取り扱い(式(3.28))は決して間違いではなく，むしろ理にかなったものであり，変えるべきはIUPACが推奨する定義の方である(福田 猛，新訂版 ラジカル重合ハンドブック，エヌ・ティー・エス(2010)，p.56参照)．

非共役モノマーの重合では，連鎖移動反応によってさまざまな一次構造（末端基や分岐構造）の高分子が生成するので，精密な高分子構造の制御は難しい．表3.5に，代表的なビニルモノマーの成長反応と停止反応の速度定数およびその比（$k_p/k_t^{0.5}$），そして連鎖移動定数の値をまとめる．

3.3.4 アニオン重合

アニオン重合は，電子求引性基をもつ共役モノマーに有効な重合方法であるが，不純物によって重合が阻害されやすいため，モノマーや溶媒の精製には注意が必要である．炭化水素モノマーのリビングアニオン重合（第4章参照）によってブロック共重合体が合成され，熱可塑性エラストマー（thermoplastic elastomer）として利用されている．また，スチレン－ブタジエンゴム（styrene-butadiene rubber, SBR）は，従来，乳化重合（ラジカル重合）によって合成されることが多かったが，近年，アニオン重合法で合成されたSBRが自動車用タイヤや防振ゴムの用途に広く用いられている．

アニオン重合が可能なモノマーと開始剤の組み合わせは，モノマーの置換基の種類と開始剤の求核性によって整理できる（図3.6）．強い電子求引性基をもつニトロエチレンや，それぞれシアノ基あるいはエステル基を導入した1,1-二置換エチレンモノマーであるシアン化ビニリデンや2-シアノアクリル酸エチルは，水やピリジンなどの求核性の低い開始剤によってアニオン重合を開始できる．反応性がきわめて高いために瞬間接着剤として用いられる2-シアノアクリル酸エチルには重合禁止剤が含まれており，空気中で重合禁止剤が失活し，空気中や被

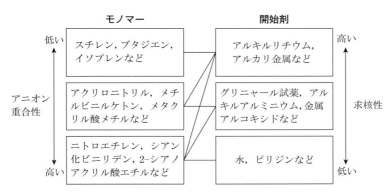

図3.6 アニオン重合に用いられるモノマーと開始剤の組み合わせ

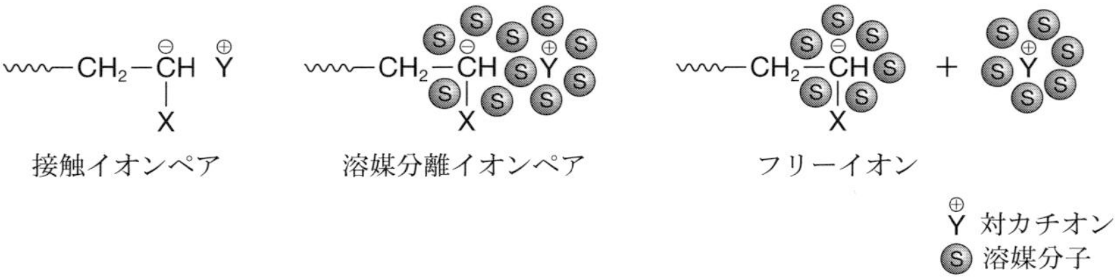

図3.7 成長末端アニオンと対カチオンの相互作用

（左）接触イオンペア （中）溶媒分離イオンペア （右）フリーイオン
Y⊕：対カチオン　S：溶媒分子

着体に含まれる水分がアニオン重合を開始して，液状モノマーが固化することによって，短時間で接着力が発現する．アクリロニトリルやメチルビニルケトンはアニオン重合に適したモノマーであり，アルキルアルミニウムや金属アルコキシドなどの中程度以上の求核性をもつ開始剤との組み合わせが有効である．メタクリル酸メチルもアニオン重合が可能なモノマーであるが，グリニャール試薬（Grignard reagent）などの強い求核性をもつ開始剤が必要である．共役モノマーであるスチレン，ブタジエン，イソプレンは電子求引性基をもたないが，アルキルリチウムやアルカリ金属などの最も強い求核性をもつ開始剤を用いるとアニオン重合を開始できる．

　酸性の物質は，成長末端のアニオンと容易に反応して重合を停止するため，アニオン重合にはプロトン（H^+）を発生しない溶媒が用いられる．成長速度や得られる高分子の立体規則性は，用いる溶媒の種類に依存する．非極性溶媒中では，成長末端のアニオンと対カチオンは近い距離にあり，イオンペア（イオン対，ion pair）を形成しているため，対カチオンの影響を強く受けるが，溶媒の極性が高くなるほど，イオン間に溶媒が割り込んだ形をとる．十分に極性が高い溶媒によって安定化される成長アニオンを，溶媒和フリーイオン（fully solvated free ion，以下単にフリーイオンと呼ぶ）と呼ぶ（図3.7）．フリーイオンの反応性は高いが，立体規則性の制御には，溶媒や対カチオンによる立体制御が必要であり，イオンペアを形成することが求められる．イオンペアは，対カチオンが溶媒和したもの（溶媒分離イオンペア，solvent-separated ion pair）と溶媒和していないもの（接触イオンペア，contact ion pair）に分けられ，溶媒の種類によって反応性が異なるため，溶媒の選択は重要である．フリーイオンとイオンペアの比率がわずか1：99の場合でも，フリーアニオンによる成長反応の速度の方が著しく大きいため，モノマーの大半はフリーイオンとの反応で消費される．

　アニオン重合では2分子停止は起こらず，アルコールや水などのプロトン性の

化合物の存在によって，停止反応が起こる．化合物RHから成長末端アニオンへのプロトン移動が起こる場合，生成するアニオンがモノマーの重合開始能をもつときにはRHは連鎖移動剤として働くが，開始能がないときには停止剤となる．例えば，メタノールから生成するメトキシアニオンは，スチレンやメタクリル酸メチルのアニオン重合を開始しないため，メタノールはこれらのモノマーの重合に対する停止剤として機能する．

　アニオン重合は不純物の影響を受けやすく，高純度のモノマーや溶媒を使用する必要がある．ラジカル重合と異なり，重合活性種を形成するためのエネルギーを外部から加える必要がないので，開始剤を加えると低温でも重合が速やかに進行する．アニオン重合の成長末端濃度は通常10^{-3} mol L^{-1}程度と大きいため，アニオン重合の速度はラジカル重合に比べて圧倒的に高く(ラジカル重合の成長ラジカル濃度は$10^{-9} \sim 10^{-7}$ mol L^{-1})，低温でも短時間で完結することが多い．通常，アニオン重合は，副反応を抑えるために0℃以下の低温で行われることが多いが，アニオン開始剤として用いる有機金属錯体の配位子の構造を工夫すると，室温以上の温度でも副反応を起こさずに重合できる．この方法により室温より高いガラス転移温度をもつポリメタクリル酸メチルと室温より低いガラス転移温度をもつポリアクリル酸ブチルを組み合わせたABA型ブロック共重合体が合成され，透明熱可塑性エラストマーとして利用されている．

3.3.5　カチオン重合

　カチオン重合には電子供与性基をもつビニルモノマーが用いられ，代表的なモノマーとして，イソブテン，スチレン，アルキルビニルエーテル，N-ビニルカルバゾールなどがある(図3.8)．ポリイソブテン(ポリイソブチレン)は，透明で高い粘性をもつ液状の高分子であり，接着剤，シーリング材，潤滑油改質材，電気絶縁材などに利用されている．イソブテンと少量のイソプレンとの共重合体は，ブチルゴムとして工業生産されている．ポリビニルエーテルは，粘着剤，高分子界面活性剤，冷凍機油などに用いられる．ポリ(N-ビニルカルバゾール)は，光伝導性高分子として知られ，コピー機の感光体材料(正孔輸送材料)として用いられている．石油ナフサの熱分解で生成する不飽和化合物を混合物のままカチオン重合して得られた分子量が数千程度のオリゴマーは石油樹脂(petroleum resin)と呼ばれ，接着剤，コーティング剤，塗料の成分の一部として用いられている．

　カチオン重合の成長末端は不安定なカルボカチオンであり，β水素脱離による

モノマー

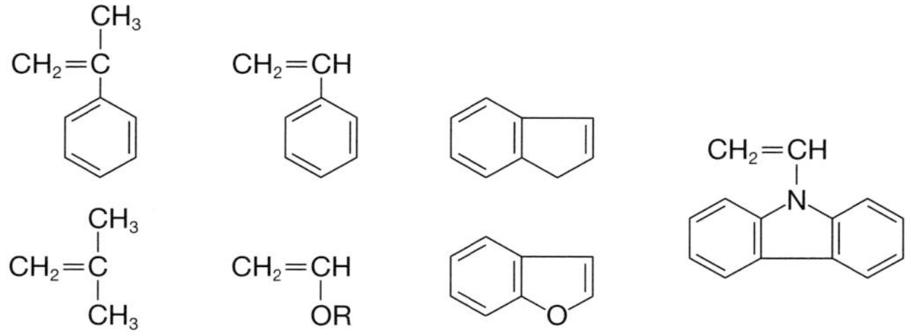

開始剤(開始剤系)
ブレンステッド酸：HCl, H_2SO_4, $HClO_4$, CF_3COOH, CF_3SO_3H
ルイス酸(水やアルコールなどが共存)：$AlCl_3$, $TiCl_4$, $SnCl_4$, $BF_3O(C_2H_5)_2$
光カチオン重合開始剤：I_2, $Ar_2I^+PF_6^-$, $ArS^+AsF_6^-$ (Arはアリール基)

図3.8　カチオン重合性モノマーとカチオン重合開始剤系

連鎖移動反応が起こりやすく，カチオン重合で生成する高分子の分子量は，通常，数千から数万程度に制限される．アニオン重合と同様，対アニオンや溶媒の種類によって，重合速度や反応様式が大きく異なる．カチオン重合開始剤は，ブレンステッド酸とルイス酸に大別される．ブレンステッド酸として，無機酸である塩酸，硫酸，過塩素酸などや，有機酸であるトリフルオロ酢酸やトリフルオロメタンスルホン酸などが，ルイス酸として金属塩化物($AlCl_3$，$TiCl_4$，$SnCl_4$)や三フッ化ホウ素などが用いられる．ルイス酸はそれ自身にカチオン重合開始能はなく，ルイス酸の作用によってカチオンを供給する化合物(水，アルコール，ハロゲン化アルキルなど)と一緒に用いられる．この場合，ルイス酸を触媒，カチオンを供給する化合物を開始剤と区別して呼び，両者をあわせて開始剤系と呼ぶことがある．また，熱や光の外部刺激を加えたときにプロトンやカルボカチオンが生成する熱や光潜在性のカチオン開始剤が，接着やコーティングなどの硬化工程に用いられている．

　カチオン重合の溶媒としては，脂肪族炭化水素(ヘキサンやヘプタンなど)，ハロゲン化炭化水素(四塩化炭素，クロロホルム，ジクロロメタンなど)，芳香族炭化水素(トルエン，キシレンなど)，ニトロ化合物(ニトロメタン，ニトロベンゼンなど)が用いられる．極性の高い溶媒ほど成長末端のカルボカチオンを安定化するため，重合速度が大きくなる傾向にある．塩基性の化合物(ジメチルホルムアミドやピリジンなど)は成長カチオンと反応して重合を停止するため，溶媒として用いることはできない．

ブレンステッド酸とルイス酸を用いたビニルモノマーのカチオン重合の開始反応をそれぞれ式(3.32)および式(3.33)に示す．成長末端のカルボカチオンは対アニオンとイオンペアを形成しているが，フリーイオン性が高くなると成長速度は大きくなる．成長速度は，モノマーの置換基の電子供与性が高くなる大きくなる．カチオン重合で高分子量体が得られにくいのは，成長カルボカチオンが不安定で連鎖移動(モノマーへのプロトン移動；β水素移動)を起こしやすいためであり，高分子の末端には不飽和結合が含まれる．4.1.3節で述べるように，カルボカチオンをルイス塩基の添加によって安定化することにより，多くのモノマーのリビングカチオン重合が可能になっている．

$$\text{CH}_2=\text{CH}-\text{R} \xrightarrow{\text{HCl}} \text{H}-\text{CH}_2-\overset{\oplus}{\text{CH}}(\text{R})\cdots\overset{\ominus}{\text{Cl}} \xrightarrow{\text{CH}_2=\text{CH}-\text{R}} \text{H}\!-\!\!\!\left(\text{CH}_2-\text{CH}(\text{R})\right)_{\!n}\!\!\text{CH}_2-\overset{\oplus}{\text{CH}}(\text{R})\cdots\overset{\ominus}{\text{Cl}} \tag{3.32}$$

$$\text{CH}_2=\text{CH}-\text{R} \xrightarrow{\text{AlCl}_3+\text{H}_2\text{O}} \text{H}-\text{CH}_2-\overset{\oplus}{\text{CH}}(\text{R})\cdots\overset{\ominus}{\text{AlCl}_3\text{OH}} \xrightarrow{\text{CH}_2=\text{CH}-\text{R}} \text{H}\!-\!\!\!\left(\text{CH}_2-\text{CH}(\text{R})\right)_{\!n}\!\!\text{CH}_2-\overset{\oplus}{\text{CH}}(\text{R})\cdots\overset{\ominus}{\text{AlCl}_3\text{OH}} \tag{3.33}$$

3.3.6 配位重合

高密度ポリエチレンやポリプロピレンは，有機金属触媒を用いた配位重合によって合成されている．1.3.4節で述べたように1953年Zieglerは，四塩化チタンとトリエチルアルミニウムの反応生成物がエチレンの重合活性を示し，常温・常圧条件下で高分子量のポリエチレンを生成することを発見した．その後，Nattaは，三塩化チタンとジエチルアルミニウム塩化物がプロピレンの立体特異性重合に有効な触媒となることを見いだした．遷移金属化合物(触媒)と典型元素化合物(助触媒)を組み合わせた重合触媒は，**チーグラー・ナッタ触媒**(Ziegler-Natta catalysis)と総称される．アタクチックなポリプロピレンは結晶性がなく，ガラス転移温度が室温より低いため，プラスチックなどの成形品として使用できないが，イソタクチックポリプロピレンは結晶性が高く，高強度材料として利用できる．チーグラー・ナッタ触媒を用いたオレフィン重合は，担持型不均一系触媒の高活性化や均一系メタロセン触媒の開発など，産業にも影響を与えながら発展してきた

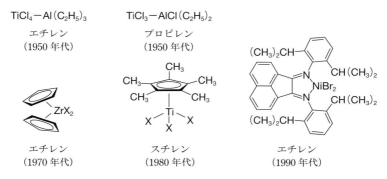

図3.9 配位重合用触媒の化学構造と重合に用いられるモノマー(カッコ内は触媒が見つかった年代，Xはハロゲンなど)

(図3.9).

配位重合では，遷移金属上の空のサイトにモノマーが配位し，成長末端の炭素－金属結合に配位したモノマーが挿入する過程を繰り返して高分子が生成する．例えば，三塩化チタンとジエチルアルミニウム塩化物を触媒として用いたプロピレンの配位重合は式(3.34)の反応機構で進むことが知られている．触媒のチタン原子上の空のサイトにプロピレンモノマーが配位し，チタン原子とエチル基間にモノマーが挿入され，エチル基が結合していたサイトは空となり，ここに新しいモノマーが配位する．同様に，エチル基を末端にもつ高分子鎖とチタン原子間へのプロピレンモノマーの挿入，空のサイトへのプロピレンモノマーの配位が繰り返し起こり，高分子が生成する．

(3.34)

初期に見つかったチーグラー・ナッタ触媒の活性は低く，重合後に脱灰と呼ばれる触媒を取り除く工程が必要であったが，液体である四塩化チタンを固体の塩化マグネシウムに担持し，トリエチルアルミニウムで活性化した触媒が，従来型触媒の100倍以上の活性を示すことが発見された．これによって脱灰工程を省略できるようになり，ポリオレフィンの生産効率は飛躍的に向上した．現在では，1gの触媒から1t以上のポリエチレンが生産されている．また，安息香酸エチルなどのルイス塩基を併用することによって，触媒活性だけでなく，立体特異性の向上にも成功しており，高活性担持型触媒は，ポリプロピレン製造のための触媒の世界標準となった．

1970年後半，Kaminskyは4族のメタロセン化合物（配位子として2つのシクロペンタジエニルアニオンを含む有機金属化合物）をメチルアルミノキサン（MAO）で活性化した**メタロセン触媒**（metallocene catalyst）を開発した．上記のチーグラー・ナッタ触媒では，固体触媒の表面に存在する一部の活性点だけが重合に利用されるのに対し，メタロセン触媒は分子性の触媒であり，溶液中に存在する化合物すべてが同じ活性を示す．活性点が均一であるため，メタロセン触媒は**シングルサイト触媒**（single site catalysis）とも呼ばれる．溶媒に可溶な均一系触媒として，エチレンやα-オレフィンの重合に対して高い活性を示し，比較的狭い分子量分布の高分子が生成する．組成の均質な共重合体の合成に適しているため，エチレンとα-オレフィンから直鎖状低密度ポリエチレンが製造されている．メタロセン触媒は，極性モノマーの重合や共重合，オレフィンと一酸化炭素の共重合などに用いることができ，新規な高活性触媒の開発が盛んに行われている．

3.3.7 開環重合

ビニルモノマーの付加重合で生成する高分子は，主鎖中に炭素以外の元素を含まない．一方，モノマーが環状構造をとり，環を構成する元素として炭素以外の元素や官能基が含まれるとき，開環重合によって生成する高分子の繰り返し構造の骨格には炭素以外の元素や官能基が含まれる．このように，開環重合は，付加重合で得られない高分子を合成することができるという特徴をもつ．

環状モノマーの反応では，モノマー分子内に含まれる環のひずみエネルギーの解放が，重合の推進力となる．単純な環状アルカンでは，シクロヘキサン環のひずみが最も小さく，環員数が6より小さくなるか大きくなると環のひずみが増す．開環重合に用いるモノマーは環構造中にヘテロ原子や官能基を含むため，ひずみ

表3.6 環状モノマーの種類（環構造）と重合可能な環員数

官能基(X)	環員数						
	3	4	5	6	7	8	9
エーテル(—O—)	○	○	○	×	○		
スルフィド(—S—)	○	○	×	×	○		
イミン(—NH—)	○	○	△	△	○		
ジスルフィド(—SS—)		○	○	○	○	○	○
ホルマール(—OCH$_2$O—)			○	○	○	○	○
エステル(—(C=O)O—)		○	△	○	○	○	○
アミド(—(C=O)NH—)		○	○	△	○	○	○
カーボネート(—O(C=O)O—)			×	○	○		
ウレア(—NH(C=O)NH—)			○	×	○		
カルバメート(—NH(C=O)O—)			×	○	○		
酸無水物(—(C=O)O(C=O)—)			×	○	○	○	○
イミド(—(C=O)NH(C=O)—)			×	×	○		
オレフィン(—CH=CH—)		○	○	×	○	○	

大 ←――― 環ひずみ最小 ――→ 大

の大きさは環状アルカンの場合と異なるが，3〜5あるいは7〜9員環モノマーで重合性が高くなる（**表3.6**）．開環重合では，成長反応の発熱量が小さいため，成長反応の逆反応が無視できず，重合条件次第では天井温度を考慮しなければならない．

開環重合は，付加重合と同様，成長活性種によって，アニオン開環重合，カチオン開環重合，ラジカル開環重合などに分類される．オレフィンメタセシス（olefin metathesis）機構による開環メタセシス重合も知られている．オレフィンメタセシス反応とは，2分子のオレフィン間の結合の組み替えによって，出発物質と異なる構造のオレフィンが生成する反応であり，開環メタセシス重合はこの反応機構を高分子合成反応に利用している（反応機構は式(4.14)を参照）．

エチレンオキシドやプロピレンオキシドは，塩基やルイス酸を開始剤（触媒）として用いると，アニオンあるいはカチオン開環重合が進行し，高分子量体を得ることができる．例えば，ε-カプロラクタムのアニオン開環重合によって，ナイロン6が工業生産されている．テトラヒドロフランは，硫酸などのブレンステッド酸や三フッ化ホウ素などのルイス酸によって容易にカチオン開環重合し，ポリエーテルを生成する．このポリエーテルは鎖の両末端にヒドロキシ基をもつため，ポリウレタンの合成に利用されている．アニオン開環重合やカチオン開環重合が多くの環状モノマーの高分子化に有用であることと対照的に，ラジカル開環重合

が可能なモノマーの構造は限られている．

　開環重合は工業的に重要な機能性高分子を合成でき，上記のポリエチレンオキシド（式(3.35)）やナイロン6（式(3.36)）以外にも，ラクチド（乳酸の環状2量体）の開環重合によりポリ乳酸が（式(3.37)），ジメチルジクロロシランの環状縮合物（環状3量体）の開環重合によりポリジメチルシロキサンが（式(3.38)），ノルボルネンの開環メタセシス重合によりポリノルボルネンが（式(3.39)），工業的に生産されている．

$$\text{エチレンオキシド} \xrightarrow{\text{アニオン開環重合}} \text{-(CH}_2\text{-CH}_2\text{-O)}_n\text{-} \quad \text{ポリエチレンオキシド} \tag{3.35}$$

$$\varepsilon\text{-カプロラクタム} \xrightarrow{\text{アニオン開環重合}} \text{ナイロン6} \tag{3.36}$$

$$\text{ラクチド} \xrightarrow{\text{アニオン開環重合}} \text{ポリ乳酸} \tag{3.37}$$

$$\xrightarrow{\text{アニオン開環重合}} \text{ポリジメチルシロキサン} \tag{3.38}$$

$$\text{ノルボルネン} \xrightarrow{\text{開環メタセシス重合}} \text{ポリノルボルネン} \tag{3.39}$$

3.3.8　共重合

A.　共重合の種類

　高分子は，繰り返し構造に応じて，それぞれ特有の性質を示す．剛直で耐熱性に優れた高分子，親水性で生体適合性に優れた高分子，柔軟で加工性に富む高分子，側鎖に反応性の基を含む高分子など，さまざまな高分子が存在する．なお，

異なる機能が同時に必要とされるとき，異なる高分子を混合するだけでは，十分な機能が得られないことが多い．構造の異なる高分子どうしは，互いに混ざり合わない（相溶性を示さない）ためである．疎水性のポリスチレンと水溶性のポリビニルアルコールが混ざらないのは容易に想像できるが，互いに共通する多くの有機溶媒に可溶なポリスチレンとポリメタクリル酸メチルの組み合わせや，互いに似た構造をもつポリオレフィンであるポリエチレンとポリプロピレンの組み合わせでさえ，高分子どうしが混ざり合うことはなく，相分離が生じる(5.1.3節)．異なる種類の高分子間で相溶性が認められるのは，カルボン酸とピリジンあるいは塩素とカルボニル基などのように，酸と塩基（あるいはルイス酸とルイス塩基）の関係にある置換基どうしで相互作用して，異なる高分子どうしが疑似的に結合する場合に限られる．

　1種類の高分子では発揮できない性能を引き出すことを目的として，さまざまな形の共重合体(コポリマー)が用いられる(2.1.3節参照)．ランダム共重合体や交互共重合体だけでなく，AAB型共重合体のように，高度に配列が制御された定序配列高分子（あるいは周期高分子）や傾斜組成共重合体と呼ばれる高分子の片方の末端から別の末端に向かって徐々に組成が異なる高分子も知られている．

　一方，2種類以上の長い高分子鎖が互いに共有結合で連結したブロック共重合体は，ジブロック（二元），トリブロック（三元）共重合体，あるいはAB型，ABA型，ABC型ブロック共重合体などと呼ばれる（A, B, Cはブロック鎖を表す）．また，1本の高分子鎖に別の高分子鎖が分岐して多数結合したものをグラフト共重合体と呼ぶ．ブロック共重合体やグラフト共重合体は，分子内に異なる種類の高分子鎖を含むため，ミクロ相分離構造(図2.5，図5.5)をとる．一方で，界面活性剤のような働きをし，高分子ブレンド（異なる高分子の混合物）の相溶化剤として用いられる．これらの配列が制御された高分子は，異なるモノマーの段階的なリビング重合か，高分子鎖の末端の反応性基を利用した高分子反応によって合成される．

B. モノマー反応性比

　2種類のモノマーを共重合するとき，モノマー組成によって共重合体の組成がどのように変化するかを図示したものを**共重合組成曲線**(copolymer composition curve)といい，共重合の特徴を可視化できる．ここでは一方のモノマーをM_1，もう一方をM_2とする．横軸にどちらか一方のモノマーの組成を，縦軸に共重合体に含まれるM_1組成をとり，連続的な曲線で表す．共重合組成曲線は，**モノマー**

反応性比(monomer reactivity ratio) r_1, r_2 と呼ばれる共重合反応性を表すパラメータによって特徴づけられる．共重合の解析は，通常，起こりうる4種類の成長反応，すなわち2種類の成長ラジカルが2種類のモノマーに付加する反応(式(3.40)～(3.43))に基づいて行う．このとき，成長末端の1つ手前の繰り返し単位は，成長ラジカルの反応性に関係しないとみなす．これを末端モデル(terminal model)という．

$$\sim\sim M_1\cdot + M_1 \xrightarrow{k_{11}} \sim\sim M_1\cdot \tag{3.40}$$

$$\sim\sim M_1\cdot + M_2 \xrightarrow{k_{12}} \sim\sim M_2\cdot \tag{3.41}$$

$$\sim\sim M_2\cdot + M_1 \xrightarrow{k_{21}} \sim\sim M_1\cdot \tag{3.42}$$

$$\sim\sim M_2\cdot + M_2 \xrightarrow{k_{22}} \sim\sim M_2\cdot \tag{3.43}$$

ここで，$\sim\sim M_1\cdot$ と $\sim\sim M_2\cdot$ は，末端モノマー単位としてそれぞれ M_1 と M_2 を含む成長ラジカルを表す．

M_1 と M_2 の消失速度は，成長速度定数($k_{11}, k_{12}, k_{21}, k_{22}$)を用いて，それぞれ次式で表される．

$$-\frac{d[M_1]}{dt} = k_{11}[\sim\sim M_1\cdot][M_1] + k_{21}[\sim\sim M_2\cdot][M_1] \tag{3.44}$$

$$-\frac{d[M_2]}{dt} = k_{12}[\sim\sim M_1\cdot][M_2] + k_{22}[\sim\sim M_2\cdot][M_2] \tag{3.45}$$

ここで，$[M_1]$ と $[M_2]$ は各モノマーの濃度，$[\sim\sim M_1\cdot]$ と $[\sim\sim M_2\cdot]$ は各成長ラジカルの濃度である．

共重合が進行する間，M_1 と M_2 の成長ラジカルの濃度がそれぞれ一定であるとき，すなわち，それぞれの成長ラジカルの濃度に関して定常状態が成立するとき，次式が得られる．

$$k_{12}[\sim\sim M_1\cdot][M_2] = k_{21}[\sim\sim M_2\cdot][M_1] \tag{3.46}$$

式(3.44)～(3.46)より，共重合体の組成に関する式が誘導される．

$$\frac{d[M_1]}{d[M_2]} = \frac{[M_1](r_1[M_1]+[M_2])}{[M_2](r_2[M_2]+[M_1])} \tag{3.47}$$

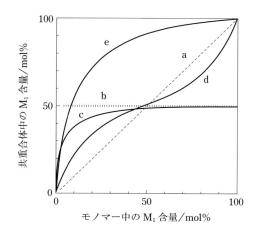

図3.10　共重合組成曲線の例
(a) $r_1=r_2=1$, (b) $r_1=r_2=0$, (c) $r_1=0, r_2<1$, (d) $r_1<1, r_2<1$, (e) $r_1>1, r_2<1$

この式はMayo–Lewis式と呼ばれる．ここで，r_1とr_2はモノマー反応性比であり，式(3.48)と式(3.49)で定義される．

$$r_1 = \frac{k_{11}}{k_{12}} \tag{3.48}$$

$$r_2 = \frac{k_{22}}{k_{21}} \tag{3.49}$$

r_1とr_2は，それぞれの成長ラジカルが2種類のモノマーに付加するときの反応速度定数の違いを比で示したものである．モノマー反応性比の値が大きいほど，成長末端と同じモノマーへの付加が起こりやすいことを意味する．

モノマー反応性比は0から無限大の値をとり，組み合わせによって共重合組成曲線は無数に存在するが，その中から典型的な例を図3.10に示す．曲線aは理想共重合と呼ばれるもので，モノマー反応性はどちらも1に等しい（$r_1=r_2=1$）．これは，共重合体の成長末端の活性種がどちらのモノマーにも同じ反応性を示すことを意味し，濃度によってそれぞれのモノマーへの付加の確率が決まるため，モノマー組成と等しい組成の共重合体が常に生成する．

$r_1=r_2=0$の場合には，いずれのモノマーも単独成長しないが，互いに違うモノマーへの付加は可能なことを意味し，結果的に**交互共重合体**（alternating copolymer）が生成する（曲線b）．イソブテンと無水マレイン酸の組み合わせは，ラジカル交互共重合の典型的な例である．交互共重合の特徴としては，どのよう

なモノマー組成比で共重合を行っても，必ず1:1組成の共重合体が生成することや，交互共重合体が特定の繰り返し(AB)だけを含むことがあげられる．単独では高分子が生成しないモノマーどうしの組み合わせで高分子が得られることも有利な点の1つである．モノマーの片方(M_1)に単独重合性がなく，もう片方のモノマー(M_2)の単独重合が可能な場合は，$r_1=0$，$r_2≠0$ となる．このとき，共重合体中のM_1組成は必ず0～50%の範囲にあり，50%を超えることがない(曲線c)．これは，共重合体中に，M_1が連続する配列を含まないためである．

　モノマー間の反応性が比較的近い場合には，r_1やr_2は0から1の間の値をとることが多く，値が0に近いほど交互性の高い共重合体が，1に近いほどランダム性の高い共重合体が得られることを示す．r_1とr_2の積は，交互性の程度を示す尺度となる．スチレン(M_1)とメタクリル酸メチル(M_2)のラジカル共重合に対するモノマー反応性はそれぞれ$r_1=0.52$と$r_2=0.46$であり，図としては曲線dのような逆S字型の曲線となる．対角線と交わる点は，**アゼオトロープ点**(azeotropic point)と呼ばれる特異点であり，この組成でのみ，モノマー組成と同じ組成の共重合体が生成する(理想共重合ではあらゆる組成で同じ組成の共重合体が生成することとは異なる)．両方のモノマーの反応性に大きな違いがある場合は，反応性の高い方のモノマー単位が多く含まれる共重合体が生成し，例えば，M_1の反応性がM_2の反応性に対してずっと高い場合は，$r_1>1$，$r_2<1$となる(曲線e)．r_1とr_2の積が1を超えると，アゼオトロープ点は存在せず，モノマー組成に比べて反応性の高いモノマー単位を多く含む共重合体が必ず生成する．$r_1>1$，$r_2>1$の場合には，互いに同じモノマー単位が連なる確率が高くなるので，共重合体はブロック性を示すことになるが，通常，このような組み合わせのモノマー反応性比を示す共重合の例はほとんどない．代表的なモノマー反応性比を**表3.7**にまとめる．

　ラジカル共重合には，モノマーの組み合わせによって，ランダム共重合から交互共重合までさまざまな共重合系が存在することとは対照的に，アニオン共重合やカチオン共重合では，モノマー間の反応性の差が顕著に現れ，どちらかのモノマーが優先的に重合し，組成が大きくかたよったものになることが多い．このため，共重合は，重合の成長活性種を判定する方法としても利用される．新規の重合開始剤系を扱う際には，スチレン(M_1)とメタクリル酸メチル(M_2)の共重合を行って，逆S字型の曲線が得られれば(すなわち，$r_1<1$，$r_2<1$であれば)ラジカル重合，スチレンが多く含まれる共重合体が得られればカチオン重合($r_1>1$，

表3.7 ラジカル共重合のモノマー反応性比

モノマー1 (M_1)	モノマー2 (M_2)	r_1	r_2
スチレン	無水マレイン酸	0.04	0
	アクリロニトリル	0.29	0.02
	メタクリル酸メチル	0.52	0.46
	アクリル酸メチル	0.75	0.18
	ブタジエン	0.78	1.35
	塩化ビニル	17	0.02
	酢酸ビニル	55	0.01
	p-メチルスチレン（ラジカル重合）	1.12	0.82
	p-メチルスチレン（アニオン重合）	5.3	0.18
	p-メトキシスチレン（アニオン重合）	19	0.045
メタクリル酸メチル	ブタジエン	0.25	0.75
	アクリロニトリル	1.35	0.18
	無水マレイン酸	6.7	0.02
	塩化ビニル	12.5	0
	酢酸ビニル	20	0.015
酢酸ビニル	アクリロニトリル	0.060	4.05
	アクリル酸メチル	0.1	9
	塩化ビニル	0.32	1.68

$r_2<1$），メタクリル酸メチルにかたよった共重合体が得られればアニオン重合（$r_1<1$, $r_2>1$）が進行していると考えてよい．カチオン重合やアニオン重合では，モノマーの反応性（置換基の構造）が少し異なるだけで，共重合反応性が大きく異なることが多い．例えば，スチレン（M_1）とp-メチルスチレン（M_2）のラジカル共重合では，$r_1=1.12$と$r_2=0.82$であり，理想共重合に近いものとなるが，アニオン共重合では$r_1=5.3$, $r_2=0.18$となり，モノマー反応性比に30倍もの差が生じ，アニオン重合性の高いモノマーが優先的に共重合体中に含まれる．強い電子供与性基をもつp-メトキシスチレンとスチレンのアニオン共重合のモノマー反応性比の差は，さらに大きなものとなる．

このように，モノマー反応性比は共重合の特徴を端的に表す便利なパラメータであるが，2種類のモノマーの組み合わせごとに決まる値であり，組み合わせが異なるとモノマー反応性比の値は変化する．そこで，モノマーがもつ本質的な反応性を反映し，モノマーの組み合わせによらないパラメータとして，**Q値**（Q value）と**e値**（e value）が考案された．Q値とe値は，蓄積された実験データに基づいて提案されたパラメータであり，共重合体の組成を予測できるため，実用的によく用いられる．Q値とe値は，式(3.50)や式(3.51)でモノマー反応性比と関係

表3.8 ビニルモノマーのQ値とe値

モノマー	Q値	e値
無水マレイン酸	0.86	3.69
アクリロニトリル	0.48	1.23
2-シアノアクリル酸メチル	4.91	0.91
アクリル酸メチル	0.45	0.64
アクリルアミド	0.23	0.54
メタクリル酸メチル	0.78	0.40
塩化ビニル	0.056	0.16
エチレン	0.016	0.05
ブタジエン	1.70	−0.50
イソプレン	1.99	−0.55
スチレン(基準)	1.0	−0.80
α-メチルスチレン	0.97	−0.81
酢酸ビニル	0.026	−0.88
イソブテン	0.023	−1.20
イソブチルビニルエーテル	0.030	−1.27

づけられる．**表3.8**に代表的なモノマーのQ値とe値を示す．ここでは，モノマーのe値が正に大きなもの（アニオン重合に有利）から負に大きなもの（カチオン重合に有利）の順に示す．

$$r_1 = \left(\frac{Q_1}{Q_2}\right)\exp[-e_1(e_1-e_2)] \tag{3.50}$$

$$r_2 = \left(\frac{Q_2}{Q_1}\right)\exp[-e_2(e_2-e_1)] \tag{3.51}$$

Q値はビニルモノマーの置換基の共役の程度を表し，Q値が大きいほど共役性が大きいことを示す．Q値は0あるいは正の値をとり，スチレンを1.0と定めている．通常，0.2以上のQ値をもつモノマーを共役モノマー，0.2以下のものを非共役モノマーとして分類している．e値はモノマーの二重結合上の電子密度の高さの指標であり，e値が負に大きいものは電子供与性モノマーと呼ばれる．電子供与性モノマーでは，電子供与性の置換基の影響により，無置換のエチレンに比べて二重結合上の電子密度が高くなっている．電子求引性の置換基をもつモノマーは，二重結合上の電子密度が低く，電子受容性モノマーと呼ばれ，正のe値をとる．e値が正に大きいモノマーはアニオン重合性が高く，e値が負に大きいモノマーはカチオン重合性が高い（**図3.11**）．さまざまなモノマーの組み合わせの共重合に対して，モノマー反応性比をQ値とe値から予測することができる．

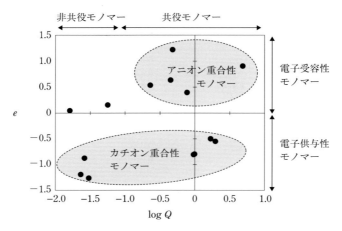

図3.11　代表的なモノマーの Q–e 図と適用可能な重合

ただし，立体障害が無視できないときは，正しい Q 値と e 値を求めることは難しく，Q 値が見かけ上低下することがある．

C. モノマー反応性比の決定

モノマー反応性比は，共重合を行った際のモノマー組成（仕込み組成）と共重合体の組成（共重合体に含まれる各モノマー単位の組成）から実験的に求めることができる．共重合体の組成の決定には，生成した共重合体を単離してIR分光法やNMR分光法，元素分析などによって組成を決定する方法と，各種分光法，高速液体クロマトグラフィー，ガスクロマトグラフィーなどを用いて，共重合反応中の各モノマーの消費量を定量する方法がある．共重合組成曲線に関する式を変換した線形方程式を用いると実験で得られたプロットからモノマーの反応性を容易に数値化できる．簡便に値を決定できる方法として，$[M_1]/[M_2]=F$, $d[M_1]/d[M_2]=f$ とおいて式(3.47)を式(3.52)のように変形したFineman–Ross法が最もよく用いられている．

$$F\left(\frac{f-1}{f}\right) = r_1\left(\frac{F^2}{f}\right) - r_2 \quad (3.52)$$

Fineman–Ross法ではプロットにかたよりが生じやすく，特定の実験点が全体の結果に大きな影響を与えることがある．そこで，各実験点を等間隔にプロットするために改良されたKelen–Tüdős法も用いられる．Kelen–Tüdős法では，式(3.53)を用いて解析を行う．

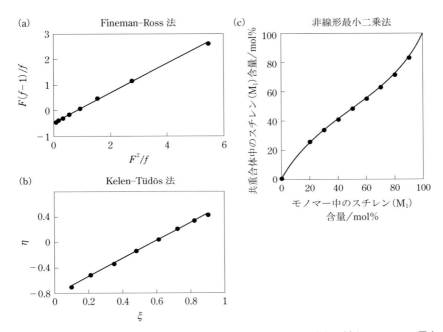

図3.12 スチレン(M_1)–メタクリル酸メチル(M_2)のラジカル共重合に対するモノマー反応性比の決定
(a) Fineman–Ross法, (b) Kelen–Tüdős法, (c) 非線形最小二乗法

$$\eta = \left(r_1 + \frac{r_2}{\alpha}\right)\xi - \frac{r_2}{\alpha} \tag{3.53}$$

ここで, ηとξはそれぞれ次の関係で表されるパラメータである.

$$\eta = \frac{F(1-f)/f}{\alpha^2 + F^2/f} \tag{3.54}$$

$$\xi = \frac{F^2/f}{\alpha + F^2/f} \tag{3.55}$$

αは次の関係式によって決まる値である. ここで, $(F^2/f)_{\max}$と$(F^2/f)_{\min}$は, それぞれ解析に用いるデータの中のF^2/fの最高値と最低値である.

$$\alpha = [(F^2/f)_{\max}(F^2/f)_{\min}]^{0.5} \tag{3.56}$$

図3.12に, 種々の方法によるスチレン(M_1)とメタクリル酸メチル(M_2)のラジカル共重合に対するモノマー反応性比を決定するためのプロットの例を示す.

Fineman–Ross法やKelen–Tüdős法は，ランダム共重合の数値化には適しているが，交互共重合ではモノマー組成を変えても共重合体の組成の変化が小さいため，誤差が大きくなる傾向がある．一方，線形の方程式に誘導せずに，そのまま非線形の関数として解析する非線形最小二乗法（曲線合致法）も知られている．式(3.47)に共重合の実験データを直接代入し，表計算ソフトウェアに組み込まれている数式の処理機能を利用すると，簡単にr_1とr_2の値を求めることができる．Fineman–Ross法やKelen–Tüdős法でうまく解が得られない場合でも，非線形最小二乗法を用いると適正なモノマー反応性比を決定できることがある．

3.4 逐次重合

3.4.1 重縮合

　逐次重合は，反応機構によって，重縮合，重付加，付加縮合の3つに分類される．重縮合は，縮合反応を繰り返し起こすことにより高分子が生成する反応で，縮合重合とも呼ばれる．縮合反応とは，2つの官能基間で反応が起こる際に，水のように小さな分子を脱離しながら，官能基の残った部分が結合する反応を指す．水が脱離して縮合する場合を特に脱水縮合と呼ぶ．例えば，カルボン酸とアルコールの反応では，カルボキシ基とヒドロキシ基から水が脱離して，エステルが生成する．テレフタル酸とエチレングリコールから生成する**ポリエチレンテレフタレート**(poly(ethylene terephthalate)，式(3.57))や，アジピン酸とヘキサメチレンジアミンから生成する**ナイロン6,6**(nylon 66，式(3.58))は，重縮合により合成される高分子の代表的な例である．重縮合で生成する高分子は，繰り返し構造中に必ずエステルやアミドなどの官能基，あるいは酸素やイオウなどのヘテロ原子を含み，エンジニアリングプラスチックの多くが重縮合によって合成されている．

$$\text{HOOC}-\text{C}_6\text{H}_4-\text{COOH} + \text{HOCH}_2\text{CH}_2\text{OH} \xrightarrow{-\text{H}_2\text{O}} \left[\text{OC}-\text{C}_6\text{H}_4-\text{COCH}_2\text{CH}_2\right]_n \tag{3.57}$$

$$\text{HOOC(CH}_2)_4\text{COOH} + \text{H}_2\text{N(CH}_2)_6\text{NH}_2 \xrightarrow{-\text{H}_2\text{O}} \left[\text{N}-\text{C}-(\text{CH}_2)_4-\text{C}-\text{N}-(\text{CH}_2)_6\right]_n \tag{3.58}$$

上記の反応は平衡反応であり，高分子量の高分子を効率よく合成するには，脱離成分である水を系から取り除いて，生成物側に進む反応を有利にする必要がある．数平均重合度（DP_n）が反応度（p）の関数で表せることを3.1節で説明したが，平衡時のDP_nは，平衡定数Kを用いて式(3.59)で表せる．

$$DP_n = 1 + K^{0.5} \tag{3.59}$$

この式から平衡定数が小さい場合は，重合度が高くならないことがわかる．例えば，ポリエステルの合成反応の平衡定数は1に近く，脱離する水を真空加熱などによって反応系から除去しない限り，分子量の大きい高分子は得られない．一方，ポリアミドの合成反応では，10^2以上の大きな平衡定数をもち，水を取り除かなくても高い分子量をもつ高分子が生成する．

重縮合を効率よく進めるため，カルボン酸の反応性を高める工夫が行われる．酸塩化物やホスゲン，活性ジエステルと，求核剤のジアミンやジオールを反応させると，高分子量のポリアミド（式(3.60)），ポリエステル（式(3.61)），**ポリカーボネート**（polycarbonate，式(3.62)）を得ることができる．カルボン酸との反応では，加熱と水の除去が必要であるが，酸塩化物との反応では，0℃以下の低温でも反応が進行する．一方，脱離成分の塩化水素を除去するため，中和剤として塩基を添加して重合が行われる．実験室規模の反応では，界面重縮合法がよく用いられる．

$$Cl-\underset{\underset{O}{\|}}{C}-R-\underset{\underset{O}{\|}}{C}-Cl + H_2N-R'-NH_2 \xrightarrow{-HCl} \left(\underset{\underset{O}{\|}}{C}-R-\underset{\underset{O}{\|}}{C}-\underset{H}{N}-R'-\underset{H}{N}\right)_n \tag{3.60}$$

$$Cl-\underset{\underset{O}{\|}}{C}-R-\underset{\underset{O}{\|}}{C}-Cl + HO-R'-OH \xrightarrow{-HCl} \left(\underset{\underset{O}{\|}}{C}-R-\underset{\underset{O}{\|}}{C}-O-R'-O\right)_n \tag{3.61}$$

$$Cl-\underset{\underset{O}{\|}}{C}-Cl + HO-R'-OH \xrightarrow{-HCl} \left(\underset{\underset{O}{\|}}{C}-O-R'-O\right)_n \tag{3.62}$$

ポリアミドの工業生産では，溶媒を使用せず，200〜300℃の高温下，ジアミンとジカルボン酸の高粘性液状混合物の重合（溶融重合）が行われる．このとき，減圧下で反応を行い，生成した水を除去する．ナイロン6,6は，衣料用繊維，タイヤ用コード，エンジニアリングプラスチックとして利用されている．

ポリカーボネートの合成法として，毒性の高いホスゲンを用いない方法が開発されている．ホスゲンの代わりにジフェニルカーボネートを使用し，200〜300℃

で加熱し，エステル交換によって生成するフェノールを除去しながら，溶融重合する方法である（式(3.63)）．純度の高いポリカーボネートが得られやすいという特徴があり，ポリカーボネートの合成法の主流になりつつある．

$$\text{PhO-CO-OPh} + \text{HO-C}_6\text{H}_4\text{-C(CH}_3\text{)}_2\text{-C}_6\text{H}_4\text{-OH} \longrightarrow [-\text{C}_6\text{H}_4\text{-C(CH}_3\text{)}_2\text{-C}_6\text{H}_4\text{-O-CO-O-}]_n - \text{PhOH} \quad (3.63)$$

芳香族ポリアミド（polyamide）の融点は高く，溶融重合が難しいため，溶液重合法で合成される（式(3.64)，式(3.65)）．ヘキサメチルホスホアミドやN-メチルピロリドンが溶媒として用いられる．芳香族ポリアミドは，アミド結合の位置が異なると，溶解性や耐熱性が変化する．パラ体の耐熱性や機械的強度は著しく高いため，防火服や防弾チョッキに使用される．

$$\text{ClOC-C}_6\text{H}_4\text{-COCl} + \text{H}_2\text{N-C}_6\text{H}_4\text{-NH}_2 \xrightarrow{-\text{HCl}} [-\text{NH-CO-C}_6\text{H}_4\text{-CO-NH-C}_6\text{H}_4\text{-}]_n \quad (3.64)$$

$$\text{ClOC-C}_6\text{H}_4\text{-COCl} + \text{H}_2\text{N-C}_6\text{H}_4\text{-NH}_2 \xrightarrow{-\text{HCl}} [-\text{NH-CO-C}_6\text{H}_4\text{-CO-NH-C}_6\text{H}_4\text{-}]_n \quad (3.65)$$

酸無水物も反応性が高く，求核剤と定量的に反応する．芳香族テトラカルボン酸二無水物と芳香族ジアミンの反応では，室温付近で生成するアミドを，高温で脱水してイミド化することにより，耐熱性に優れた**芳香族ポリイミド**（polyimide, PI）が得られ，これは航空機部品や宇宙用材料として利用されている（式(3.66)）．界面重縮合法や相間移動触媒を用いる二相系の反応も利用されている．

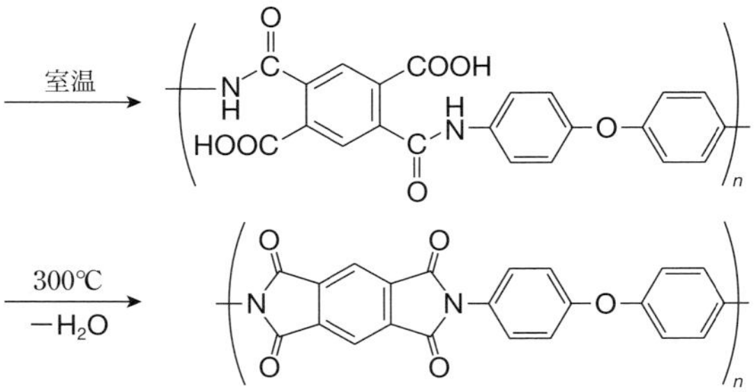

$$\xrightarrow{\text{室温}} \quad (3.66\text{上})$$

$$\xrightarrow[-\text{H}_2\text{O}]{300℃}$$

(3.66)

　芳香族求核置換反応もしばしば利用される．芳香族ハロゲン化物は，求核置換反応が進行しにくいため，高分子合成に利用される化合物には，反応性を高めるための電子求引性の置換基(カルボニル基やスルホニル基など)が必ず導入されている．求核剤としてフェノールの塩が用いられ，塩が脱離することで，**ポリエーテルエーテルケトン**(polyetheretherketone, PEEK, 式(3.67))や**ポリエーテルスルホン**(polyethersulfone, PESU, 式(3.68))が生成する．エンジニアリングプラスチックの１つである**ポリフェニレンスルフィド**(poly(phenylene sulfide), PPS)は，ジクロロベンゼンと硫化ナトリウムから合成されている(式(3.69))．この場合，スルフィドアニオンの求核性が高いため，電子求引性基は必要ない．

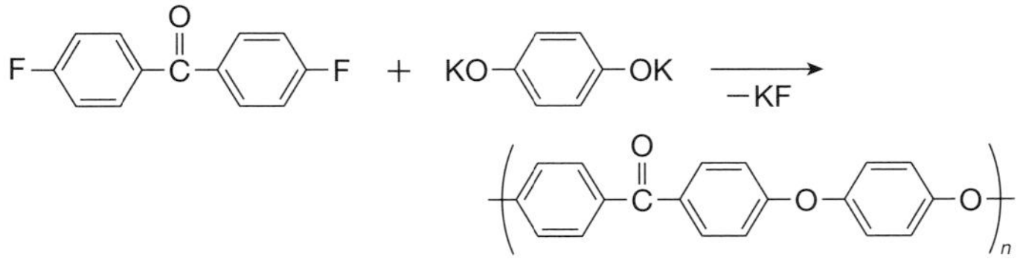

(3.67)

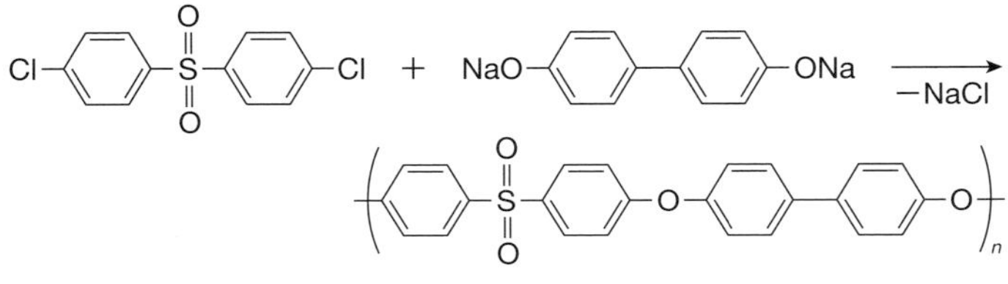

(3.68)

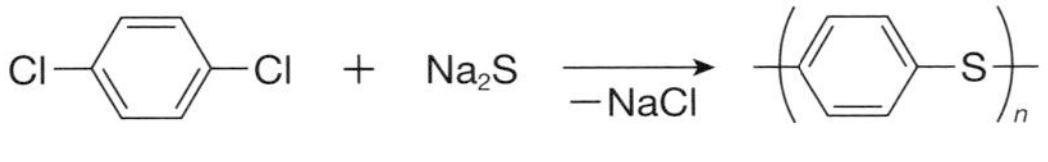

(3.69)

芳香族求電子置換反応によって高分子が生成する例も知られている．酸塩化物などに三塩化アルミニウムを作用させると，反応性の高い求電子剤が発生し，芳香環の水素と置換反応が起こり，ポリエーテルケトンケトン（式(3.70)）やポリエーテルスルホンが生成する．芳香族求核置換反応でも，類似の高分子が合成できる．

$$\text{ClOC-C}_6\text{H}_4\text{-COCl} + \text{C}_6\text{H}_5\text{-O-C}_6\text{H}_5 \xrightarrow[-\text{HCl}]{\text{AlCl}_3} \left[\text{OC-C}_6\text{H}_4\text{-CO-C}_6\text{H}_4\text{-O-C}_6\text{H}_4 \right]_n \quad (3.70)$$

芳香族ハロゲン化物の求核置換反応に有機金属触媒を使用すると，反応が促進され，さまざまな構造の高分子が合成できる．特に，有機化学で知られているクロスカップリング反応が，有機エレクトロニクス分野で欠かせない高分子材料である共役高分子の合成に応用される．例えば，溝呂木－ヘック反応によりポリフェニレンビニレン（poly(phenylene vinylene), PPV, 式(3.71)）が，鈴木－宮浦反応によりポリフェニレン（polyphenylene, 式(3.72)）が，熊田－玉尾反応によりポリチオフェン（polythiophene, 式(3.73)）がそれぞれ得られる．

$$\text{Br-C}_6\text{H}_3(\text{CH}_3)\text{-Br} + \text{CH}_2\text{=CH}_2 \xrightarrow{\text{Pd 錯体, 塩基}} \left[\text{C}_6\text{H}_3(\text{CH}_3)\text{-CH=CH} \right]_n \quad (3.71)$$

$$\text{(Bpin)-fluorene(C}_8\text{H}_{17})_2\text{-(Bpin)} + \text{I-carbazole(C}_8\text{H}_{17})\text{-I} \xrightarrow{\text{Pd 錯体, K}_2\text{CO}_3} \left[\text{fluorene(C}_8\text{H}_{17})_2\text{-carbazole(C}_8\text{H}_{17}) \right]_n \quad (3.72)$$

$$\text{Br-thiophene-Br} \xrightarrow{\text{Mg}} \text{BrMg-thiophene-Br} \xrightarrow[-\text{MgBr}_2]{\text{Ni 錯体}} \left[\text{thiophene} \right]_n \quad (3.73)$$

3.4.2 重付加

重付加も逐次反応の一種であるが，重縮合と異なり脱離成分がないため，高分子の製造工程が簡便となる反面，適用できるモノマー（原料）の種類が限定される．最も代表的な例は，ジイソシアネートとジオールの重付加による**ポリウレタン**（polyurethane）の合成である（式(3.74)）．

$$
\text{O=C=N-R-N=C=O} + \text{HO-R'-OH} \longrightarrow \left[\begin{array}{c} \text{O} \quad\quad\quad \text{O} \\ \text{\|} \quad\quad\quad \text{\|} \\ \text{C-N-R-N-C-O-R'-O} \\ \text{H} \quad\quad \text{H} \end{array} \right]_n
$$

$$
\begin{bmatrix}
R= -\!\!\!\!\bigcirc\!\!\!\!-CH_2-\!\!\!\!\bigcirc\!\!\!\!-,\quad -\!\!\!\!\bigcirc\!\!\!\!(CH_3)-,\quad -\!\!\!\!\bigcirc\!\!\!\!(CH_3)(CH_3)-,\quad \text{{\textendash}(CH_2)_6\text{\textendash}} \\
R'= \text{{\textendash}(CH_2)_n\text{\textendash}},\quad \text{{\textendash}(CH_2CH_2O)_n CH_2CH_2\text{\textendash}} \\
-CH_2-CH_2-O-\!\!\!\!\bigcirc\!\!\!\!-C(CH_3)(CH_3)-\!\!\!\!\bigcirc\!\!\!\!-O-CH_2-CH_2-
\end{bmatrix}
$$

(3.74)

イソシアネートの反応性は高く，低分子のジオールだけでなく，両末端にヒドロキシ基をもつオリゴマーや高分子もポリウレタンの原料として利用される．ポリウレタンは，成形加工が容易であり，耐摩耗性に優れている．使用するモノマーの組み合わせによって得られるポリウレタンのガラス転移温度や弾性率（硬さ）を調整することができるため，衣料用繊維，マット，自動車内装材，衝撃吸収材，人工臓器など，さまざまな用途に用いられている．イソシアネート基が少量の水の存在によってアミノ基と二酸化炭素に分解することを利用して，発泡ポリウレタンが合成され，断熱材や衝撃吸収材として利用されている．3官能性以上の多官能性イソシアネートとポリオールを組み合わせると，架橋体が生成する．同様に，ジイソシアネートとジアミンの重付加によって，ポリ尿素（polyurea，ポリウレア）が得られる（式(3.75)）．

$$
\text{O=C=N-R-N=C=O} + \text{H}_2\text{N-R'-NH}_2 \longrightarrow \left[\begin{array}{c} \text{O} \quad\quad\quad\quad \text{O} \\ \text{\|} \quad\quad\quad\quad \text{\|} \\ \text{C-N-R-N-C-N-R'-N} \\ \text{H} \quad \text{H} \quad\quad \text{H} \quad \text{H} \end{array} \right]_n
$$

(3.75)

マイケル付加やヒドロシリル化反応も重付加に利用される（式(3.76)，式(3.77)）．

$$\text{(構造式)} \quad (3.76)$$

$$\text{(構造式)} \xrightarrow{\text{H}_2\text{PtCl}_6} \text{(構造式)} \quad (3.77)$$

ラジカル連鎖移動剤として作用するチオールを単独重合性のないビニル化合物と反応するとエン―チオール付加物が生成する．これを利用してジビニル化合物とジチオールを組み合わせると，ラジカル反応機構で重付加が進行し，高分子が生成する（式(3.78)）．

$$\text{CH}_2=\text{CH}-\text{R}-\text{CH}=\text{CH}_2 + \text{HS}-\text{R}'-\text{SH} \xrightarrow{\text{ラジカル重合開始剤}}$$
$$+\text{CH}_2-\text{CH}_2-\text{R}-\text{CH}_2-\text{CH}_2-\text{S}-\text{R}'-\text{S}+_n \quad (3.78)$$

3.4.3 付加縮合

付加縮合は，付加反応と縮合反応の繰り返しによって高分子が生成する反応であり，フェノール，メラミン，尿素をそれぞれ原料として，**フェノール樹脂**（phenol resin），**メラミン樹脂**（melamine resin），**尿素樹脂**（urea resin）が得られる．付加縮合によって生成する高分子は，加熱によって架橋反応を起こす官能基を分子内に多く含む熱硬化性樹脂である．硬化物は耐熱性や耐薬品性に優れ，電気絶縁材料，接着剤，コーティング剤などに用いられる．

フェノール樹脂を例にとり，付加縮合の反応機構を説明しよう．付加縮合では，まず，フェノールのオルト位やパラ位へのアルデヒドの付加が起こり，生成したメチロールとフェノールの間で脱水縮合が続いて起こる（式(3.79)）．これらの反応は互いに競争して起こり，塩基触媒条件下では，付加反応が優先的に進行し，

酸触媒条件下では，逆に縮合反応が進行しやすい．

$$\text{PhOH} + CH_2O \xrightarrow{\text{塩基}} \text{o-HOC}_6\text{H}_4\text{CH}_2\text{OH} + \text{p-HOC}_6\text{H}_4\text{CH}_2\text{OH} + \text{ジメチロール体, トリメチロール体}$$

$$\text{o-HOC}_6\text{H}_4\text{CH}_2\text{OH} + \text{PhOH} \xrightarrow[-H_2O]{\text{酸}} \text{(HOC}_6\text{H}_4\text{)}_2\text{CH}_2 \tag{3.79}$$

塩基触媒を用いて生成したフェノール樹脂は分子内に多くのメチロール基を含み，数平均分子量200〜500程度のシロップ状の物質となる（式(3.80)）．これは**レゾール樹脂**(resol resin)と呼ばれ，加熱により脱水縮合して，硬化する．一方，酸触媒によって生成するフェノール樹脂は，未反応のメチロール基の数が少ない直鎖状に近いオリゴマーで，**ノボラック樹脂**(novolac resin)と呼ばれる（式(3.81)）．数平均分子量は500〜5000程度で，加熱だけでは硬化しない．ヘキサメチレンテトラミンなどのポリアミンを硬化剤として加えて加熱すると硬化する．

$$\text{HOC}_6\text{H}_4(\text{CH}_2\text{OH})_n \Longrightarrow (\text{HOCH}_2)_n\text{-C}_6\text{H}_3(\text{OH})\text{-CH}_2\text{-C}_6\text{H}_3(\text{OH})\text{-}(\text{CH}_2\text{OH})_n \xrightarrow{\text{加熱}} \text{硬化} \tag{3.80}$$

$$(\text{o-HOC}_6\text{H}_4)_2\text{CH}_2 \Longrightarrow \left(\text{C}_6\text{H}_3(\text{OH})\text{-CH}_2 \right)_n \xrightarrow[\text{ポリアミン}]{\text{加熱}} \text{硬化} \tag{3.81}$$

フェノールと同様，メラミン(2,4,6-トリアミノ-1,3,5-トリアジン)や尿素(NH_2CONH_2)もホルムアルデヒドと反応して，付加縮合によってそれぞれメラミン樹脂や尿素樹脂を与える．これらの樹脂は，木材用接着剤や食器などの成型材料として利用されている．

エポキシ樹脂は分子内に複数のエポキシ基を含む高分子のことであり，代表的なエポキシ樹脂はビスフェノールAとエピクロロヒドリンの付加反応とそれに続く縮合反応によって合成される．エポキシ樹脂は，多官能性硬化剤（アミン，カルボン酸無水物，チオールなど）と反応し，三次元網目状の硬化物を生成する．

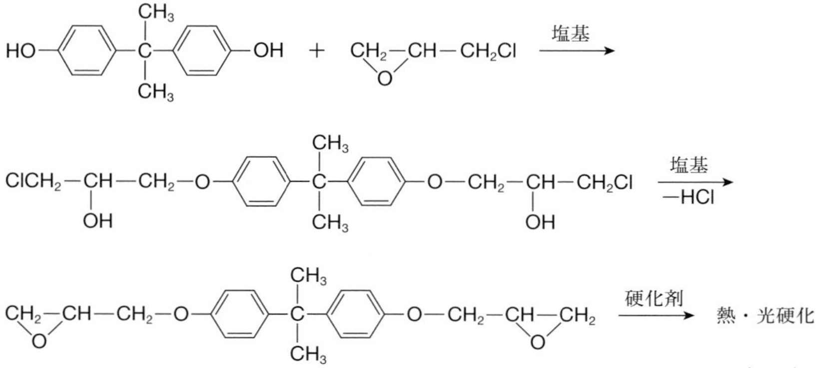

(3.82)

3.5 高分子の反応

3.5.1 高分子反応の特徴

　高分子反応は，直接的な重合で得られない高分子の合成に欠かせない方法である．例えば，ポリビニルアルコールの原料モノマーに相当するビニルアルコールは安定に存在できない（ケト－エノール互変異性の平衡がアセトアルデヒド側にかたよっている）ため，酢酸ビニルのラジカル重合によって得られるポリ酢酸ビニルを加水分解して合成する方法が用いられる（式(3.83)）．

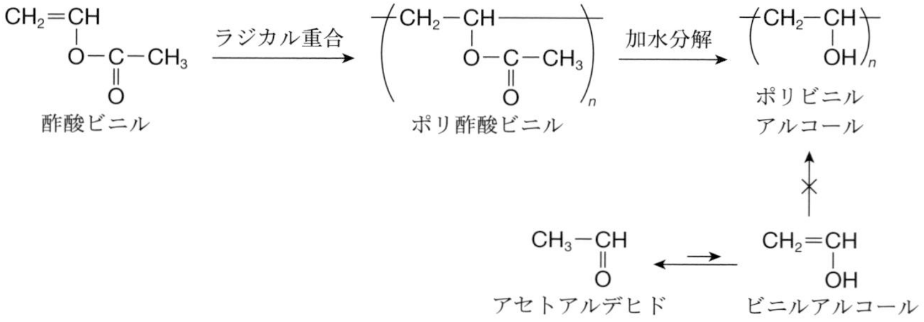

(3.83)

　また，天然高分子であるセルロースは溶解性に乏しいが，ヒドロキシ基を化学修飾することによって，可溶性の酢酸セルロースや硝酸セルロースに誘導でき，繊維やフィルム素材として，昔から現在に至るまでずっと活用されている．100

年近く前，Staudinger はセルロースを酢酸セルロースに変換，再び加水分解してセルロースに戻しても，高分子反応の前後で重合度が変化しないことを実験的に示すことで巨大分子説を立証した（第 1 章参照）．

　高分子に含まれる官能基の反応は，低分子の反応と何ら変わらないが，高分子特有の反応性が観察されることがある．例えば，高分子鎖による排除体積効果（5.1 節参照），異種の高分子間の非相溶性，低い官能基濃度などにより，反応が抑えられることがある．逆に，官能基の隣接基効果や濃縮効果によって反応が促進されることもある．具体的には，ポリ酢酸ビニルの水－アセトン混合溶媒中でのアルカリ加水分解の初期速度は，類似の構造をもつエステルの加水分解速度と変わらないが，反応が進行するに従って，加水分解の速度は大きくなり，反応終期の速度は初期速度の数十倍に達する．このような反応は，自己触媒反応と呼ばれる．上の例は加水分解するアセチル基のすぐ隣に反応によって生成したヒドロキシ基が存在すると，アルカリとの相互作用によって，反応点近傍のアルカリ濃度が局所的に高くなるために生じる．溶液中の高分子の濃度をいくら下げても，隣接する官能基の濃度は変わらないという高分子に特徴的な現象である．

　生体高分子では，高次構造に基づく官能基の空間的配置や特異な反応場の形成が，ある反応だけを促進し，複雑な構造の生成物を高い選択性で生みだしている．例えば，酵素は種々のアミノ酸が一定の配列で結合した高分子であり，主鎖骨格のポリペプチド鎖は複雑に折りたたまれ，球状に近い特定の構造をもっている．この複雑な立体構造の中で，複数の触媒作用を示す官能基が巧みに配置されており，それらが協同的に作用して，常温・常圧・中性という温和な条件で，高効率，高選択的な反応が進行する．こうした生体高分子の機能を模倣した人工酵素，触媒抗体（抗体酵素），分子インプリント触媒などが合成されている．

3.5.2　高分子反応による高分子の機能化

　高分子反応は，高分子を機能化するための最も簡便な方法であり，ポリスチレン側鎖へ官能基を導入した架橋ポリスチレンビーズは，陽イオン交換樹脂（スルホン化）やポリペプチド固相合成支持体（クロロメチル化）などに利用される．式（3.84）にポリスチレンの機能化の例を示す．導入された官能基はさらにさまざまな反応に利用される．

(3.84)

ポリビニルアルコールは水溶性の高分子であるが，これをホルマール化することで水に不溶化したものが，日本で最初に工業化された合成繊維ビニロンである(式(3.85))．ビニロンは，強度や耐摩耗性に優れ，作業服，魚網，アスベスト代替材料として使用されている．同様に，ポリビニルアルコールとブチルアルデヒドの反応によって合成されるポリビニルブチラールは，耐衝撃性に優れ，自動車用のフロントガラスの中間膜や塗料・インク用の分散剤に使用される．

(3.85)

高分子反応による溶解性の変化を利用した機能性材料として，**フォトレジスト**(photoresist)がある．ポジ型フォトレジストは，フォトマスクを通して光が照射された部分の溶解性が高まることを利用するもので，ノボラック樹脂やスチレン誘導体の共重合体が用いられる(式(3.86))．反応した高分子は現像液(アルカリ性)に溶解し，画像パターンを形成する．ネガ型フォトレジストは，光照射された部分が架橋して不溶化することを利用するもので，ポジ型レジストと逆の画像パターンが得られる．例えば，式(3.87)に示す高分子の側鎖のシンナモイル基は，光照射により[2+2]反応によって環状の生成物を形成し，高分子は不溶化する．この場合は，光照射した部分が不溶化し，ネガ型の画像パターンが得られる．

$$\text{~CH}_2\text{-CH~} \text{(with -O-C(=O)-O-C(CH}_3)_3 \text{ phenyl group)} \xrightarrow{H^+} \text{~CH}_2\text{-CH~(phenol)} + CO_2 + (CH_3)_2C=CH_2 \quad (3.86)$$

$$\text{~CH}_2\text{-CH~-O-C(=O)-CH=CH-Ph} \xrightarrow{h\nu} \text{[cyclobutane dimer]} \quad (3.87)$$

3.5.3 クリック反応による高分子の機能化

　高分子反応では，低分子の反応と違って，生成物の分離が問題となる．低分子化合物が高効率で反応すれば，蒸留，再結晶，クロマトグラフィーなどの分離操作によって，反応混合物中に含まれる未反応原料や副生成物を除去して，高純度で反応生成物を単離できる．一方，高分子に含まれる官能基を仮に95％の高変換率で別の官能基に変換できたとしても，残りの5％の未反応部分だけを分離して除去することは不可能である．高分子の側鎖や末端に含まれる微量の官能基が検出，定量できないこともある．そのため，高分子の官能基変換では，100％の変換率で進行することが理想的である．

　有機合成化学の分野では，有用物質やコンビナトリアルライブラリーを合成するために，幅広い反応条件に適応でき，信頼性が高く，しかも選択性に優れる反応の開発が進められてきた．こうした理想的な有機合成反応の実現を追求する化学の分野は，クリックケミストリー（click chemistry）と名づけられている．クリックケミストリーで使用する反応（**クリック反応**，click reaction）には，高収率で生成物を与え，簡単に分離可能で，副生成物を生じないことが求められる．反応工程には，ごく簡単なもの，できれば酸素や水に対して敏感でないものを使用し，既存の化合物を出発物質とし，既存の試薬を用い，溶媒を用いる場合は害の少ないものや簡単に除けるものを用い，生成物の単離が容易であることが求められる．熟練を要する難しい反応条件や特殊な設備・装置を必要とする反応は避けるべきで，常温・常圧・大気下で操作できる反応がよいとされる．

これらの条件を満たすクリック反応が開発され，特に，アセチレンとアジドの環化付加反応(式(3.88))，エン−チオール反応(式(3.89))，マレイミドとジエンのディールス・アルダー反応(式(3.90))などがよく用いられる．クリック反応は，低分子化合物の反応だけでなく，高分子反応にも応用することができる．

$$HC\equiv C-R + R'-\overset{\ominus}{N}-\overset{\oplus}{N}\equiv N \longrightarrow R'-\underset{}{N}\underset{N=N}{\diagdown}\overset{R}{\diagup} \tag{3.88}$$

$$\underset{R}{CH_2=CH} + R'SH \longrightarrow R'S-CH_2-\underset{R}{CH_2} \tag{3.89}$$

$$\text{(マレイミド)} + \text{(フラン)} \longrightarrow \text{(付加体)} \tag{3.90}$$

クリック反応は，温和な条件下で確実に結合を形成できるため，これまでの高分子反応の問題点を一気に解決できる．特に，後述するリビング重合と組み合わせることにより，精密に構造制御された高分子を合成することができる．例えば，高分子の末端基をアジドやアセチレンで修飾し，クリック反応によって結合するとブロック共重合体を効率よく合成できる(**図3.13**)．連続して異なるモノマー

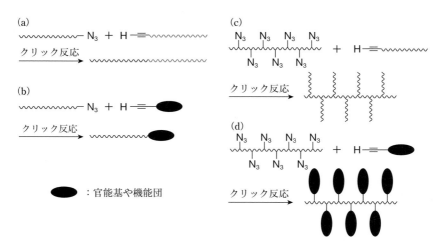

図3.13 クリック反応による高分子の機能化の例
(a)ブロック共重合体の合成，(b)高分子末端への官能基の導入，(c)グラフト共重合体の合成，(d)高分子側鎖への官能基の導入

をリビング重合させる方法では合成できない組み合わせのブロック共重合体の合成に有効であり，合成高分子と生体高分子，連鎖重合で得られる高分子と逐次重合で得られる高分子，鎖状高分子とデンドリマーなど，さまざまな組み合わせからなる複雑な構造をもつ高分子の合成に応用できる．同様に，側鎖に反応性をもつ官能基を導入すると，グラフト共重合体が合成できる．

　低分子化合物とのクリック反応によって，高分子の側鎖や末端に官能基や機能団を確実に導入することもできる．特に，生体適合性高分子の設計には欠かせない方法であり，糖，デンドロン，ポリエチレングリコール鎖などを高分子の末端や側鎖に導入するときに用いられる．

3.5.4　架橋反応

　高分子が分子間で結合し，三次元に網目構造が広がり，不溶化する反応を**架橋反応**(crosslinking reaction)と呼ぶ．高分子反応によるものと，重合中に起こるものがある．線状の cis-1,4-ポリイソプレン(生ゴム)をイオウや過酸化物とともに加熱すると，高弾性を示すゴムが得られることは古くから知られている．加熱により発生したラジカルが高分子から水素を引き抜き，さらにイオウの付加やラジカル間の反応が起こり，高分子間で架橋が生成するためである．同様に，ポリオレフィンに過酸化物を加えて加熱する，あるいは高エネルギーの放射線を照射するとラジカルが生成し，それらの再結合によって架橋が進行する．高分子に光照射して架橋することも可能で，シンナモイル基を側鎖にもつ高分子では，式(3.87)で示したように，光照射によって高分子間で［2＋2］光2量化反応が進行し，架橋が起こる．

　化学反応による架橋も用いられ，ポリビニルアルコールに，ホウ酸や多官能性のアルデヒドを反応させると，ヒドロキシ基との反応によって架橋し，高分子ゲルが生成する(式(3.91))．

$$\sim\!\!\text{CH}_2\text{-CH}\sim\ \xrightarrow{\text{H}_3\text{BO}_3}\ \begin{array}{c}\sim\!\!\text{CH}_2\text{-CH}\sim\!\!\!\!\!\! \\ | \\ \text{O} \\ | \\ \text{B-OH} \\ | \\ \text{O} \\ | \\ \sim\!\!\text{CH-CH}_2\sim\end{array} \qquad (3.91)$$

　イオン結合を用いて架橋することもできる．ポリアクリル酸(poly(acrylic acid))はアルカリ土類金属などの多価イオンの存在でゲル化する．また，反対の

 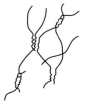

化学的な架橋 物理的な架橋
（共有結合，不可逆的） （非共有結合，可逆的）

図3.14　化学的な架橋と物理的な架橋

電荷をもつ2種類の高分子電解質の溶液を混合すると，ポリイオンコンプレックスゲルが得られる．水素結合，配位結合，ファンデルワールス力などの非共有結合による分子間相互作用や，分子配向，あるいはヘリックス形成などによって架橋点が形成されることもある(**図3.14**)．寒天やゼリーなどの天然高分子ゲルはその例である．化学架橋ゲルは可溶化できない不可逆的な反応によって生成するゲルであるのに対して，物理架橋ゲルは温度，溶媒組成，pHなどの変化に応じて，流動性のないゲル状態と流動性のあるゾル状態の両方をとることができる．

また，2種類の架橋高分子が，それぞれ化学的に結合しないで互いに絡み合った高分子は相互侵入高分子網目(IPN)と呼ばれ，高強度のゲル材料として利用される．IPNは，2種類の高分子間に結合はなく，物理的な混合物であるが，架橋構造が互いに絡み合って，それぞれの高分子を分離することができない．IPNの合成には，異なる反応機構の重合を同時に行う方法(例えば，重付加によるポリウレタン合成とラジカル重合を同時に行う)と，まず網目構造の高分子を合成して，そこに第2成分モノマーと架橋剤を加えて2段階目の重合を行う方法がある．

一方，多官能性のモノマーを用いて重合を行うと，生成した高分子中のモノマー単位には未反応の官能基が残り，これらがさらに反応すると，網目構造が形成され，高分子は溶媒に不溶となる．この現象を**ゲル化**(gelation)といい，反応中にゲル化が起こり始める点を**ゲル化点**(gel point)という．アクリルアミドとビスアクリルアミドのラジカル共重合や，トリカルボン酸とジオールの重縮合などではゲル化が起こり，ゲル化点での官能基の反応度(p_{gel})は，次の式で表される．

$$p_{gel} = \frac{2}{f} \tag{3.92}$$

ここで，fはモノマーあたりの官能基の数であり，異なる官能基数mとnをもつモノマーを組み合わせて反応するときは，式(3.93)を用いてfを求めることができる．

$$f = \frac{2mn}{m+n} \quad (3.93)$$

3官能性モノマーどうしの重合では，理論上66.6%の官能基が反応するとゲル化が起こることになる．3官能性モノマーと2官能性モノマーとの反応では，さらに高い反応度でゲル化点に達する（$p_{gel}=0.83$）．実際には，理論上のゲル化点に比べて高い反応度でゲル化が観察されることが多く，ミクロゲルの生成や環状構造の形成が原因と考えられている．

熱硬化性高分子の多くでは，高分子材料の耐熱性や機械的強度を高めるため，多官能性モノマーを利用して，三次元架橋した構造が生成するように，重合が行われる（フェノール樹脂など）．エポキシ化合物は，式(3.82)に示したような多官能性のエポキシ基をもつ化合物の総称で，多官能性のアミンやカルボン酸無水物などの硬化剤と混合して加熱すると，硬化反応が進行して架橋体が得られる．硬化したエポキシ樹脂(epoxy resin)は，優れた接着性，電気絶縁性，耐熱性，耐薬品性を示し，接着剤，塗料，封止材として用いられるほか，繊維強化プラスチック(FRP)のマトリックス樹脂としても用いられる．エポキシ化合物はカチオン開環重合も容易に起こるため，エポキシ樹脂は光硬化反応を利用した封止材やコーティングにも応用されている

3.5.5　分解反応

高分子の分解は，分子量や物性の低下，すなわち高分子材料としての劣化を招く．高分子の繰り返し構造によって分解の仕方は異なり，解重合型の連鎖分解，ランダム分解，架橋をともなう反応に大きく分類できる（図3.15）．また，高分子の分解に用いる方法により，反応に関わる活性種（ラジカル，カチオン，アニオンなど）が異なる．熱分解(thermolysis)や光分解(photolysis)では，ラジカルが主な活性種であり，主鎖切断で生じたラジカルが，側鎖からの引き抜き反応や再結合反応を引き起こす．高エネルギーの放射線照射では，イオン種が発生し，分解反応に関わることがある．熱分解や光分解以外にも，化学的に作用するものとして酸化分解や加水分解があり，微生物による生分解も知られている．

熱分解は，高分子鎖の共有結合が切断され，ラジカルが生成するホモリシス

第3章　高分子の生成反応と高分子反応

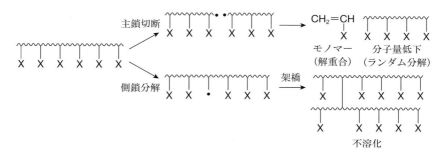

図3.15　高分子の分解反応
　　　　ここでは，ビニル高分子のラジカル機構による分解のパターンを示す

(homolysis)とカチオンとアニオンが生成するヘテロリシス(heterolysis)のいずれかによって進行する．主鎖中の結合が切断されると，分子量の低下が起こり，解重合型の連鎖分解では，高分子鎖のどこか1箇所で切断が起こると，切断してできた高分子の末端から低分子化合物(多くの場合はモノマー)が脱離して，連鎖的に分解が進行する．ポリメタクリル酸メチル，ポリ(α-メチルスチレン)，ポリイソブテン，ポリ乳酸は，解重合型で分解が進行し，100％近い収率でモノマーや環状2量体が回収できる．

　一方，ポリプロピレン，ポリスチレンでは，ランダムに主鎖切断が起こり，さまざまな分子量の高分子やオリゴマーが生成する．分解が進むと，平均分子量は徐々に低下する．ランダム分解で生じたラジカルは，分子間での水素引き抜きや再結合反応，架橋反応を引き起こすことも多い．高分子鎖あたり平均1回の主鎖切断が起こると，分解後の平均分子量は最初の分子量の半分となる．分解後の数平均分子量は，式(3.94)で表すことができる．

$$\frac{M_\mathrm{n}}{M_\mathrm{n,0}} = \frac{1}{1+\alpha} \tag{3.94}$$

ここで，M_nと$M_\mathrm{n,0}$は反応後と反応前の数平均分子量を，αは高分子1分子あたりの切断数を表す．ランダム分解が起こると，分子量分布は変化し，多分散度が2に近づく．例えば，2以上の広い多分散度をもつ高分子をランダム分解すると，分解が進むにつれて多分散度は小さくなり，やがて2に近い値を示す．

　解重合反応は，熱力学的な面から次のように説明できる．温度を上げていくと，反成長反応が徐々に優勢になり，さらに温度を上げていくと，ある温度で成長反応速度と反成長反応速度が等しくなり，見かけ上，反応は進行しなくなる．この

温度を天井温度と呼ぶ．天井温度は平衡温度でありモノマー濃度に依存する．熱分解は，天井温度に比べてずっと高温で行われ，そのため反成長反応が起こりやすい．このとき，重合熱が小さく，天井温度の低いモノマーから得られる高分子の熱分解では，解重合が容易に進行し，分解の主生成物はモノマーとなる（表3.2参照）．

また，ポリ塩化ビニルを熱分解すると，塩化水素が脱離し，部分的にポリアセチレンに似た構造の高分子が生成する．高分子の骨格から置換基や水素原子が脱離しながら共役構造を伸ばす反応は，炭素繊維（carbon fiber）の製造に応用されている．例えば，ラジカル重合によって合成したポリアクリロニトリル（polyacrylonitrile）を繊維状に加工した後，焼成すると，炭素繊維が得られる（式(3.95)）．

$$\tag{3.95}$$

酸素が存在する環境下で熱分解を行うと，酸素が分解反応に関与し，酸化反応（緩やかな燃焼）が生じて，発熱的な反応となる．そして，高分子ラジカルが酸素分子と反応してできる過酸化物がさらに熱分解し，一連の連鎖的な分解反応を引き起こす（自動酸化反応）．酸化防止剤には，自動酸化反応によって生成するラジカルを補捉して連鎖反応を停止する働きがある．

❖演習問題

3.1 逐次反応では反応1回ごとに分子の数が1つ減ることを用いて,式(3.5)を誘導しなさい.また,式(3.5)を用いて,$M_w/M_n = 1+p$ を誘導しなさい.

3.2 二置換エチレン,ジエンモノマーおよび環状モノマーについて,それぞれ代表的なモノマーと生成する高分子の構造を示しなさい.また,各モノマーの高分子量化に有効な重合方法を示しなさい.

3.3 2,2′-アゾビスイソブチロニトリル(AIBN)の分解速度定数(k_d)は,$k_d(\mathrm{s}^{-1}) = 1.58 \times 10^{15} \exp(-128.9 \, \mathrm{kJ \, mol^{-1}}/RT)$ で表される.40℃と100℃でのAIBNの半減期をそれぞれ計算しなさい.

3.4 光カチオン重合の反応機構と応用例についてまとめなさい.

3.5 スチレンとメタクリル酸メチルの1:1混合物に臭化フェニルマグネシウムを加えると,メタクリル酸メチルの単独重合体が生成する.その理由を説明しなさい.

3.6 開環重合と重縮合を用いたポリアミドの合成について,それぞれ具体的な例をあげて反応の特徴を説明しなさい.

3.7 ジアミンとジカルボン酸からポリアミドが生成する反応の平衡定数が300,ジオールとジカルボン酸からポリエステルが生成する反応の平衡定数が1であるとき,それぞれ到達可能な数平均重合度を求めなさい.

3.8 レゾール樹脂とノボラック樹脂の生成反応と基本構造,特徴,応用例についてまとめなさい.

3.9 式(3.85)で示すポリビニルアルコールのホルマール化が,分子内の隣接した2つのヒドロキシ基間でのみ不可逆的に起こるときのヒドロキシ基の最高変換率を求めなさい.

3.10 エポキシ樹脂の合成,特徴,応用についてまとめなさい.

3.11 ポリメタクリル酸メチル,ポリ塩化ビニル,ポリ乳酸の熱分解生成物をそれぞれ示しなさい.

第4章　高分子の分子構造制御

4.1　リビング重合

4.1.1　リビング重合の発見

　1956年，M. Szwarcは，スチレン，金属ナトリウム，ナフタレンをテトラヒドロフラン中で混合すると，溶液が赤く着色し，溶液の粘性が増すことに気づき，活性種であるポリスチレン末端の成長カルボアニオンが反応溶液中で活性を保ったまま（停止反応が起こらない状態で）存在し，モノマーが存在する限り高分子鎖が成長を続けることを見いだした．活性種が失活することなく生き続ける高分子は，「**リビングポリマー**（living polymer）」と名づけられ，**リビング重合**（living polymerization）の歴史がここから始まった．

　リビングポリマーが生成する反応機構は，以下のとおりである（式(4.1)）．

$$\tag{4.1}$$

　まず，溶媒中で金属ナトリウムとナフタレンを混合すると，金属ナトリウムから1電子がナフタレン分子に移動してナフタレンのアニオンラジカルが生じ，溶液は緑色を示す．この溶液にスチレンを加えると，スチレンへの電子移動が起こり，スチレンのアニオンラジカルが生成する．2分子のアニオンラジカル間での再結合によってラジカルは消失し，スチレンダイマーのジアニオンが生成し，これが

成長アニオンとなる．スチレンの成長アニオンでは，電子がベンゼン環上に非局在化（共鳴）しているために，溶液は鮮やかな赤色となる．この成長アニオンでは，高分子の中心から外側に向かって 2 方向に成長反応が進行し，高分子鎖が伸びていく．

アルキルリチウムを開始剤として用いた場合も，スチレンの**リビングアニオン重合**（living anionic polymerization）が進行する（式(4.2)）．この場合は強力な求核剤であるアルキルアニオンのスチレンへの付加によって重合が開始され，1 方向に成長を続ける．

$$n\text{-}C_4H_9^- Li^+ + CH_2=CH\text{-}C_6H_5 \longrightarrow n\text{-}C_4H_9\text{-}CH_2\text{-}\overset{-}{C}H(C_6H_5) Li^+ \xrightarrow{\text{スチレン}} n\text{-}C_4H_9\text{-}(CH_2\text{-}CH(C_6H_5))_n\text{-}CH_2\text{-}\overset{-}{C}H(C_6H_5) Li^+ \quad (4.2)$$

リビングアニオン重合では，連鎖移動反応や停止反応が起こらず，モノマーが 100% 反応した後に，さらにモノマーを添加すると重合が再び進行して，高分子の分子量が増す．別のモノマーを添加すると，成長末端から別の高分子が成長するため，ブロック共重合体が生成する（4.2.2節参照）．

炭化水素モノマーのリビングアニオン重合は，リビング重合が最初に見つかった例であると同時に，この発見によってブロック共重合体の合成が可能になった．ABA型トリブロック（三元）共重合体はアニオン重合によって工業的に製造され，熱可塑性エラストマーとして広く利用されている．外側の成分としてガラス転移温度の高いハードセグメントを，内側の成分としてガラス転移温度の低いソフトセグメントをもつABA型トリブロック共重合体は，室温ではハードセグメントとソフトセグメントがミクロ相分離した構造をとり，前者が疑似架橋点として作用し，ゴム弾性体の性質を示す．熱可塑性エラストマーは，ハードセグメントのガラス転移温度以上で成形加工が可能であり，加硫による架橋反応で得られる天然ゴムやポリブタジエンなどのゴム製品のリサイクルが難しいことと対照的である．基礎科学での発見がごく短期間のうちに応用にまで発展した数少ない例の 1 つである．

4.1.2 リビング重合の特徴

　リビング重合は「連鎖重合のうち，開始反応と成長反応だけで構成され，連鎖移動反応や停止反応が起こらない重合」と定義される．リビング重合で生成する成長活性種は，重合反応中ずっと生き続けることになる．通常の連鎖重合では，ひと続きの連鎖反応の最後に停止反応によって活性を失い，成長を終えた(すなわち死んだ)高分子となる．リビング重合では，開始反応は速やかに起こり，重合中すべての成長末端は活性を保っている．このため，重合中の高分子の数は一定であり，開始剤1分子から高分子1分子が生成する．

　リビング重合では，以下の特徴が観察される．

・生成高分子の数平均重合度(DP_n)が，モノマーの重合率に比例して増大する(式(4.3))．

$$DP_n = \frac{[M]_0}{[I]_0} \times (重合率(\%)/100) \quad (4.3)$$

ここで，$[M]_0$と$[I]_0$は，それぞれモノマーと開始剤の初期濃度である．

・生成高分子の数平均分子量(M_n)は，モノマーと開始剤の比によって制御できる．

・すべてのモノマーが消費された後に新たなモノマーを添加すると，再び重合が進行して，高分子のM_nはさらに増大する．

・すべての高分子は，片方の末端(開始末端)に開始剤の一部の構造(開始剤切片)を含む．

・開始反応が成長反応に比べて十分速いと，生成高分子の分子量分布は，ポアソン分布(式(4.4))に従い，多分散度(M_w/M_n)は1に近くなる．

$$\frac{M_w}{M_n} = \frac{1+DP_n}{DP_n} \quad (4.4)$$

　リビング重合を実現するためには，連鎖移動反応や停止反応を起こらないようにする必要がある．ところが，通常の連鎖重合ではそれぞれ以下の反応が起こりやすいことが知られている．すなわち，ラジカル重合では，成長ラジカルによる2分子間の停止反応が避けられない．またアニオン重合では，反応系中に含まれる微量の酸性物質や酸素と成長アニオンの間で停止反応が起こりやすい．さらに，極性モノマーのアニオン重合では，置換基との間で停止反応が起こる．カチオン重合では，成長カルボカチオンからのβ水素脱離による連鎖移動反応が起こりやすい．

第4章　高分子の分子構造制御

　リビング重合は，上で述べたような副反応が起こらない条件を満たすときに限って，一部のモノマーに対して可能であると考えられてきた．実際に，スチレン，ブタジエン，イソプレンなどの炭化水素モノマーのアニオン重合では，水や酸性物質などを重合系から厳密に除去することにより，リビング重合が可能になる．また，環状エーテルや環状アミンの開環重合は，成長アニオンがカルボアニオンではなく，比較的安定なオニウムイオンであるため，リビング重合が実現しやすい．例えば，テトラヒドロフランのリビングカチオン重合（式(4.5)）やエチレンオキシドのリビングアニオン重合（式(4.6)）が古くから知られている．

$$\text{（THF）} \xrightarrow{(CF_3SO_2)_2O} \overset{\oplus}{O}+CH_2CH_2CH_2CH_2O+_n CH_2CH_2CH_2-\overset{\oplus}{O} \quad 2CF_3SO_3^{\ominus} \tag{4.5}$$

$$\text{（EO）} \xrightarrow{NaOH} HO+CH_2CH_2O+_n CH_2CH_2O^{\ominus} \; Na^{\oplus} \tag{4.6}$$

　これらの古くから知られているリビング重合とは対照的に，極性モノマーのアニオン重合やカチオン重合，さらにラジカル重合でリビング重合を実現するまでの道のりは決して平坦ではなかった．多くの試みが続けられるなか，1980年代にリビング重合に対する新しい考え方が導入され，多くの重合系で新しいリビング重合が次々に開発されるようになった．

　新しい考え方とは，高分子鎖末端の不安定な成長活性種を，安定で副反応を起こさない形の末端に一時的に変換し，活性な成長末端を可逆的に生成させるというものであり，この一時的に安定化された成長末端を**ドーマント種**（dormant species，休止種）と呼ぶ（式(4.7)）．

$$\underset{\substack{\text{ドーマント種} \\ \text{（休止種）}}}{P-X} \; \rightleftarrows \; \underset{\text{活性種}}{P^*} + X' \tag{4.7}$$

　ドーマント種は活性種と平衡状態にあり，平衡はドーマント種側に大きくかたよっている．反応溶液中にごく少量生成する活性種が成長反応に関与し，活性種は再びドーマント種に戻って安定な状態になる．ドーマント種の多くは共有結合性の末端構造をもち，活性種の濃度を低く抑えることで停止反応や連鎖移動反応などが抑制される．活性種とドーマント種の間の交換反応は十分速いため，それぞれのドーマント種は同じ確率で活性種に変換され，すべての高分子鎖は同じように成長を続けることができる．このため，停止反応や連鎖移動反応を起こさず

に生き続ける古典的なリビング重合と同じ特徴が，ドーマント種との平衡を含む重合でも観察される．

現在，リビング重合は古典的なリビング重合だけでなく，ドーマント種を用いるリビング重合に基づく新しい概念も含めた形で，「連鎖重合のうち，不可逆な停止反応や連鎖移動反応が起こらない重合」と再定義されている．この考え方は，特にリビングラジカル重合の設計において重要である．

4.1.3 リビング重合の展開
A. リビングラジカル重合

イオン重合と異なり，ラジカル重合の成長活性種は，反応性が高く，中性の不安定なフリーラジカルであるため，成長末端間で起こる2分子停止反応（再結合や不均化）が避けられない．そのため，リビングラジカル重合の実現は不可能に近いと考えられてきたが，式(4.7)に示したドーマント種を利用する方法によって，1990年代以降，リビングラジカル重合で高分子構造を精密に制御することが可能になった．現在，以下の3種類の方法が最もよく用いられている．

(1) ニトロキシドなどの安定ラジカルと成長ラジカル間の解離と結合を利用する方法（ラジカル解離型）
(2) 遷移金属触媒による成長末端のハロゲン原子移動を利用する方法（原子移動型）
(3) 成長活性種とドーマント種の速い交換反応による可逆的な連鎖移動を利用する方法（連鎖移動型）

ラジカル解離型，原子移動型，連鎖移動型の3種類のリビングラジカル重合のドーマント種と成長活性種の間の平衡の具体的な反応例をそれぞれ式(4.8)～式(4.10)に示す．**表4.1**に示すように，これらの重合はそれぞれ異なる特徴をもち，用いるモノマーの種類や重合条件，高分子の用途に応じて重合方法が選択される．

$$\sim\sim CH_2-CH-O-N \rightleftarrows \sim\sim CH_2-\dot{C}H + \cdot O-N \qquad (4.8)$$

$$\sim\sim CH_2-CH-Br + Ru^{II} \rightleftarrows \sim\sim CH_2-\dot{C}H + Ru^{III}Br \qquad (4.9)$$

第4章 高分子の分子構造制御

表4.1 代表的なリビングラジカル重合の特徴

	ラジカル解離型(NMP)	原子移動型(ATRP)	連鎖移動型(RAFT重合)
適用可能なモノマー	主にスチレン, アクリル酸エステル, アクリルアミド, ジエンモノマーにも適用可能	非共役モノマー以外のすべてに適用可能	共役, 非共役モノマーほぼすべてに適用可能
重合温度	比較的高温が必要（100℃以上）	広範囲で可能（−30℃〜150℃）	通常のラジカル重合と同様（温度以外の条件もほぼ同様）
酸素の影響	酸素除去が必要	比較的寛容	酸素除去が必要
高分子の末端基	アルコキシアミン（熱に不安定）	ハロゲン化アルキル（熱・光に安定）	ジチオエステルなど（熱・光に不安定）
未解決の問題	適用モノマーが限定的, メタクリル酸エステルには適用できない	高分子の着色, 金属を含む触媒の除去など	着色, 臭い

$$\sim\text{CH}_2-\text{CH}-\text{S}-\overset{\text{S}}{\overset{\|}{\text{C}}}-\text{CH}_3 + \sim\text{CH}_2-\overset{\cdot}{\text{CH}} \rightleftharpoons$$

$$\sim\text{CH}_2-\overset{\cdot}{\text{CH}} + \sim\text{CH}_2-\text{CH}-\text{S}-\overset{\text{S}}{\overset{\|}{\text{C}}}-\text{CH}_3 \tag{4.10}$$

　ラジカル解離型の重合では，炭素ラジカルと安定ラジカルのニトロキシドが結合したアルコキシアミン（ドーマント種）が熱によってラジカル解離し，重合が進行する．安定ラジカルは，二重結合への付加（開始反応）を起こさず，成長ラジカルと結合してドーマント種を再生する働きをする．安定ラジカルとしてTEMPO（2,2,6,6-テトラメチルピペリジン-1-オキシル）が用いられることが多いが，SG1（N-*tert*-ブチル-N-(1-ジエチルホスホノ-2,2-ジメチルプロピル)アミノキシル）やTIPNO（N-(*tert*-ブチル-1-フェニル-2-メチルプロピル)アミノキシル）（**図4.1**）を用いると，比較的低温でスチレン以外のモノマー（アクリル酸エステル，アクリルアミド，ジエンモノマーなど）の重合制御を行うことができる．TEMPOなどの安定なニトロキシドラジカルを用いるリビングラジカル重合は，**ニトロキシド介在重合**（nitroxide mediated polymerization, **NMP**）などと呼ばれる．

　原子移動型の反応では，ルテニウムや銅などの遷移金属錯体を触媒として用いて高分子の成長末端の炭素－ハロゲン結合を可逆的に活性化し，成長ラジカルを

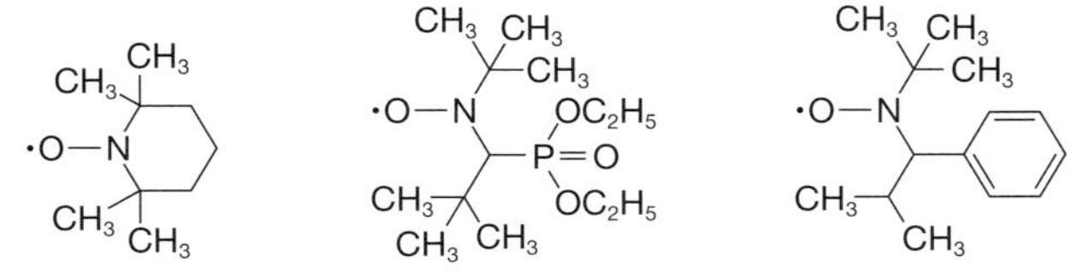

4.1 リビング重合

図4.1 ラジカル解離型のリビングラジカル重合に用いられる安定ラジカル

生成させてリビングラジカル重合を行う．ハロゲン原子は高分子の末端から遷移金属錯体に移動し，同時に金属は1電子酸化される（価数が大きくなる）．逆に，遷移金属錯体から成長ラジカルにハロゲン原子が移動すると，高分子末端に安定な炭素－ハロゲンの共有結合が形成され，高酸化状態にあった金属は元の価数に戻る．このような1電子酸化還元反応をともなってハロゲン原子が移動することによって制御されるリビングラジカル重合は，**原子移動ラジカル重合**(atom transfer radical polymerization, **ATRP**)と呼ばれる．遷移金属錯体は触媒として作用し，開始剤と組み合わせて重合が行われる．代表的な遷移金属錯体と開始剤を**図4.2**に示す．開始剤に含まれるハロゲンは，成長末端のハロゲンに比べて，より速やかに原子移動する必要があるため，高分子の成長末端に類似した構造をもち，成長末端に比べてやや高い反応性をもつ開始剤が使用される．

3番目の方法は，可逆的な連鎖移動反応を利用するもので，上記のラジカル解離型や原子移動型のリビングラジカル重合と異なる機構によって重合反応が制御される．連鎖移動型のリビングラジカル重合では，成長ラジカルは別の高分子鎖の末端の置換基へ頻繁に連鎖移動する．連鎖移動反応によって生じた成長ラジカルは成長反応を続け，再び連鎖移動反応によってドーマント種に戻る．これらの反応が繰り返し起こるとすべての高分子鎖が同じように成長を続け，リビングラジカル重合が進行する．可逆的な付加開裂型の連鎖移動反応によって反応が制御されるこの重合は，**付加開裂型可逆的連鎖移動重合**(reversible addition-fragmentation chain transfer polymerization, **RAFT重合**)と呼ばれる．通常の条件で行われるラジカル重合の反応系に，RAFT剤と呼ばれる連鎖移動剤を加えることでリビングジラジカル重合が実現でき，多くの種類のモノマーに適用できるため，最も広く用いられている重合方法である．典型的なRAFT剤の構造を**図4.3**に示す．R基は，付加開裂反応によってラジカルを生じる部分であり，成長ラジカルに類似した構造のものや，ラジカルを安定化する働きをする芳香環やエステルなどの

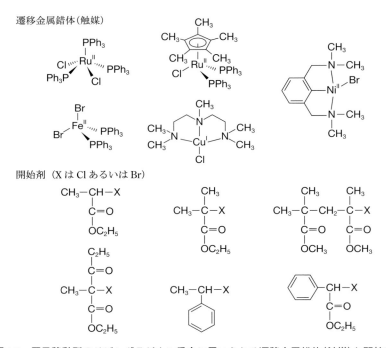

図4.2 原子移動型のリビングラジカル重合に用いられる遷移金属錯体（触媒）と開始剤

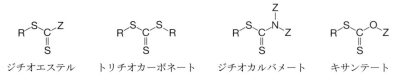

図4.3 連鎖移動型のリビングラジカル重合に用いられる連鎖移動剤（RAFT剤）

置換基が炭素に隣接したものが用いられる．Z基は，付加速度や開裂速度の制御に関係する置換基であり，アルキル基や芳香環が用いられる．

　上記したリビングラジカル重合は，リビングアニオン重合などのイオン重合に比べて，対象となるモノマーの範囲が広いこと，反応媒体として水を使用できること，溶媒や用いる試薬の精製を必ずしも必要としないこと，低温で重合を行う必要がないこと，従来の高分子製造プロセスや設備をそのまま使用できることなどの有利な点が多いため，基礎研究だけでなく，工業的にも利用されている．

　リビングラジカル重合以外のリビング重合に関しても，1980年代以降に大き

B. リビングアニオン重合

アクリル酸エステルやメタクリル酸エステルはアニオン重合性が高く，アルカリ金属アルキルやグリニャール試薬など，広範囲の種類の化合物によって重合が開始される一方で，エステル基などの極性置換基への付加反応が副反応として起こり，重合反応は複雑となりがちである（式(4.11)）.

$$\text{(式 4.11)}$$

例えば，塩化 n-ブチルマグネシウムはメタクリル酸メチルの C=C 二重結合に付加してアニオン重合を開始するが，一部はカルボニル基へ求核付加し，ブチルイソプロペニルケトンと塩化メトキシマグネシウム（CH_3OMgCl）を生成する．塩化メトキシマグネシウムはメタクリル酸メチルのアニオン重合を開始せず，またブチルイソプロペニルケトンはアニオン重合性が高く成長アニオンと直ちに反応する．ここでブチルイソプロペニルケトンを末端に含む成長アニオンが新たに生成するが，このアニオンのメタクリル酸メチルへの付加反応性は低いため，メタクリル酸メチルの成長が起こらず，停止反応となる．一方，開始剤としてかさ高い置換基をもつ臭化 *tert*-ブチルマグネシウムを用いると，副反応が抑制でき，リビングアニオン重合が実現できる．n-ブチルリチウムの代わりに，1,1-ジフェ

ニルヘキシルリチウムを用いた場合も，同様に副反応を抑えることができ，メタクリル酸メチルのリビングアニオン重合が可能になる．

成長アニオンを共有結合性のドーマント種に変換して，リビングアニオン重合を実現する方法も開発されてきた．1980年代に，トリメチルシリル基を脱離基とするメタクリル酸メチルのグループトランスファー重合(式(4.12))，アルミニウムのポルフィリンアルキル錯体を用いるラクトンのリビングアニオン開環重合，サマリウムなどの希土類錯体を用いるメタクリル酸エステルやアクリル酸エステルのリビングアニオン重合などが次々と見つかった．

$$(4.12)$$

C. リビングカチオン重合

カチオン重合では，カルボカチオンのβ水素脱離がきわめて起こりやすく，リビング重合の実現には，成長カルボカチオンを安定化する必要があった．そこで，対アニオンとして弱いルイス酸を用い，さらに酢酸エステルやエーテルなどの弱塩基を添加することによって成長カルボカチオンを安定化する方法に基づいて，さまざまな開始剤系が開発された．その結果，ビニルエーテル，イソブテン，スチレン誘導体のリビングカチオン重合が可能になった．塩酸を開始剤とするイソブチルビニルエーテルのカチオン重合系に，ルイス酸として塩化亜鉛を添加し，カルボカチオンの反応を制御したリビングカチオン重合の例を式(4.13)に示す．

$$(4.13)$$

D. 開環メタセシス重合

環状アルケンの開環メタセシス重合でもリビング重合が見いだされた．例えば，グラブス触媒を用いたノルボルネンのリビング重合が達成され，得られたポリノルボルネンに水素添加することによって，高透明性，耐熱性，低吸湿性などに優れた特性をもつ環状オレフィン高分子（cyclo-olefin polymer, COP）が工業生産されている（式(4.14)）．

$$(4.14)$$

L：配位子（Cl あるいは P(Cy)$_3$）
R：フェニル基

グラブス触媒
（Cy：シクロヘキシル基）

E. 重縮合（連鎖的縮合重合）

リビング重合は，連鎖重合のうち不可逆的な停止反応や連鎖移動反応が起こらない場合にのみ適用できると考えられてきたが，ポリエステルやポリアミド合成などの重縮合でもリビング重合が見いだされている．

重縮合は典型的な逐次反応の1つであるが，開始剤による活性化機構を導入した縮合反応では，一部の活性化された成長末端だけがモノマーと反応し，連鎖的な縮合重合を引き起こす．リビング重合が成立するには，モノマー間でランダムな結合生成反応が一切起こらず，開始剤による開始反応が速やかに起こり，そこで生成した活性種がモノマーと反応し，活性種を再生することが必要である．

4-アルキルアミノ安息香酸フェニルの重合を例にあげて反応の詳細を説明する（式(4.15)）．

$$(4.15)$$

4-アルキルアミノ安息香酸フェニルは，塩基によって定量的に脱プロトン化され，アミニルアニオンを生じる．強力な電子供与性をもつアミニルアニオンがパラ位のエステル基の求電子性を低下させるため，モノマーどうしの成長反応（アミドの生成反応）が抑制される．このとき，高い活性（求電子性）をもつ反応開始剤が存在すると，モノマーとの反応（開始反応）が起こり，アミド体が生成する．パラ位にアミドをもつフェニルエステルは高い求電子性を示し，成長反応を繰り返すことができる．このように，開始剤の反応によって生成した活性な成長末端だけが成長反応に関わることができ，連鎖重合機構（リビング重合機構）によって分子量や分子量分布が制御されたポリアミドが生成する．この反応は，フェノールの脱離をともなう典型的な縮合反応の1つであるが，活性化された成長末端によって（ビニルモノマーの連鎖重合と同様な）連鎖的な成長反応が進行するため，通常の縮合重合（重縮合）と区別して，連鎖的縮合重合と呼ばれる．同様に，連鎖的縮合重合によってポリエステルも合成できる．

さらに，金属触媒による縮合重合でもリビング重合が見いだされており，構造を制御した共役高分子の新しい合成法として用いられている．グリニャール試薬型のチオフェンモノマーでは，ニッケル触媒の存在下，アルキル置換基の位置が制御された形で連鎖的縮合重合が進行し，触媒であるニッケル錯体1分子から1本の高分子鎖が生成する（式(4.16)）．成長末端は高分子が配位したニッケル錯体であり，ニッケルは常に成長末端へ移動する．成長末端とモノマー間でカップリング反応が起こり，高分子末端の炭素と臭素間の結合へのニッケルの移動・挿入を繰り返して，連鎖的縮合重合が進行する．

$$\text{(4.16)}$$

4.1.4　リビングラジカル重合の歴史

　ラジカル重合の成長活性種は，中性で活性の高いラジカル種であり，溶媒や対イオンによるラジカルの反応性の制御ができず，また，ラジカル間での2分子停止を避けることができないため，他の重合に比べてリビング重合の実現が最も難しいと考えられてきた．1950年代のリビングアニオン重合の発見以来，リビングラジカル重合の実現に対しても，多くの試みがなされてきた．代表的なリビング重合の特徴を4.1.3節で説明したが，これらの重合制御法がこれまでどのように発展してきたのかを知ることは意味がある．ここで，リビングラジカル重合の歴史を詳しく振り返ってみよう．

　ラジカル重合の成長末端をリビング化するための方法として，成長ラジカルを物理的に閉じ込めて2分子停止を抑制する方法と，化学的な相互作用によって成長ラジカルを安定化する方法がある．

　前者の例として，沈殿重合で生成する高分子は溶媒（バルク重合ではモノマー）に不溶なため，成長ラジカルが高分子中に閉じ込められた形で固体として析出し，ラジカルは拡散できずに長寿命化できる．ただし，同時に成長反応も抑制されやすく，また不均一反応系を精密に制御することはきわめて難しいため，そのままではリビングラジカル重合は実現できなかった．1970年代に入ると，乳化重合系で，開始反応速度を制御して，モノマーを含むミセル内に飛び込んで重合を開始するラジカルの数を制御する方法が提案された．この方法では，開始反応の速度を厳密に制御することで停止反応を抑えることができるため，超高分子量の重合体やブロック共重合体の合成に利用されたものの，リビングラジカル重合として一般的に広く利用されるまでにはならなかった．

　一方，後者の化学的に安定化する方法として，金属錯体とラジカルの相互作用の利用が検討された．1970年代にクロム錯体を用いたメタクリル酸メチルの重合で，反応の進行にともなって分子量が増大することや，ブロック共重合体が合成で

きることが明らかにされたものの，反応機構の詳細は明らかにされないままに終わった．

このように，制御が難しいと考えられてきたリビングラジカル重合であるが，1980年代を境にその研究は大きな展開を見せる．

まず1982年に，高分子の末端構造を精密に制御するための新たな方法として，**イニファーター**(iniferter)の概念が大津によって新たに提唱された．イニファーターとは，連鎖移動と一次ラジカル停止の機能をあわせもつ開始剤(initiator-transfer agent-terminator)であり，イニファーターを用いると，開始末端だけでなく，停止末端にも開始剤切片を導入でき，両末端構造を制御した高分子が合成できる．ジチオカルバメート基やトリフェニルメチル基を含むイニファーターを用いた高分子構造制御の反応例を式(4.17)と式(4.18)に示す．

$$\text{PhCH}_2-S-\overset{S}{\underset{\|}{C}}-N(C_2H_5)_2 \xrightarrow[\text{光照射}]{CH_2=CH-Ph} \text{PhCH}_2-[CH_2-CH(Ph)]_n-S-\overset{S}{\underset{\|}{C}}-N(C_2H_5)_2 \quad (4.17)$$

$$\text{Ph}-N=N-C(Ph)_2(Ph) \xrightarrow[\text{加熱}]{CH_2=C(CH_3)COOCH_3} \text{Ph}-[CH_2-C(CH_3)(COOCH_3)]_n-C(Ph)_3 \quad (4.18)$$

ここで，停止末端が再びラジカル開裂すると，成長反応を再開でき，重合がさらに進行する．新たな成長末端には，連鎖移動や一次ラジカル停止によって，ラジカル開裂前と同じ構造の末端基が再び導入される．これらの反応が繰り返されることによって生成した高分子は，常に決まった構造をもち，かつ可逆的にラジカル解離可能な末端基を含むため，重合が見かけ上リビング重合と同様の機構で進行することになる(式(4.19))．

$$\begin{aligned}
&\text{\textasciitilde\textasciitilde-CH}_2\text{-CH-B} \rightleftarrows \text{\textasciitilde\textasciitilde-CH}_2\text{-}\dot{\text{C}}\text{H} + \cdot\text{B} \xrightarrow[\text{一次ラジカル停止／}]{n\text{CH}_2=\text{CHX}} \\
&\hspace{1.2em} \overset{|}{\text{X}} \hspace{6em} \overset{|}{\text{X}} \hspace{10em} \text{連鎖移動反応} \\
&\text{\textasciitilde\textasciitilde}(\text{CH}_2\text{-CH})_n\text{CH}_2\text{-CH-B} \rightleftarrows \text{\textasciitilde\textasciitilde}(\text{CH}_2\text{-CH})_n\text{CH}_2\text{-}\dot{\text{C}}\text{H} + \cdot\text{B} \\
&\hspace{3em}\overset{|}{\text{X}}\hspace{4em}\overset{|}{\text{X}}\hspace{6em}\overset{|}{\text{X}}\hspace{4em}\overset{|}{\text{X}} \\
&\xrightarrow[\substack{\text{一次ラジカル停止／}\\\text{連鎖移動反応}}]{m\text{CH}_2=\text{CHX}} \text{\textasciitilde\textasciitilde}(\text{CH}_2\text{-CH})_n(\text{CH}_2\text{-CH})_m\text{CH}_2\text{-CH-B} \Longrightarrow
\end{aligned}$$

(4.19)

この考えは，4.1.2節で述べたドーマント種を用いるリビング重合の原型となった．ラジカル重合では，成長ラジカル間の2分子停止を避けることは困難であると考えられてきたが，イニファーターを用いたリビングラジカル重合モデルの提案によって，リビングラジカル重合の研究が急加速した．

イニファーターの代表的な化合物であるジチオカルバメート誘導体を用いたスチレンやメタクリル酸メチルのリビングラジカル重合では，数平均分子量の増大やブロック共重合体の合成が確認されたものの，多分散度（M_w/M_n）は2前後の比較的大きな値であり，通常のラジカル重合と同様であった．当時（1980年代中頃）は，成長末端のラジカル解離によって成長は繰り返し起こるものの，ラジカル解離の頻度が低いため，ポアソン分布に従う（リビングアニオン重合と同様の）狭い分子量分布の高分子を合成することは難しいと考えられていた．理想的には，ラジカル解離後にモノマー1分子ぶんだけ成長し，すぐに元のドーマントに戻る反応が繰り返されれば，古典的なリビングアニオン重合に匹敵するリビングラジカル重合が実現できるはずであるが，当時用いられたイニファーターの重合制御の能力には限界があり，ラジカル反応で行う限り，平均分子量の制御やブロック共重合体の合成は可能なものの，分子量分布の制御はできないと結論された．

また，高分子鎖間で起こる可逆的な連鎖移動が反応制御に積極的に利用されることはなかった．後になって，高分子鎖間の可逆的な連鎖移動反応は，新しい連鎖移動型のリビングラジカル重合の制御法として，大きく注目されることになる．同じ頃，オーストラリアの研究者たち（D. H. Solomonら）は，ニトロキシドを用いたブロック共重合体やグラフト共重合体の合成法を見いだしていたにもかかわらず，精密な分子量制御のためのリビングラジカル重合の側面が強調されることはなかった．十数年後，ニトロキシドは脚光を浴びることになる．

1993年，M. Georgesらは，スチレンのBPOによるバルク重合に安定ラジカルであるTEMPOを加えることによって，狭い分子量分布をもつポリスチレンが簡

単に合成できることを発見した．スチレン，BPO，TEMPOの混合物を80℃で加熱すると，BPOが分解して生じた一次ラジカルにスチレンが付加し，さらに安定ラジカルであるTEMPOが成長ラジカルと反応して，付加生成物であるアルコキシアミンが生成する．アルコキシアミンは80℃で安定なので，高分子は生成しない．その後，温度を130℃まで上げると，炭素ラジカルとTEMPOに解離し，スチレンの重合が進行する．成長ラジカルは再びTEMPOと反応し，共有結合性のドーマント種を生成する（式(4.20)）．

$$(4.20)$$

このように，高温ではアルコキシアミンの解離，成長ラジカルからの成長反応，TEMPOとの再結合によるドーマント種の再生が繰り返されることによって，リビングラジカル重合が進行し，分子量分布の狭いポリスチレンが生成する．この事実は瞬く間に世界中に広まり，リビングラジカル重合の研究が先を競って行われるようになった．翌年，C. J. Hawkerは，単離・精製したアルコキシアミンを用いたスチレンのリビングラジカル重合を行い，その反応機構の詳細を明らかにした．また，福田とH. Fischerは，安定ラジカルの存在によってリビングラジカル重合が実現する仕組みをモデル反応や理論的な面から考察し，解明した．

従来，安定ラジカルは成長ラジカルを捕捉して，重合を停止するものであり，重合禁止剤として用いられてきた．M. Gombergによって，フリーラジカルであるトリフェニルメチルラジカルの存在が1900年に証明されて以来，ニトロキシドを含めて数多くの安定ラジカルが開発され，利用されてきた．式(4.18)や式(4.20)に示した高分子末端の共有結合のラジカル開裂は，安定ラジカルと炭素ラジカル

● コラム　　ラジカル——それは変わらないもの

　ラジカルという言葉には，時として過激なというニュアンスが含まれることがあり，化学で用いるフリーラジカルも反応性が高く，コントロールできない暴れん坊のイメージが強い．ところが，ラジカルという言葉の語源や，化学の分野に取り入れられた頃（19世紀）の用法を調べてみると，現在と違った形で使われていたことがわかる．古くは，"radical" という用語は，何も変わらない部分，すなわち分子が反応して化学変化を起こしても変わらない分子の根っこの部分（root）を指して用いられていた．例えば，置換反応や酸化反応などによる，臭化エチル（C_2H_5Br）からプロピオニトリル（C_2H_5CN），そしてプロピオン酸（C_2H_5COOH）へという一連の構造変化において，エチル基（C_2H_5）の部分は何も変わらず，最初の出発物質から最終生成物まで共通してその形が残っている．当時は，このような変化しない基をラジカルと呼び，現在でいう「置換基」とほぼ同じ使い方がされていた．当時の人たちは，"ethyl radical" を取り出せるはずだと考えて臭化エチルと金属との反応を試みたが，残念ながら得られた生成ガスは "free radical" ではなく，エタン，エチレン，ブタンの混合物で，当時の研究から得られた結論は，炭素は常に4価であるというものであった．3価の炭素を含む化合物の単離に初めて成功したのが，ウクライナ出身で当時ミシガン州立大学で研究を行っていた Moses Gomberg であり，彼のトリフェニルメチルラジカルの発見（1900年）によってラジカルケミストリーが始まったのである．

ミシガン州立大学の Moses Gomberg 氏の実験風景（1900年頃）
[*The Discovery of Organic Free Radicals by Moses Gomberg*, commemorative booklet produced by the National Historic Chemical Landmarks program of the American Chemical Society in 2000]

のカップリング生成物（ドーマント種）が熱的に不安定であることを利用している．

1995年，澤本らとK. Matyjaszewskiらは，ルテニウムや銅触媒を用いる原子移動ラジカル重合（ATRP）をほぼ同時期に発見した．この反応は上記の安定ラジカルを用いる重合とは異なる機構によるリビングラジカル重合であり，成長末端と遷移金属錯体の間をハロゲン原子が行き来することで，重合の制御が行われる．最初に報告されたルテニウム触媒を用いたメタクリル酸メチルの重合の反応式を式(4.21)に（$CH_3Al(ODBP)_2$はモノマーの活性化のために加えている），塩化銅を用いたスチレンの重合の反応式を式(4.22)に（1-クロロエチルベンゼンは開始剤として加えている）示す．これらの反応は4.1.3節で述べたとおり中心金属の酸化還元をともなう．ハロゲン化された高分子末端がドーマント種であり，遷移金属錯体にハロゲン原子が移動し（同時に，金属の酸化数は増す），成長ラジカルが生成する．逆に，遷移金属錯体から成長ラジカルにハロゲン原子が移動することによって成長は一時的に停止し，ドーマント種が生成する．安定ラジカルを用いるリビングラジカル重合と比較して，多くの種類のモノマーに適用できる点や，重合に高温を必要としない点で有利であるが，触媒の除去が難しいことや，重合系の着色が課題となっている（表4.1参照）．そのため，触媒量を低減するための重合方法の改良が続けられている．中心金属と成長末端の炭素ラジカルの間で直接結合してドーマント種を生成するリビングラジカル重合の例も見いだされている．

$$\text{(4.21)}$$

$$\text{CH}_3\text{-CH-Cl} + \text{Cu}^{I}\text{L}_x \rightleftarrows \text{CH}_3\text{-}\dot{\text{CH}} + \text{Cl-Cu}^{II}\text{L}_x$$

$$\xrightarrow{\text{CH}_2=\text{CH}} \text{CH}_3\text{-CH-CH}_2\text{-}\dot{\text{CH}} + \text{Cl-Cu}^{II}\text{L}_x$$

$$\xrightarrow{\text{CH}_2=\text{CH}} \text{CH}_3\text{-CH-(CH}_2\text{-CH)}_n\text{-CH}_2\text{-}\dot{\text{CH}} + \text{Cl-Cu}^{II}\text{L}_x$$

$$\rightleftarrows \text{CH}_3\text{-CH-(CH}_2\text{-CH)}_n\text{-CH}_2\text{-CH-Cl} + \text{Cu}^{I}\text{L}_x \tag{4.22}$$

　1998年，オーストラリアの研究者ら(G. Moad, E. Rizzardo, S. H. Thangら)は，成長ラジカルと高分子末端の間での連鎖移動反応(式(4.10))を利用する新しい機構によるRAFT重合を見いだした．ジチオエステルなどの連鎖移動剤(RAFT剤)は，ラジカル付加反応を起こしやすく，さらに可逆的に結合の開裂が起こる．このとき，RAFT剤への付加によって生成したラジカルが異なる位置でβ開裂すると，最初と異なるラジカルが生成する．成長ラジカルと高分子末端に導入されたRAFT剤切片の間で同様の反応が起こると，成長ラジカルが高分子鎖間で移動することになり，移動反応を繰り返すことにより，すべての高分子鎖が均等に成長を続けることができる．その結果,分子量や分子量分布を制御することができる．この反応は可逆的な停止反応を利用する上記の2種類のリビングラジカル重合と異なり，連鎖移動反応によって制御が行われる点が特徴である．RAFT重合の開発者たちは，以前から付加開裂型の連鎖移動剤を研究し，通常の連鎖移動剤では制御できない重合に対して，分子量を制御し，末端基に不飽和結合を導入する新しい方法を見いだしていた．RAFT重合は，それら付加開裂反応をさらに可逆的に繰り返し起こるように工夫したもので，新しいリビングラジカル重合の発見につながった．

　RAFT剤には開始能(ラジカルを発生する働き)はなく，重合を進行させるためには，まず成長ラジカルを生成させる必要があるので，ラジカル開始剤を用いた

通常の重合系に，RAFT剤を添加して重合が行われる．イオウ化合物を使用するため，着色や臭いの問題はあるものの，通常の重合条件で反応が可能であることや，多くの種類のモノマーに適用できることから，現在ではリビングラジカル重合の中で最も多く用いられている．図4.3に示した典型的なRAFT剤の構造は，1980年代にイニファーターとして用いられたジチオカルバメート化合物（式(4.17)）とよく似ているが，当時用いられていたジチオカルバメート化合物では高分子末端への可逆的付加開裂型の連鎖移動反応がほとんど起こらず，分子量分布の制御が困難であったことが後に明らかにされた．用いた化合物のわずかな構造の違いが，その後の研究結果を大きく左右することがわかる．

2000年以降も，有機テルル化合物を用いる重合 (organotellurium-mediated living radical polymerization, TERP) や可逆的連鎖移動触媒重合 (reversible chain transfer catalyzed polymerization, RTCP) などの新しいリビングラジカル重合が開発されている．リビングラジカル重合の一部はすでに工業化され，さまざまな分野で機能性高分子材料の合成に利用されている．

4.2 高分子構造の精密制御

4.2.1 末端基構造の制御

官能基を導入した開始剤や連鎖移動剤を用いて重合を行うと高分子の末端に官能基が導入できる．ただし，これらの方法では高分子の末端構造の精密な制御は難しい．例えば，ラジカル重合では，再結合と不均化による停止反応が競争して起こり，これらを制御することはできない（式(3.8)参照）．カチオン重合では，β水素の脱離による連鎖移動反応が起こりやすく，官能基を定量的に導入することは困難である．一方，リビング重合を用いると確実に開始末端の構造を制御できる．また，官能基を含む停止剤を用いて重合を停止すると，開始末端だけでなく停止末端にも官能基を導入することが可能である（式(4.23)）．

(4.23)

4.2 高分子構造の精密制御

　両末端に官能基を含む高分子は，**テレケリック高分子**(telechelic polymer)と呼ばれ，エラストマーやシーリング材などの機能性架橋高分子の原材料として利用されている．例えば，ATRPで合成したポリアクリル酸エステルの高分子鎖の両末端に反応性基を導入し，高分子反応で架橋すると網目構造がそろったネットワーク高分子が生成する．リビングラジカル重合で生成する高分子は分子量が制御されているので，架橋点間の距離が一定になるためである．網目の大きさを調整することもできる．このような方法により作られた不均一な構造を含まないゲルは，優れた固体物性を示すことが知られている．

　連鎖移動剤を用いて重合を行うとき，連鎖移動反応後に再開始した高分子の数が，開始剤から成長した高分子の数に比べて圧倒的に大きくなると(連鎖移動定数が十分に大きい場合)，後者は無視でき，末端構造を制御した高分子が得られる．高分子の末端に導入した官能基を利用して，ビニル基などの付加重合が可能な官能基に変換すると，末端に重合性をもつ高分子(**マクロモノマー**，macromonomer)が得られる(式(4.24))．

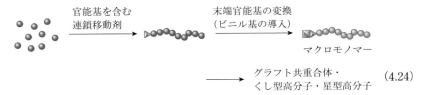

$$\tag{4.24}$$

　マクロモノマーを重合することによって**くし型高分子**(comb polymer)や**星型高分子**(star polymer)が，他のモノマーと共重合することによってグラフト共重合体が生成する(4.2.3節参照)．

4.2.2　共重合体の構造制御

　DNAやタンパク質などは，繰り返し単位である核酸やアミノ酸の配列が高度に制御された分子構造をもつ．こうした生体高分子では，分子の配列の仕方，すなわち繰り返し単位の複雑な並び方に情報としての大きな意味があり，DNAによる遺伝情報の保存・発現や，高次構造を形成したタンパク質による酵素反応などの重要な役割を果たしている．合成高分子は，比較的単純な繰り返し構造をもつものが多いが，リビング重合を用いることで高度に配列制御された高分子が合成できる．

　図2.3に示したように，さまざまな構造の共重合体が知られている．ラジカル

共重合では，多くの場合，ランダム共重合体が生成し，モノマー反応性比と組成に応じて，共重合体中の配列の仕方が決まる．ランダム共重合体中の2種類のモノマーの配列（連鎖の種類と数）には分布があり，高分子鎖中にさまざまな繰り返し構造が存在するが，共重合体の物性は平均的なものとして観察され，共重合体中の組成が変わると共重合体の物性もそれに応じて連続的に変化する．ランダム共重合体の組成は，仕込み組成に応じて変えることができるため，官能基や機能団を含むモノマーを重合性の高いモノマーと共重合することにより，多くの機能性高分子が合成されている．一方，交互共重合体は，どの高分子鎖を見ても，また1本の高分子鎖のどの部分を見ても決まった配列（交互の配列）だけを含み，それぞれのモノマーから得られる単独重合体とは異なる性質を示す．交互共重合は，高分子合成のための原料として単独重合性のないモノマーを使用できること，共重合速度が高く生成する高分子の分子量が大きいので低温や低濃度での重合でも高分子量体が得られやすいこと，開始剤がなくても重合が進行する場合があること，モノマー組成によらずに常に一定の組成でかつ制御された交互配列をもつ共重合体が得られ，交互共重合体は一定の物性値を示すことなど多くの利点をもつため，機能性高分子の合成によく用いられる．

　ブロック共重合体は，高分子開始剤を用いる重合や高分子間の反応によっても合成できるが，リビング重合は構造の明確なブロック共重合体を合成するための最も確実な方法である．1950年代にリビングアニオン重合が発見された後にも，直ちに最初のブロック共重合体が合成されている．熱可塑性エラストマーは，現在でも当時とほとんど変わらない重合方法で工業的に生産されている．

　リビングアニオン重合を利用して，ポリスチレン－ポリイソプレン－ポリスチレンのABA型の配列をもつトリブロック共重合体を合成するための方法を以下に示す．

(ⅰ) 1官能性開始剤を用いて，スチレン，イソプレン，スチレンの順に3段階に分けてモノマーを添加して重合する（式(4.25)）．

(ⅱ) 2官能性開始剤を用いて，まずイソプレンを重合し，次にスチレンを重合する（式(4.26)）．

(ⅲ) 1官能性開始剤を用いて，スチレン，イソプレンの順番で重合して得られる高分子の成長末端のアニオンと反応するカップリング剤を用いる（式(4.27)）．

4.2 高分子構造の精密制御

(4.25)

(4.26)

$$CH_2=CH\text{-}C_6H_5 \xrightarrow{n\text{-}C_4H_9Li} n\text{-}C_4H_9\text{-}(CH_2\text{-}CH(C_6H_5))_{n-1}\text{-}CH_2\text{-}CH^{\ominus}(C_6H_5)\ Li^{\oplus} \xrightarrow{CH_2=C(CH_3)\text{-}CH=CH_2}$$

$$n\text{-}C_4H_9\text{-}(CH_2\text{-}CH(C_6H_5))_n\text{-}(CH_2\text{-}CH=C(CH_3)\text{-}CH_2)_{m-1}\text{-}CH_2\text{-}CH \cdots C(CH_3)^{\ominus}\text{-}CH_2\ Li^{\oplus} \xrightarrow{(CH_3)_2SiCl_2}$$

$$n\text{-}C_4H_9\text{-}(CH_2\text{-}CH(C_6H_5))_n\text{-}(CH_2\text{-}CH=C(CH_3)\text{-}CH_2)_m\text{-}R\text{-}(CH_2\text{-}C(CH_3)=CH\text{-}CH_2)_m\text{-}(CH\text{-}CH_2(C_6H_5))_n\text{-}n\text{-}C_4H_9$$

$$\left[R = -\underset{CH_3}{\overset{CH_3}{Si}}- \right]$$

(4.27)

　異なる重合方法を組み合わせて用いると，従来は合成できなかった複雑な構造のブロック共重合体が合成できる．**図4.4**に例を示す．

　リビングアニオン重合だけでなく，リビングラジカル重合を含めたさまざまなリビング重合が実現されたことよって，現在では多くの種類の繰り返し構造をブロック共重合体に組み込むことができるようになっている．また，精密に制御された重合を用いることで，高度に配列制御された共重合体が合成できるようになっている．例えば，前末端基効果（成長末端の1つ手前の繰り返し構造が成長反応に及ぼす効果）を利用して，AAB型の定序配列共重合体が合成できる．さらにリビングラジカル重合を応用して，高分子鎖の任意の場所に特定の官能基をもつ繰り返し単位を導入することも可能になっている．さらに複雑な繰り返し構造をもつ高分子の合成には，DNA複製メカニズムに学ぶテンプレート（鋳型）重合が用いられる．

4.2.3　分岐構造の制御

　高分子の特徴の1つとして，同じ繰り返し構造をもつ高分子であっても，つながり方が異なるだけで，違った性質を示すことがあげられる．分岐高分子は，直鎖状の高分子に比べて，溶液中での高分子鎖の広がりが小さく，粘性も低くなる．固体状態では，分岐構造が結晶化を阻害するために結晶性が低下する．一方で，高分子の分岐数が増えるに従って末端基数は増加するため，末端に官能基を導入

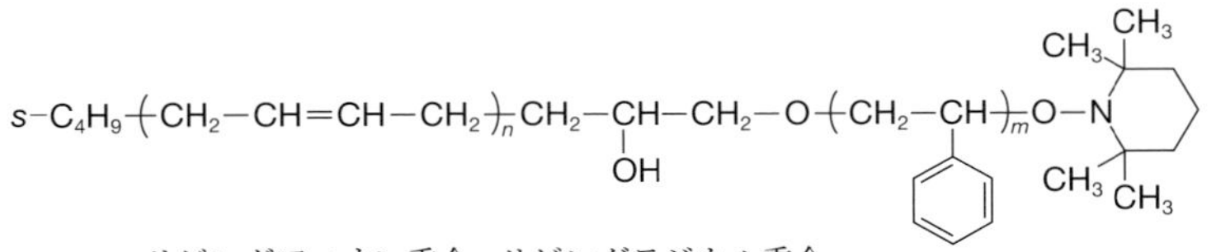

4.2 高分子構造の精密制御

リビングアニオン重合−リビングラジカル重合

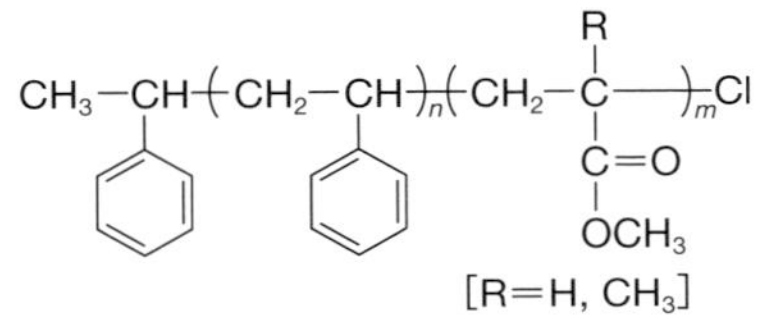

リビングカチオン重合−リビングラジカル重合

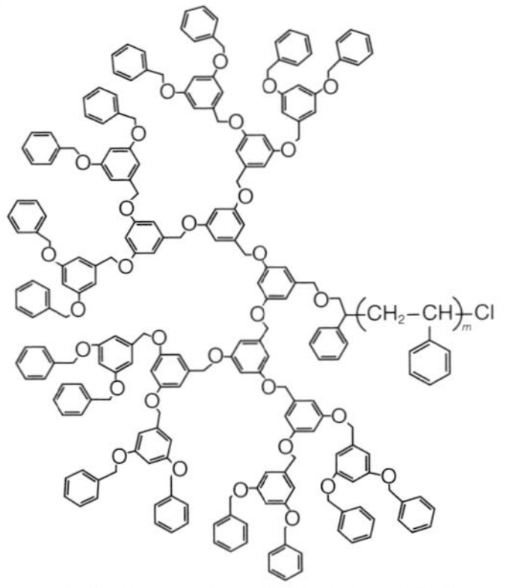

逐次合成−リビングラジカル重合

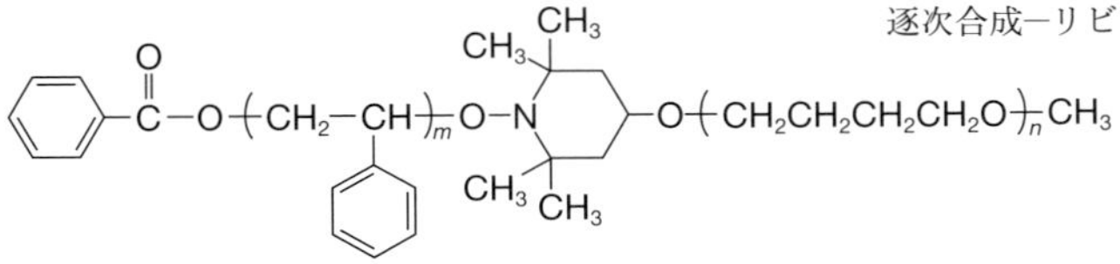

リビングラジカル重合−リビング開環重合

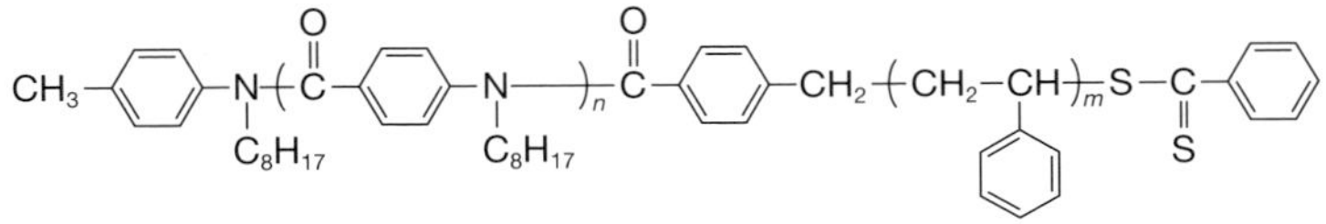

連鎖縮合重合−リビングラジカル重合

図4.4　さまざまな重合の組み合わせによるブロック共重合体の合成

した分岐高分子は機能性材料としての利用価値が高まる．また，異なる種類の高分子を枝にもつ高分子はグラフト共重合体と呼ばれ，ブロック共重合体と共通する特徴を示す．

　ポリエチレンは製造方法によって異なる分岐構造をもった高分子が生成し，異なる特徴を示す．3種類のポリエチレンの特徴を表4.2にまとめる．ラジカル重合によって合成される低密度ポリエチレン(LDPE)は，長鎖分岐や短鎖分岐を含み，結晶性が低い．配位重合によって合成される高密度ポリエチレン(HDPE)は，

表4.2　分岐構造の異なるポリエチレンの構造と物性

	高密度ポリエチレン（HDPE）	低密度ポリエチレン（LDPE）	直鎖状低密度ポリエチレン（LLDPE）
分岐構造			
密度 (g cm^{-3})	0.94	0.91	0.91〜0.93
結晶性	高い	低い	低い
硬度・機械的強度	高い	低い	低い
透明性	低い	高い	高い
用途	容器・レジ袋	フィルム・包装材	フィルム・包装材
重合方法	配位重合	ラジカル重合	配位重合
重合条件	常温	高温・高圧	常温

直鎖状である（分岐が少ない）ため高い結晶性を示す．エチレンとα-オレフィンの共重合（配位重合）によっても低密度のポリエチレンは合成され（直鎖状低密度ポリエチレン，linear LDPE：LLDPE），この場合には均一系メタロセン触媒が用いられる．

　分岐構造の違いによって性質が異なるのは，合成高分子だけではない．アミロースは，α-グルコースが$\alpha1\rightarrow4$結合した直鎖状の高分子であるのに対し，アミロペクチンは，同じα-グルコースが$\alpha1\rightarrow4$結合と$\alpha1\rightarrow6$結合によってつながり，グルコース残基20〜25個に1個の割合で分枝構造をもつ．アミロペクチンは，非晶で，粘りが強く，熱水にも溶けにくい．うるち米（私たちが普段食べる米）は，アミロースとアミロペクチンの混合物（アミロペクチンが約80％）であるが，もち米はアミロペクチンを100％含む．

　分岐高分子は，分岐の位置によって，星型高分子，くし型高分子，多分岐高分子に分類される（2.3節参照）．星型高分子は，分岐が1点に集中し，放射状に高分子鎖が外側に広がった構造をもつ．星型高分子の合成方法には，(a)多官能性開始剤を用いて重合する方法，(b)リビング重合の成長末端（リビングポリマー）を多官能性のカップリング剤と反応させる方法，(c)リビングポリマーとジビニルモノマーを反応させる方法，(d)マクロモノマーを単独重合して数量体程度の高分子を合成する方法などがある（図4.5）．最後の2つは，分岐点が厳密には1点ではないが，巨視的には星型高分子が生成する．マクロモノマーを単独重合して得られる高分子の重合度が大きくなると，高分子の形態は，星型から枝の密度が高いブラシ型高分子と呼ばれる高分子へと変化する．ブラシ型高分子は，枝に相当する高分子鎖が互いに反発して伸びきった特異な形態を示す．

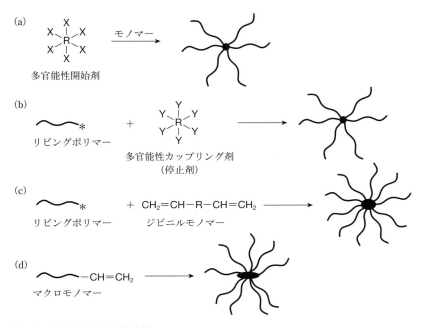

図4.5 星型高分子の合成方法
(a)多官能性開始剤を用いる方法，(b)リビングポリマーを多官能性カップリング剤と反応させる方法，(c)リビングポリマーをジビニルモノマーと反応させる方法，(d)マクロモノマーを単独重合する方法

多分岐高分子には，分岐点の数や位置が規則正しい**デンドリマー**と，分岐構造が不規則な**ハイパーブランチ高分子**がある．デンドリマーは，段階的な効率よい反応によって合成され，分岐の仕方が精密に制御されているため，単一の分子量をもつ．デンドリマーは，合成高分子でありながら，平均分子量の概念が必要ない稀な例である．

合成には，中心(コア)から外側に向かって分岐を増やしていくダイバージェント法と，外殻から内側に向けて段階的に反応してデンドロンを合成し，最後に複数のデンドロンをコアで結合してデンドリマーを得るコンバージェント法がある．ここで，反応の繰り返し(分岐の構造の繰り返し)の数を世代数と呼び，3〜5世代のデンドリマーがよく用いられる．ダイバージェント法は，2種類の反応の繰り返しでデンドリマーを合成でき，工業的なスケールで合成可能であるが，高世代のデンドリマーでは分岐の欠損が起こりやすい．コンバージェント法は途中段階での精製工程を含むが，欠陥のない単一分子量や非対称構造をもつデンド

リマー合成に適している．式(4.28)にダイバージェント法によるポリアミドアミンデンドリマーの合成例を，式(4.29)にコンバージェント法による芳香族ポリエーテルデンドリマーの合成例を示す．多くの場合，結合生成のための反応には縮合反応が用いられ，ポリエステル，ポリアミド，ポリエーテルのデンドリマーが合成されている．デンドリマーの機能化には，デンドリマーの表面修飾（末端基修飾）によるものと，デンドリマー内部空間への物質の取り込みによるものがあり，薬物・遺伝子キャリア，高活性触媒担体，発光素子，金属ナノ微粒子複合材料として利用されている．

第1世代デンドリマー

第3世代デンドリマー

(4.28)

デンドロン

第4章 高分子の分子構造制御

デンドリマー (4.29)

一方，ハイパーブランチ高分子は，1段階の重合で合成され，分子量や分岐構造に分布をもつ．1個の官能基Aと複数の官能基BをもつAB$_x$型モノマーの重縮合（式(4.30)）や，開始剤としての機能を兼ね備えたビニルモノマーの連鎖重合（多くはリビング重合を利用したもの）によって合成される．多分岐高分子には，線状高分子に比べて，溶液の粘性が低い，溶解性が高い，非晶である，末端官能基数が多いなどの特徴があり，ハイパーブランチ高分子は，デンドリマーと異なり明確な構造をもたないが，簡便に合成できるため，主に工業的な用途で利用されている．

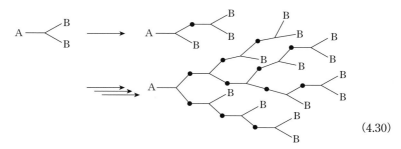

(4.30)

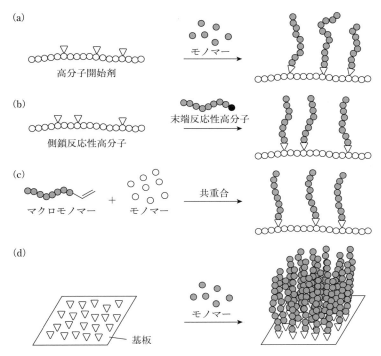

図4.6 グラフト共重合体の合成方法
(a) grafting from法, (b) grafting on法, (c) grafting through法, (d) 濃厚高分子ブラシの合成

　グラフト共重合体は分岐高分子の1つであり，幹と枝の部分が異なる高分子で構成される．グラフト共重合体の合成法として，高分子鎖に導入した重合開始点からモノマーを重合してグラフト鎖を形成する方法（grafting from法），グラフト鎖をあらかじめ合成してから高分子鎖に導入した反応性の官能基と結合する方法（grafting on法），マクロモノマーを他のモノマーと共重合する方法（grafting through法）がある（**図4.6**）．Grafting from法は，グラフト共重合体の工業的な合成法としても利用されている方法で，高分子への連鎖移動反応や放射線照射により高分子鎖上にラジカルを発生させ，グラフト鎖になるモノマーを重合する．ただし，この方法ではグラフト鎖の数や長さが不ぞろいになるなどの欠点がある．そこで，リビング重合法を用いるとグラフト鎖の長さを一定にすることができる．Grafting on法では，効率よい反応が求められ，リビング重合の成長末端が利用される．リビング重合の停止反応で高反応性の官能基を高分子の末端にあらかじめ

導入してから反応を行うこともある．3.5節で述べたクリック反応を利用すると，効率よくグラフト共重合体を合成できる．マクロモノマーを使用するgrafting through法を用いると，構造の制御されたグラフト共重合体を合成できる．特に，リビング重合で合成したマクロモノマーからは分子量分布が狭く，枝の長さのそろったグラフト共重合体が得られる．

高分子，無機，金属材料などの基板表面に，リビング重合の開始点となる官能基を多数導入し，リビング重合によってグラフト鎖を高密度で並べて成長させると，**濃厚高分子ブラシ**(polymer brush)と呼ばれる表面状態が得られ，基板の表面特性を改質することができる（**図4.6 (d)**）．表面グラフト重合は，材料の親水性や生体適合性を制御できるだけでなく，耐摩耗性などの特異な性質も示す．

末端基のない環状高分子も合成され，物性が研究されている（2.3節）．環状高分子を合成するには，高分子の両末端を結合する必要があり，分子間の反応を避けるために反応は低濃度で行われる．オリンピックのマークのように，直接結合していない複数の環状分子が空間的につながった分子はカテナンと呼ばれ，多くの環状分子が同様につながったものをポリカテナンと呼ぶ．複数の環状分子の中を直鎖状の高分子が貫通した分子は，ポリロタキサンと呼ばれる．ポリカテナンやポリロタキサンは，共有結合で固定されていない分子が，空間的に一定の距離以上離れられない形状をもち，通常の線状高分子，分岐高分子，架橋高分子と異なる物性を示す．架橋点が自由に動く環動ゲル（トポロジカルゲル）はポリロタキサンの例であり，自己修復材料としてさまざまな分野で利用されている．

4.2.4　立体規則性の制御

高分子の性質に大きな影響を与える因子として，繰り返し単位のつながりの立体規則性を忘れてはならない．**立体規則性高分子**(stereoregular polymer)はアタクチック高分子とまったく異なる性質を示す．立体規則性の高い高分子が生成する重合を**立体特異性重合**(stereospecific polymerization)と呼ぶ．三塩化チタンとジエチルアルミニウム塩化物（チーグラー・ナッタ触媒）によるプロピレンの配位重合が立体特異性重合の最初の例であり，これにより高分子の立体規則性の概念が確立された．チーグラー・ナッタ触媒の多くはイソタクチック特異的であり，式(3.34)に示した反応機構を用いて，次のように説明される．

まず，用いる触媒がC_2対称（180°回転すると元の構造と重なる）の構造をもつと，配位と挿入からなる成長反応の前後で触媒の結晶構造は変わらず，成長前と

4.2 高分子構造の精密制御

C_2対称の錯体によるイソタクチック高分子の生成

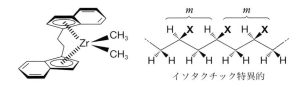

C_S対称の錯体によるシンジオタクチック高分子の生成

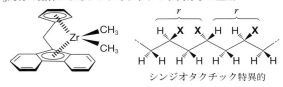

図4.7 メタロセン触媒の対称性（C_2対称，C_S対称）と立体特異性の関係

同じ立体構造で空のサイトをもつ触媒が再生される．この場合，モノマーの配位・挿入反応は，一定の形で進行するため，置換基は常に同じ方向をとり（主鎖の不斉炭素は常に同じ絶対配置をとりメソ体が生成），イソタクチック高分子が生成する（**図4.7**）．同様に，均一系メタロセン触媒を用いても，触媒分子がC_2対称の構造をもつとイソタクチック高分子が得られる．

一方，触媒がC_S対称（分子内に鏡面をもつ構造）の場合には，モノマーが配位する2箇所のサイトは互いに鏡像体（対掌体）の関係にあり，成長反応のたびに触媒の不斉構造が反転するので，高分子鎖の不斉炭素の絶対配置はRとSの繰り返しとなりラセモ体が生成し，シンジオタクチック高分子が生成する．チーグラー・ナッタ触媒の発見から半世紀近くを経た1986年に，スチレンのシンジオタクチック特異性重合に高活性な触媒が発見され，その後，シンジオタクチックポリスチレンは耐熱性や耐薬品性に優れたエンジニアリングプラスチックとして工業生産されている．

アニオン重合では，かさ高い開始剤を用いて副反応を抑制すると，リビング重合によって分子量や分子量分布を制御しつつ，さらに立体規則性も高度に制御できることが知られている．メタクリル酸メチルのアニオン重合開始剤として，臭化$tert$-ブチルマグネシウム／二臭化マグネシウムを用いるとイソタクチック特異性重合（式(4.31)），$tert$-ブチルリチウム／トリエチルアルミニウムを用いるとシンジオタクチック特異性重合（式(4.32)）となる．

$$CH_2=C(CH_3)(C(=O)OCH_3) \xrightarrow[\text{トルエン},-78℃]{t\text{-}C_4H_9MgBr/MgBr_2} CH_3-C(CH_3)_2-[CH_2-C(CH_3)(C(=O)OCH_3)]_n-H \quad (4.31)$$

イソタクチック PMMA

$$CH_2=C(CH_3)(C(=O)OCH_3) \xrightarrow[\text{トルエン},-78℃]{t\text{-}C_4H_9Li/(C_2H_5)_3Al} CH_3-C(CH_3)_2-[CH_2-C(CH_3)(C(=O)OCH_3)-CH_2-C(CH_3)(OCH_3C=O)]_n-H \quad (4.32)$$

シンジオタクチック PMMA

これら立体規則性高分子の構造は，NMR測定によって精密に調べることができる．イソタクチックとシンジオタクチックポリメタクリル酸メチルの^{1}H NMRスペクトルを図4.8に示す．アタクチックなポリメタクリル酸メチルは非晶(アモルファス)高分子であるが，立体規則性ポリメタクリル酸メチルは結晶性を示すことが知られている．また，ガラス転移温度T_g(6.1節参照)も立体規則性に依存し，イソタクチックとシンジオタクチックポリメタクリル酸メチルのT_gはそれぞれ50℃と123℃であり，アタクチックポリメタクリル酸メチルのT_gは，立体規則性(ラセモ含量)に応じてその中間の値を示す．

また，立体的にかさ高いメタクリル酸エステルをキラルな開始剤を用いてアニオン重合すると，イソタクチックで，左右どちらか一方巻きのらせん(helix)構造の高分子が合成できる．このらせん構造をもつ高分子は高速液体クロマトグラフィー用の光学分割カラムの充てん剤として利用されている(43頁コラム参照)．

ブタジエンやイソプレンのアニオン重合では，溶媒の極性によってジエンモノマー単位の繰り返し構造が大きく変化する．ジエチルエーテルやテトラヒドロフランなどの極性溶媒中でアルキルリチウムを開始剤として用いてブタジエンを重合すると，1,2-結合が70〜80％を占め，残りはほぼ$trans$-1,4-結合である．イソプレンでも同様の結果となる．天然ゴムはcis-1,4-ポリイソプレンであり，ジエン高分子を架橋してエラストマー(ゴム弾性体)として利用するには，cis-1,4-結合のジエン高分子を合成する必要がある．ヘキサンなどの脂肪族炭化水素中で重合を行うと，1,4-結合は90〜95％に達するが，cisと$trans$の比はほぼ1:1であり，立体選択性に乏しい．チーグラー・ナッタ触媒を用いる配位重合はビニルモノマーの立体特異性重合だけでなく，ジエンモノマーの成長反応の制御(1,2-, cis-1,4-,

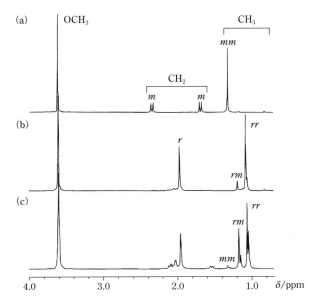

図 4.8　立体規則性高分子の ^{1}H NMR スペクトル
(a) イソタクチックポリメタクリル酸メチル，(b) シンジオタクチックポリメタクリル酸メチル，(c) アタクチックポリメタクリル酸メチル（ラジカル重合）
[高分子学会 編，入門 高分子測定法，共立出版(1990)，図4.9より一部改変]

trans-1,4-構造の選択性）にも有効に作用するが，天然ゴムに見られるよう完全な cis-1,4-制御には及ばない．生体はきわめて高度に構造制御した高分子を作ることが知られているが，この例もその1つである．

　ラジカル重合で立体規則性を制御することは，配位重合やアニオン重合に比べてはるかに難しいが，立体特異性ラジカル重合に対する期待は大きく，多くの試みが行われてきた．アニオン重合の場合と同様に，立体的にかさ高いメタクリル酸エステルはラジカル重合でもイソタクチックな高分子を生成することが見いだされている．また，キラル補助基の導入によるイソタクチックな高分子の合成も試みられている．これら特殊なモノマーを用いて立体制御を実現する方法だけでなく，一般的なモノマーの重合で溶媒を工夫したり，添加物を加えて立体制御を試みる研究が行われている．例えば，メタクリル酸メチルや酢酸ビニルなどの極性モノマーと水素結合しやすいパーフルオロ tert-ブタノールなどのフッ素アルコールを用いると，モノマーのカルボニル基とアルコールのヒドロキシ基が1:1

で相互作用し,立体反発の影響でシンジオタクチック高分子が生成する.2座配位をとりやすいルイス酸を用いると,成長末端と前末端基の2つのカルボニル基とルイス酸が相互作用し,成長ラジカルのコンホメーションがフリーの状態と違った形のものになり,イソタクチック付加が優先する.この効果は,メタクリル酸メチルへの臭化マグネシウムの添加で初めて見つかり,その後,トリフルオロメタンスルホン酸の希土類塩が効果的であることがわかり,アクリルアミドのイソタクチック特異性ラジカル重合が可能になっている.

尿素やステロイドの結晶(ホスト)がモノマーをゲストとして取り込んでつくる包接化合物中で進行する重合を包接重合(inclusion polymerization)といい,ホストがつくる包接空間を設計し,その大きさに適したモノマーを選択すると,ブタジエンなどのジエンモノマーから $trans$-1,4-結合をもつ立体規則性高分子が生成する.モノマーの結晶に紫外線やγ線を照射して,結晶が壊れないように固相状態で重合すると,立体規則性高分子が得られる.固相重合のうち,結晶構造が変化せず保たれたまま高分子が生成するものを**トポケミカル重合**(topochemical polymerization)と呼び,モノマー単結晶の重合によって高分子単結晶が得られる(59頁コラム参照).また,水素結合やCH-π相互作用などを利用して結晶中の分子の充てん構造を制御して,イソタクチック高分子とシンジオタクチック高分子が合成できる.トポケミカル重合は,ジエン,ジアセチレン,キノジメタンなどのモノマーにのみ適用が可能で,ビニルモノマーではいまだに実現されていない.

❖演習問題

4.1 リビング重合の発見から現在までの発展の歴史をまとめなさい．

4.2 リビングアニオン重合，リビングカチオン重合，リビングラジカル重合について，リビング重合の障害となる各反応の特性とリビング化の方法をそれぞれ説明しなさい．

4.3 スチレン，p-メトキシスチレン，p-シアノスチレンのABC型トリブロック共重合体をリビングアニオン重合で合成する場合の手順について，理由とともに説明しなさい．

4.4 ビニルモノマーのテンプレート(鋳型)重合の研究例を調べて，内容をまとめなさい．

4.5 分岐高分子を構造によって分類し，それぞれ代表的な合成法を示しなさい．

4.6 *tert*-ブチルリチウムとかさ高い置換基を含むアルミニウム化合物(メチルアルミニウムビス(2,6-ジ-*tert*-ブチルフェノキシド)，$CH_3Al(ODBP)_2$)を組み合わせたアニオン重合によってヘテロタクチックポリメタクリル酸メチルが合成できることが知られている．ヘテロタクチック高分子が生成するための成長反応機構を調べなさい．

4.7 図4.8に示したポリメタクリル酸メチルの^1H NMRスペクトルを立体規則性と関連づけて説明しなさい．

4.8 ラジカル重合と配位重合によって得られるポリエチレンの構造や性質の違いを説明しなさい．

第5章　高分子の高次構造

5.1　溶液，融体，非晶の構造

5.1.1　理想鎖

　前章までで合成された1本の高分子の鎖は溶液(solution)の中で，融体(melt)状態において，さらにまた非晶(amorphous)状態においてどのようなかたちで存在しているのだろうか．結論から言えば上記いずれの状態においても，**図5.1**に示す糸まり(ランダムコイル，random coil)のような形をしており，刻々と分子運動によって形を変えている．

　こうした高分子の糸まりの大きさを示す指標にはいくつかある．1つは，分子鎖の末端間距離(end-to-end distance)である．高分子(ここではビニル高分子を考える)を玉が互いに結ばれた「首飾り」のようにモデル化し，末端の炭素(C_1)から2番目の炭素(C_2)までのベクトルを$\mathbf{b}_1$，C_2と3番目の炭素(C_3)のベクトルを$\mathbf{b}_2$，…とする．C_1から反対側の末端の炭素(C_{n+1})へのベクトル$\mathbf{r}$はこれらのベクトルを順に足していった

$$\mathbf{r} = \mathbf{b}_1 + \mathbf{b}_2 + \cdots\cdots + \mathbf{b}_{n-1} + \mathbf{b}_n \tag{5.1}$$

と表される．ベクトル量の状態では比較しづらいため，分子鎖末端の距離の二乗

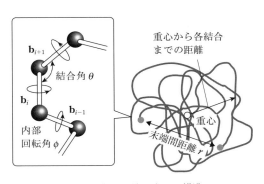

図5.1　高分子鎖の糸まり構造

平均 $\langle r^2 \rangle$ を考えると，

$$\langle r^2 \rangle = \langle \mathbf{r} \cdot \mathbf{r} \rangle = (\langle b_1^2 \rangle + \langle b_2^2 \rangle + \cdots + \langle b_n^2 \rangle) + 2(\langle \mathbf{b}_1 \cdot \mathbf{b}_2 \rangle + \langle \mathbf{b}_2 \cdot \mathbf{b}_3 \rangle + \cdots + \langle \mathbf{b}_{n-1} \cdot \mathbf{b}_n \rangle)$$
$$= \sum_{i=1}^{n} \langle b_i^2 \rangle + 2 \sum_{i<j} \sum \langle \mathbf{b}_i \cdot \mathbf{b}_j \rangle \tag{5.2}$$

となる．ここで，個々の結合ベクトル $\mathbf{b}_i$ は，sp^3 混成軌道の炭素－炭素間の結合距離 (1.54 Å) で長さを一定に保ったまま独立してふるまうと仮定する．またベクトル $\mathbf{b}_i$ と $\mathbf{b}_{i+1}$ のなす角度 θ_i は任意であり，θ_i の平均値は $0°$ から $180°$ までの平均値として $90°$ になるとする．この場合 $\langle \cos\theta_i \rangle = 0$ であるから，上式右辺の第 2 項のベクトルの内積はすべて 0 になり，

$$\langle r^2 \rangle = nb^2 \tag{5.3}$$

が得られる．上述のような仮想的な鎖を**自由連結鎖** (freely jointed chain) という．分子鎖の末端間距離の二乗平均 $\langle r^2 \rangle$ はまた，統計力学的に「酔歩の理論」の問題としても解くことができる．つまり，酔っ払いが千鳥足で n 歩進んだとき，統計的にはスタート地点から $\sqrt{n} \times$ 歩幅 b の位置にいるという結果が導かれる．ただし，高分子鎖において，θ は現実には任意ではなく，$\theta_i = \angle CCC$（結合角）$= 109.5°$ という制限条件を加えると，

$$\langle r^2 \rangle = nb^2 \frac{1 - \cos\theta}{1 + \cos\theta} = 2nb^2 \tag{5.4}$$

となる ($\cos(109.5°) = -1/3$)．このように考えた鎖は**自由回転鎖** (free rotating chain) と呼ばれる．

一方，高分子鎖は単結合まわりにぐるぐると制限なく回転できるのではなく，立体障害の影響を受けるため，図2.6(a)に示したように内部回転のポテンシャルエネルギーはトランス位置およびゴーシュ位置で極小になる．そこでこの影響を考慮して，内部回転角の余弦平均 $\langle \cos\phi \rangle$ を用いると次式が得られる．

$$\langle r^2 \rangle = nb^2 \frac{1 - \cos\theta}{1 + \cos\theta} \cdot \frac{1 + \langle \cos\phi \rangle}{1 - \langle \cos\phi \rangle} \tag{5.5}$$

このように考えた仮想的な鎖は回転異性体近似モデル (rotational isomeric state model) と呼ばれる．これらの鎖では結合角や内部回転角の影響を考慮に入れてはいるが，それでもあくまでモデル系であり，**理想鎖** (ideal chain) もしくは **Gauss鎖**（統計鎖）と呼ばれる．

高分子の糸まりの大きさを表す指標としては，末端間距離以外に，**慣性半径**(radius of gyration) R_g がある．慣性半径は糸まりの重心から任意の結合までの距離の二乗平均を意味しており，

$$R_g^2 = \frac{1}{6}nb^2 \tag{5.6}$$

となる．R_g は 2.4 節で述べた光散乱測定から実験的に求めることができる．

ここで，重合度 5000，つまり $n=10000$ の高分子について，便宜上，r として C-C 結合長 1.54 Å を用いて二乗平均末端間距離の平方根 $\langle r^2 \rangle^{1/2}$ を求めてみると，自由連結鎖では 154 Å，自由回転鎖では 218 Å となる．また，慣性半径は 63 Å となる．5.3.1 節で述べるように，この高分子を引き伸ばしたときの末端間距離は 12600 Å であり，これに比べると糸まりはずいぶんと縮まった形態をとっていることが想像できる．

5.1.2 実在鎖

高校の化学で習う理想気体の状態方程式 ($PV=nRT$) は，系を単純化するために，分子自身の大きさや分子間の相互作用を無視している．実際の気体に当てはめる上では，これらの影響を考慮した補正項を導入する必要がある．代表的な例としてファンデルワールスの状態方程式があげられる．それと同様に，前節では理想鎖について見てきたが，ここでは実在鎖 (real chain) のふるまいを見ていく．この際，分子間の相互作用の影響が少ない気体状態で議論できればよいのだが，なにぶん高分子は分子量が大きく蒸気圧が極端に低いため，気化できない．したがって，やむなく**図 5.2** (a) に示したような希薄溶液を舞台とする．

上述の酔歩の理論では一度歩んだ地点をもう一度踏むことを許している．しかしながら高分子の場合，原子が数珠つなぎになっているため，一度原子が置かれた地点にはすでに原子が存在していることから，再度同じ地点に原子を置くことができない．したがって，それを避ける必要があるため，必然的に理想鎖に比較して，実在鎖では糸まりがかさばって大きくなる．この効果を**排除体積効果** (excluded volume effect) と呼び，このような分子鎖は**自己回避鎖** (self avoiding walk chain) と名づけられている．自己回避鎖では慣性半径は次式で表される．

$$R_g^2 \propto n^{1.2} \tag{5.7}$$

分子間の相互作用が無視できる気体とは異なり，高分子溶液中では高分子濃度

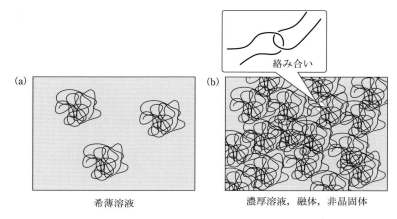

図5.2 高分子の(a)希薄溶液，(b)濃厚溶液，融体，非晶固体の構造

が薄くとも，高分子は分子量が大きいため，高分子－高分子間の相互作用は無視できない．そのため，高分子溶液の浸透圧 π は次式で表される．

$$\frac{\pi}{c} = RT\left(\frac{1}{M_\mathrm{n}} + A_2 c + A_3 c^2 + \cdots\right) \tag{5.8}$$

ただし，c は高分子濃度，M_n は高分子の数平均分子量であり，A_2 を第 2 ビリアル係数(second virial coefficient)，A_3 を第 3 ビリアル係数(third virial coefficient)…という．右辺第 1 項まではファントホッフの式を表しており，高分子－高分子の相互作用の影響が A_2 項以下に含まれている．溶媒によっては，見かけ上，相互作用や排除体積効果が無視できることがある．このとき，$A_2 = 0$ で，c^2 以上の高次項が無視できる．この場合は，理想鎖に相当するふるまいをし，この状態が生じる温度や溶媒を**シータ温度**(θ 温度，theta-temperature)，**シータ溶媒**(θ 溶媒，theta-solvent)という．それに対して，$A_2 \gg 0$ の場合，高分子－高分子間の反発が大きく，糸まりは膨れる．このような溶媒を**良溶媒**(good solvent)という．逆に，高分子－高分子間の引力が強い場合には糸まりは縮み，**貧溶媒**(poor solvent)と呼ばれる．

図5.2(b)で示したように，高分子濃度を上昇させると糸まりどうしが重なり，隣り合う分子鎖が互いに絡み合い(entanglement)を形成すると，解きほぐすことが困難になり，粘度が急激に上昇する．高分子の溶液がネバネバなのはこの現象に基づく．さらに溶媒を除き，融体になると，溶融粘度(melt viscosity)η と分子量の間には次の関係があることが知られている．

$$\eta \propto M^{3.5} \tag{5.9}$$

この式は分子量が10倍になると溶融粘度が3000倍以上に増加することを意味している．次章で述べる固体物性だけを考えると，分子量の大きい高分子を用いることが望ましいケースが多い．ところが過度に分子量の大きい高分子では溶融粘度が一気に高くなり，成形加工が困難になることに注意が必要である．

5.1.3　高分子溶液，高分子ブレンド，高分子ゲル

A.　高分子溶液

溶質を溶媒に溶解させて，分子レベルで混合すると溶液が作製できる．高分子を溶媒に溶解させる際，経験的に「似たものどうしは溶ける(like dissolves like)」ことが知られている．その指標として，**溶解度パラメータ**(solubility parameter) δ が知られており，(分子間凝集エネルギー[J mol^{-1}]/モル体積[m^3 mol^{-1}])$^{1/2}$＝(J m^{-3})$^{1/2}$＝(N m^{-2})$^{1/2}$＝Pa$^{1/2}$で表される．例えばポリスチレンのδは17.52 MPa$^{1/2}$であり，δの近いトルエン(δ＝18.2 MPa$^{1/2}$)によく溶ける．また，ナイロン6はギ酸に溶解するが，各々のδは21.5，25 MPa$^{1/2}$であり，近い値である．多くの物質についてδ値が求められており，新規物質についても簡単な計算で求めることができるため，その物質がどの溶媒に溶解するかの目安として便利である．

さて，溶解のためには溶質分子の間に溶媒分子が入っていく必要がある．ギブズの自由エネルギー(free energy)は$G=H-TS$で表され，Gが減少するときに初めて溶解が生じる．これは砂糖を水に溶かして砂糖水を作る場合も，高分子を溶媒に溶かす場合も，さらに高分子と高分子を混合させる場合も基本的には同じである．まず，Tは絶対温度で必ず正である．エントロピーSに着目すると，溶質と溶媒の分子が混ざり合うことで系のSが増大するのであれば溶解は促進される．しかしながら，低分子と高分子とでは溶解にともなうSの増加に大きな差がある．P. J. FloryとM. L. Hugginsは同じ時期(1942年)に，格子を使ったモデルを考案することで，高分子の溶解を熱力学的に次のように説明した(フローリー・ハギンスの格子モデル；Flory-Huggins lattice model)．

図5.3に，低分子と低分子，高分子と低分子の混合前後の状態について白玉○と黒玉●を用いて模式的に示す．白玉，黒玉がいずれも低分子の場合，○と●が互いに混ざり合うことでS(乱雑さ)が増大する．この際，○と●の配置の自由度はきわめて高い．それに対して，黒玉が高分子を構成する繰り返し単位(厳密に

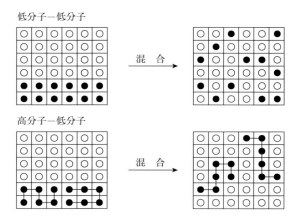

図5.3 低分子と低分子，高分子と低分子の混合前後の状態について白玉○と黒玉●を用いて表したフローリー・ハギンスの格子モデル

は溶媒と同じサイズのセグメント）の場合，黒玉どうしが共有結合で結ばれているため，つながっている黒玉は互いに隣接する格子に入る必要がある．そのため，配置の数は極端に少なくなり，混合後もSの増大が抑制されることがわかる．したがって，高分子の溶解に際しては，Gの減少のうちSの増大には期待できないため，Hの減少，すなわち熱力学的には溶質分子の隣に溶質分子が存在するよりも，溶媒分子が存在したほうがエンタルピーHが小さいことが求められる．言い換えれば，相互作用として溶質－溶媒間＞溶質－溶質間であることが溶解には必要である．

溶解にともなう自由エネルギー変化は次式で表される．

$$\Delta G = k_B T (N_s \ln \phi_s + N_p \ln \phi_p + \chi N_s \phi_p) \tag{5.10}$$

ここで，k_Bはボルツマン定数，N_s, N_pはそれぞれ溶媒，高分子の分子数，ϕ_s, ϕ_pは溶媒，高分子の体積分率である．第1項と第2項はΔSの項，第3項はΔHの項である．χは**フローリー・ハギンスの相互作用パラメータ**（interaction parameter）あるいは**χパラメータ**と呼ばれる．$\chi > 0$とは，溶媒は溶媒と，高分子は高分子と接触して存在するほうが安定なことを表し，溶解は生じないことを意味する．

B. 高分子ブレンド

2種類以上の高分子を混ぜ合わせることを**ブレンド**（blend）という．新たな高分子を開発し，製品にまで仕上げるためには多大な労力と時間が必要となる．そ

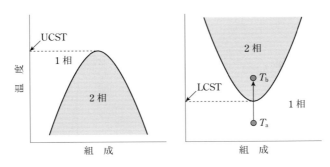

図5.4 高分子／溶媒あるいは高分子／高分子系の相図

の点,高分子どうしをブレンドするだけで,単一組成の高分子では不可能な物性を発現できることから,工業的に広く用いられている.高分子－高分子のブレンドでは低分子－低分子系,低分子－高分子系に比較して,上の議論におけるS増大の効果がよりいっそう得られにくいため,通常の高分子の組み合わせでは一般的には互いに混ざり合わず,相分離(phase separation)が生じる.

ただし,χ値に温度依存性が存在する場合,室温で相分離している組み合わせでも,温度の上昇にともなってχが減少して負になると高温で相溶することもある.この温度のことを**上限臨界共溶温度**(upper critical solution temperature, UCST)という.一方,例外的に室温で混ざり合う系(相溶系,miscible system)でも,温度の上昇にともなってχが増加して正になると相分離してしまう.この際には**下限臨界共溶温度**(lower critical solution temperature, LCST)が現れる.これらの相図を**図5.4**に示した.LCST型の相図において,温度を$T_a \to T_b$に変化させると,相溶状態から相分離状態へと移行する.ただし,融体は粘度が高いため,構造形成に時間がかかり,直ちに熱力学的に安定な相分離構造へと移行することができない.そのため,適当な時間が経ったところで急冷すると,準安定な構造を固定化することができる.こうした構造は分離膜や耐衝撃材料に利用されている.なお,χは熱力学的に明確なパラメータであるが,実測には困難をともなう.そのため,UCSTやLCSTの実測から逆にχパラメータが評価されている.

なお,ブロック共集合体では構成成分どうしが互いに混合しない場合でも,両成分が共有結合で連結されているため,**ミクロ相分離**(microphase separation)と呼ばれる鎖長程度の大きさからなる特徴的な周期構造が生じる(図2.5参照).

図5.5には,さまざまなミクロ相分離構造の例を示した.ABブロック高分子のA鎖(実線)とB鎖(破線)が界面を横切って存在している.温度や分子量,組成

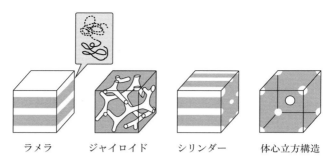

図5.5 さまざまなミクロ相分離構造

比によって相分離構造が変化するため,これらを制御することで望みの物性を発現させることができる.

C. 高分子ゲル

　三次元の網目状に架橋された高分子が溶剤を吸収して膨潤(swelling)するとゲル(gel)が生成する.水を溶剤とする場合にはヒドロゲル(hydrogel)といい,ゲル電気泳動ではポリアクリルアミドのヒドロゲルが用いられている.架橋点は必ずしも共有結合(化学結合)でなく,水素結合,イオン結合,配位結合などの物理結合や分子鎖の絡み合い点,微結晶の場合もある.ゲルの膨潤の目安として膨潤度 Q があり,膨潤状態,乾燥状態のゲルの体積 V,V_0 を用いて $Q=V/V_0$ と定義される.平衡状態での Q は,溶剤がゲル内に浸透しようとする力と,体積膨張を抑えようとする網目の弾性のバランスによって決定される.例えば,アクリル酸,アクリル酸ナトリウム,ジビニルモノマーを共重合すると,ジビニル部を架橋点とする三次元網目状高分子が得られる.これを水に浸すと,本質的には水溶性高分子であるため,分子鎖は水に溶解しようとする.そのうえ,ゲル中のナトリウム濃度を下げようとする浸透圧も働き,ますます水が浸透してくる.しかしながら架橋されているため水に溶けることはなく,その一方で,膨潤が進むと架橋点間の分子鎖が引き伸ばされてエントロピー弾性(6.5節参照)が生じ,膨潤に抵抗する.その結果,温度,架橋点間分子量,イオン強度,pHなどに依存して,自重の10～1000倍もの水を含むヒドロゲルが得られる.多量の水分を吸収できることから,オムツ・生理用品などの日用品から砂漠の緑化対策まで幅広く用いられている.こんにゃく,ゼリー,寒天などは食用のヒドロゲルであり,さらに最近では新たな機能材料として,センサ,アクチュエータなどへの展開が図られている.一方,油吸収ゲルは化粧品,油処理などに利用されている.

5.2 高分子の固体構造

5.2.1 結晶性高分子と非晶高分子

溶液から溶媒を蒸発させたり，融体を**融点**(melting point) T_m 以下に冷却すると高分子は固体状態になる．このとき，高分子鎖が互いに寄り添うように平行に配列し，原子配列に三次元的な規則性が生まれると，**結晶**(crystal)が形成される．後述するように，条件によって単結晶や球晶が生成する．規則性が上昇することはエントロピー的には損失であるが，それを補って余りあるほどエンタルピー的に得をすることで，トータルとして自由エネルギーが減少する場合には結晶化(crystallization)が起こる．このような高分子を**結晶性高分子**(crystalline polymer)と呼ぶ．ここで結晶高分子ではなく，結晶「性」高分子と呼ぶのは，後述するように，高分子は100%の結晶にならないからである．一方，自由エネルギーが減少しない高分子では結晶が生成されることがなく，固体状態でも前節でとりあげた糸まり構造が保持される．このような高分子は**非晶高分子**(amorphous polymer)と呼ばれる．

表5.1には，代表的な結晶性高分子と非晶高分子をあげた．ポリプロピレン(PP)は側鎖のメチル基の配列が立体的に規則正しい場合には結晶化する(2.1.2節参照)．その他にも立体規則性高分子は結晶性を示す場合が多い．アタクチックポリプロピレン(at.PP)では側鎖のメチル基の配列がランダムなため，立体的に主鎖が互いに寄り添うことができず非晶となる．アタクチックポリプロピレンは力学的・熱的特性が悪く，用途のない高分子であったが，チーグラー・ナッタ触媒

表5.1 代表的な結晶性高分子と非晶高分子

結晶性高分子	ポリ(α-オレフィン)：ポリエチレン(PE)，イソタクチックポリプロピレン(it.PP)，シンジオタクチックポリプロピレン(st.PP) ポリエステル：ポリエチレンテレフタレート(PET)，ポリ(L-乳酸)(PLLA) ポリアミド：ナイロン6，ナイロン6,6，ナイロン6,10，ナイロン12 ポリエーテル：ポリオキシメチレン(POM)，ポリエチレンオキシド(PEO) その他：ポリビニルアルコール(PVA)，ポリカーボネート(PC)，ポリイミド(PI) イソタクチックポリスチレン(it.PS)，シンジオタクチックポリスチレン(st.PS) セルロース，絹フィブロイン，コラーゲン，天然ゴム
非晶高分子	アクリル樹脂：アタクチックポリメタクリル酸メチル(at.PMMA) エンジニアリングプラスチック：ポリスルホン，ポリエーテルスルホン 熱硬化性樹脂：エポキシ樹脂，フェノール樹脂，不飽和ポリエステル その他：アタクチックポリスチレン(at.PS)，アタクチックポリプロピレン(at.PP)

の出現で側鎖のメチル基の配列がそろったイソタクチックポリプロピレン(*it.*PP)が合成されたことで力学的・熱的な特性が向上し，現在では世界の生産量が第2位の高分子となった(第1位はポリエチレン)．ただし，ポリビニルアルコール(PVA)は側鎖(ヒドロキシ基)のかさ高さが比較的小さいため立体障害が少なく，アタクチック鎖でも結晶化する．なお，ポリカーボネート(PC)は多くの場合，非晶状態で透明樹脂として利用されるが，本質的には結晶性高分子である．

5.2.2 高分子固体構造の古典的モデル

図5.6には，高分子固体の高次構造のモデルの1つである総状ミセル(fringed micelle)モデルを示した．1つ1つの結晶(微結晶(crystallite)という)がミセルと同程度の数十～数百Åの大きさをもち，微結晶が連なっていることから，総状ミセルと命名された．1本の分子鎖が複数の微結晶を貫通しており，微結晶中では原子が三次元で整然と配列しているが，それ以外の部分では乱れている．図に示すように，高分子が結晶化していく際に，必ずしも分子末端から順に結晶化するわけではないので，結晶の中に取り込まれなかった部分が存在する．その部分の分子鎖が互いにまたそろうことができれば結晶となっていくが，微結晶と微結晶の間に取り残された分子鎖は長さも不ぞろいで，互いに寄り添って結晶化するこ

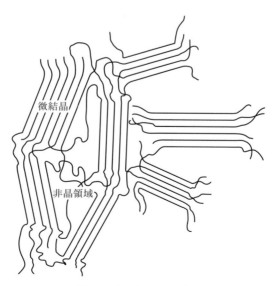

図5.6　総状ミセルモデル

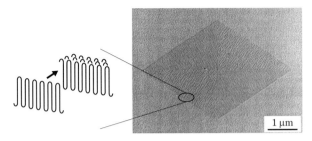

図5.7　ポリエチレンの単結晶
　　　［J. C. Wittmann and B. Lotz, *J. Polym. Sci., Polym. Phys. Ed.*, **23**, 205（1985）］

とができずに最後まで取り残されることになる．この部分を非晶領域という．したがって，高分子は完全に（100%）結晶化することはない．

5.2.3　高分子単結晶

　線状ポリエチレンのキシレン希薄溶液（0.01 wt%）を高温（130℃）で作製した後，80℃で放置すると溶液がうっすらと濁ってくる．これをスポイトで一滴スライドガラスに落として乾燥させたものは**図**5.7のような電子顕微鏡像を示す．これがポリエチレンの**単結晶**（single crystal）であり，A. Kellerによって1957年に発見された．電子線回折測定から，ポリエチレンの菱形をした単結晶中で，分子鎖は厚み方向に平行にそろって配列しており，厚みは100 Åであると示された．観察に用いたポリエチレンの重合度と分子鎖全体の長さ（>5 μm）を比較すれば，単結晶中で分子鎖が折りたたまれているという結論が導かれる．単結晶の平行に配列した部分が結晶であり，**折りたたみ**（folding）部分は結晶ではない．5.5節で述べるように高分子の高次構造形成において分子鎖の折りたたみは重要な要素である．

　さて，高分子はなぜ折りたたまれるのだろうか．定性的には2つの理由で説明できる．まず，溶液の中に単結晶が生じると，それと同時に溶液と結晶の間に界面が生じる．次章で述べるように，表面や界面の存在により自由エネルギーは増加し，系は不安定になる．この際，図5.6のように結晶化すると溶液/結晶の界面積が分子鎖長にほぼ比例して急速に増加する．それに対して，図5.7のように分子鎖が折りたたまれて，結晶端面への付着を繰り返しながら結晶化が進行すると，分子鎖長に関係なく，折りたたみ構造の厚みに対応して界面が増加するに留まる，つまり自由エネルギーの増加が抑制されることになる．もう1つの理由は，

● コラム　高分子鎖の折りたたみ——Regular fold or Switchboard?

図5.7では，単結晶の表面で分子鎖が整然と折りたたまれる様子が模式的に示されており，regular foldモデルといわれる．このモデルに対して，ラメラ表面での折りたたみはもっと乱れているという説が唱えられた．例えばE. W. Fischerは，図(a)に示した溶融状態の糸まりが，絡み合いが解きほぐれる間もなく，比較的平行な部分どうしが寄り集まって図(b)のように結晶化することを提唱し，この場合，ラメラ表面で分子鎖は整然と折りたたまれているとは言い難くなる．このようなモデルはswitchboard (solidification)モデルと呼ばれている．昔々，電話の数が少なかった頃，中継点で電話どうしを有線でつないだ交換台(＝switchboard)に似ていることから命名された．もしもregular foldが生じると，結晶化にともない分子鎖がコンパクトに再配列されるため，慣性半径R_gは大きく減少するはずである．ところが，中性子散乱の結果，結晶化前後でR_gは変化せず，switchboardモデルが支持された．一方，いったんでき上がったポリエチレン単結晶を高温で熱処理すると，厚化が起こるとともに，単結晶の外形を保ったまま虫食いのような部分が観察された．これは図(c)に示したように，分子鎖がスルスルと移動して厚みに消費されると，全体の分子鎖数が決まっているため，分子鎖のなくなったところが虫食いとして残ることに基づいている．この際，switchboardのように分子鎖の絡み合いが保存されていると，「スルスルと移動」とは問屋が卸さないため，分子鎖が秩序立って折りたたまれているregular foldを支持する結果となる．いずれの実験事実も説得力がありながら批判も多く，この論争に完全に決着がついたわけではないが，おそらく試料作製条件に依存していずれかが優勢になるものと思われる．

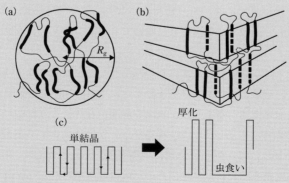

図　Switchboardモデル
[E. W. Fischer, *Pure Appl. Chem.*, **50**, 1319 (1978)]

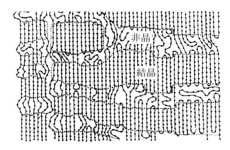

図5.8 分子鎖の折りたたみを考慮した高分子の高次構造モデル（Hosemannモデル）
[B. Bonart and R. Hosemann, *Kolloid-Z.*, **186**, 16（1962）を改変]

図5.1の糸まりの状態から，総状ミセルの状態に移行するためには分子鎖をいったん解きほぐして，再配列させなければならない点にある．つまり，絡み合った長い分子鎖を解きほぐすのは容易なことではなく，たとえ解きほぐすことができたとしても長時間を要し，すべてを解きほぐす前に結晶化が起こってしまうため，折りたたみが残ることになる．このような理由で，折りたたみが発見されて以降，図5.6で示した総状ミセルモデルに代わって，合成高分子に対する高分子の高次構造として，折りたたみ構造をもつモデルが考えられた．分子鎖の折りたたみを導入した典型的なモデルとしてR. Hosemannによって提唱されたモデルを**図5.8**に示した．なお，天然セルロースの分子鎖は植物によって産生されるとすぐに結晶化するため，折りたたまれることなく，総状ミセル構造を形成するとされている．

5.3 高分子の結晶構造

5.3.1 ポリエチレン

結晶性高分子として代表的なポリエチレンの結晶構造をまずとりあげる．図2.6に示したように，ポリエチレンの繰り返し単位の4個の炭素原子はトランス（T）に位置することがポテンシャルエネルギーとして最も安定である．したがって，基本的に主鎖はトランスの連鎖が続く**平面ジグザグ構造**（planar zigzag structure）をとる．これが結晶中のポリエチレンの分子鎖の骨格形態（skeletal conformation）である．ここで，C–C結合長（$=1.54$ Å），$\angle$CCC（$=110.7°$）から，繰り返し単位–CH$_2$–CH$_2$–の長さは2.53 Å（$=1.54\times\sin(110.7°/2)\times 2$）となる．

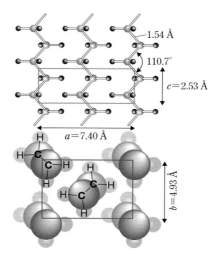

図5.9 ポリエチレンの結晶構造と分子鎖のパッキング

　ポリエチレン分子鎖は**図5.9**に示したようにパッキングされて結晶を形成する．図には黒線で単位胞(unit cell)を示した．単位胞とは繰り返し構造の最小単位であり，3本の軸(a, b, c)とそれらの軸のなす角度(α, β, γ)で定義される平行六面体を指す．$a=b=c, \alpha=\beta=\gamma=90°$の場合は立方晶，$a\neq b\neq c, \alpha=\beta=\gamma=90°$の場合は直方晶(ortholombic)，$a\neq b\neq c$，角度のうちの1つが90°でない場合は単斜晶(monoclinic)，$a\neq b\neq c, \alpha\neq\beta\neq\gamma\neq90°$の場合は三斜晶(triclinic)と呼ばれる．高分子の場合には分子鎖の方向(**繊維軸**(fiber axis)と呼ばれる)をc軸とする約束事がある．ポリエチレンの単位胞は直方晶に属する．図5.9にはc軸に垂直なab面内での原子の配置を示した．原子はファンデルワールス半径をもつ球として表している．これを見ると，4隅のポリエチレン分子鎖と中央のポリエチレン分子鎖は互いの凹凸を組み合わせるように単位胞中に密にパッキングされていることがわかる．

　結晶の構造を調べるには**X線回折**(X-ray diffraction)が用いられる．**図5.10**には，X線回折の原理を示した．高分子にX線を照射すると，ちょうど池に石を投げ入れたときのように，原子(厳密には核外電子)からX線が四方八方に散乱される．この際，各原子から散乱されたX線の波紋は互いに干渉し，特定の方向で強められることになる．この方向は次の**ブラッグの条件**(Bragg's condition)により与えられる．

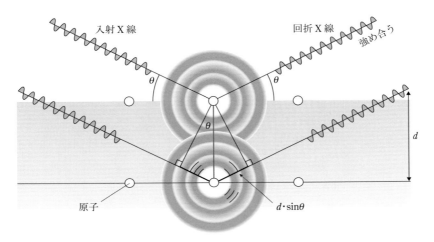

図5.10 X線回折の原理とブラッグの条件

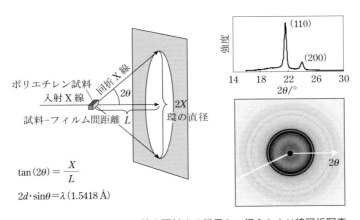

図5.11 ポリエチレンにX線を照射する様子と，得られたX線回折写真

$$2d \sin \theta_\mathrm{B} = \lambda \tag{5.11}$$

ここで，d は格子面間隔，θ_B はブラッグ角，λ はX線の波長であり，高分子の場合，CuのKα線（1.5418 Å）が最もよく用いられる．

図5.11には，ポリエチレンにX線を照射する様子と，得られたX線回折写真を示した．試料にX線を照射すると，$2\theta_\mathrm{B}$ の方向にX線が回折され，距離Lのところに設置したフィルムに回折X線が記録される（写真上では黒くなる）．この際，試料中で微結晶があちらこちらを向いているとさまざまな格子面からの回折線は

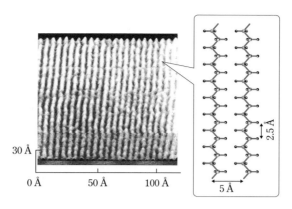

図5.12 ポリエチレンの原子間力顕微鏡像
[S. N. Magonov, S. S. Shelko, R. A. C. Deblieck, and M. Moller, *Macromolecules*, **26**, 1380 (1993)]

同心円状に記録される．これはデバイ・シェラー環(Debye-Scherrer ring)といわれる．写真の半径方向は2θに相当することから，回折強度分布をとると上のようなプロファイルが得られる．最も強いピークの$2\theta=21.67°$であるので，面間隔dは4.10Åと求まる．これは(110)面からの回折である．高角度側の回折ピークは(200)面に由来し，面間隔は3.70Åとなることから，a軸の長さはこれを2倍することで7.40Åと決まる．したがって，(110)面の面間隔と考え合わせると，$b=4.93$Åとなる．なお，上述のように$c=2.53$Åである．これらのピークがなぜ，各々(110)面，(200)面に帰属されるかは結果論であって，他のピークも含めた試行錯誤によって，すべてのピークが矛盾なく説明できるように単位胞の大きさが決定される．回折角が単位胞の大きさを与えるのに対して，各ピークの強度には単位胞中の原子の位置の情報が含まれている．このように，X線回折のすべての結果を矛盾なく説明できる結晶構造を決めるプロセスを結晶構造解析という．結晶構造解析は構造研究の基本である．低分子やタンパク質の単結晶の結晶構造解析では回折ピークが何万個も出現するため，昨今では結晶構造は自動的に決定されるようになってきた．ところが高分子では回折ピークの個数が少ないこともあって，現在でも分光スペクトルなどの他の解析結果などを考えあわせて試行錯誤的に決定される．

最近では顕微鏡法により実際に構造を観察できるようにもなってきた．**図5.12**には，ポリエチレンの原子間力顕微鏡(atomic force microscope, AFM)像を示し

た．筋状に見えるのがポリエチレン分子であり，分子鎖に沿って2.53Åの周期（繊維周期；fiber period），つまりc軸方向の繰り返し単位が観察されている．また，分子鎖間の距離は5Åであり，b軸長に対応している．ここで「5Å」は高分子の分子鎖間距離として重要である．高分子をイメージするにあたっては，うどんやそば，そうめん，スパゲティなどの麺類を連想すればよいが，この際，ポリエチレンに限らず多くの高分子鎖の太さはおよそ5Åの場合が多い．

次に，ポリエチレンの単位胞の密度を計算してみよう．直方晶であるため，a, b, c軸は互いに直交している．したがって，単位胞の体積は$a \times b \times c = 92.5$ Å^{3}となる．図5.9を眺めると，1つの単位胞にCH$_2$が4つ詰まっていることがわかる．したがって，単位胞あたりの分子量は56（炭素×4＋水素×8）となり，質量は9.33×10^{-23} g（＝56 g mol^{-1}/(6.02×10^{23} mol^{-1})）である．これらの値から単位胞の密度，言い換えれば，**結晶密度**（crystal density）d_cはほぼ1.0 g cm^{-3}（＝9.33×10^{-23} g/92.5×10^{-24} cm^3）になる．結晶では分子鎖が最も密にパッキングされているが，高分子は100％は結晶化しないため，実際のポリエチレン材料の密度は1 g cm^{-3}以下となり，必ず水に浮くことになる．

5.3.2 ポリ(α-オレフィン)

図5.13にはイソタクチックポリプロピレン分子鎖の結晶中での骨格構造を示した．イソタクチックポリプロピレンも主鎖の立場からすれば，ポリエチレンと同じように平面ジグザグ構造をとるとエネルギー的に安定である．ところが，それでは分子鎖に沿って隣り合う側鎖のメチル基どうしがぶつかってしまう．そこでトランス(T)の次に安定なゴーシュ(G)を取り入れることで，立体障害を回避している．図5.13の1番の結合に着目すると，0番と2番の結合はトランスの位

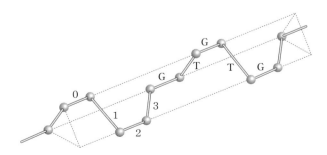

図5.13　イソタクチックポリプロピレン分子鎖の結晶中での骨格構造(3/1らせん)

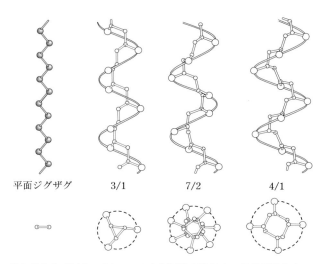

図5.14 さまざまなポリ(α-オレフィン)分子鎖の結晶中の骨格構造とらせんの種類
[G. Natta and P. Corradini, *Rubber Chem. Technol.*, **33**, 716 (1960)を改変]

置にある.次に2番の結合に着目すると,1番の結合と3番の結合はゴーシュの位置にある.これを順に見ていくと,主鎖骨格がトランスとゴーシュを交互に繰り返すことでらせんを描くことがわかる.イソタクチックポリプロピレンの場合,3繰り返し単位で1回転することから,3/1らせんといわれる.このようにしてでき上がるイソタクチックポリプロピレンの c 軸長は6.5 Åとなる.この長さは3繰り返し単位分に相当することから,1繰り返し単位に換算すると2.17 Åになる.これをポリエチレンの c 軸長(2.53 Å)と比較すると,イソタクチックポリプロピレンはらせんを巻くことで主鎖骨格が15%短縮していることがわかる.

図5.14には,ポリエチレン,イソタクチックポリプロピレンに加えて,さまざまなポリ(α-オレフィン)の骨格構造を示した.イソタクチックポリプロピレンの分子鎖を軸方向から眺めると正三角形を描く.側鎖が長くなると,立体障害を避けるため,さらにらせんはゆったりと巻くようになり,イソタクチックポリ(4-メチル-1-ペンテン)(poly(4-methyl-1-pentene),*it*.P4M1P)では7繰り返し単位で2回転するらせん(7/2らせん)となる.かさ高い構造のため,密度が低くなり,気体の透過性が上昇する.なお,密度は一般に結晶>非晶だが,イソタクチックポリ(4-メチル-1-ペンテン)ではむしろ非晶の密度が高くなる.長い側鎖が規則的に配列することで逆に結晶の中でかさばってしまった結果であり,

市販されている高分子としては唯一の例外である．

5.3.3 ポリエステル，ポリアミド

高分子鎖は結晶内において，分子鎖内，分子鎖間のエネルギーがトータルとして最小になるよう，多彩な骨格構造を描く．ポリエステルとポリアミドはその典型例である．

図5.15には，主鎖を構成するメチレンの数mを異にする芳香族ポリエステルの結晶中での骨格構造と平面ジグザグ構造からの短縮率を示した．$m=2$はポリエチレンテレフタレート（PET），$m=3$はポリトリメチレンテレフタレート（poly(trimethylene terephthalate), PTT），$m=4$はポリブチレンテレフタレート（poly(butylene terephthalate), PBT）として，いずれも工業的に重要な高分子である．主鎖を構成するメチレンの数が1つ異なるだけで骨格形態は大きく変化し，短縮率も大きく変化する．

図5.16には，ナイロン6の2種類の分子鎖のパッキングの様子を示した．（a）はα晶と呼ばれる安定な相で，隣り合う分子鎖の方向が上下に反対（逆平行；anti-parallel）の場合に形成される．この場合，メチレン連鎖は平面ジグザグ構造を有し，隣接する分子鎖間で無理なく水素結合を形成することで構造が安定化される．一方，（b）の結晶はγ晶と呼ばれ，不安定な相である．（b）のように隣り合う分子鎖が平行（parallel）に配列すると，平面ジグザグ構造では中央部でアミド結合の高さが合わず，そのままでは分子鎖間で水素結合が形成されない．そこで水素結合を形成するためにメチレン連鎖が屈曲する．α晶とγ晶の**結晶多形**

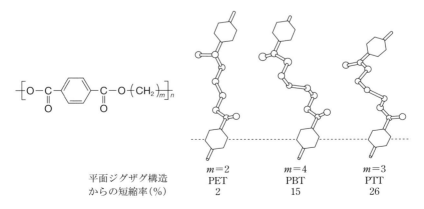

図5.15　芳香族ポリエステル分子鎖の結晶中での骨格構造と平面ジグザグ構造からの短縮率

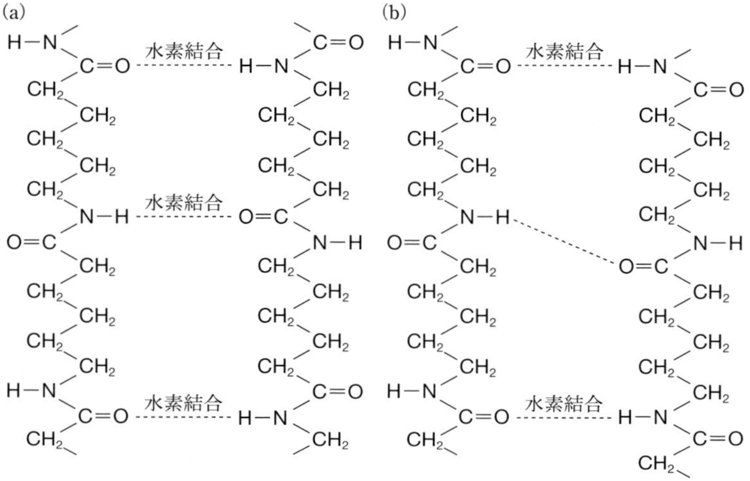

図5.16　ナイロン6の(a)逆平行鎖(α晶)と(b)平行鎖(γ晶)

(polymorph)が生じる原因はナイロン6の繰り返し単位には対称中心がなく，上向きと下向きが区別されるためである．一方，ナイロン6,6では対称中心が存在し，上向きと下向きの区別がつかないため，γ晶が存在しない．

5.3.4　天然高分子

図5.17には，天然高分子であるセルロース，絹フィブロイン(silk fibroin)，コラーゲン(collagen)の結晶中での分子鎖の骨格構造を示した．

セルロースはグルコース残基がβ-1,4-結合した線状高分子であり，分子鎖内と分子間に張りめぐらされた水素結合(図5.17(a)中の破線)で骨格が安定化されている．綿，麻，木などの植物の主成分で，骨格を支える役割を担っており，人類はこれらを衣・住素材として古くから利用してきた．セルロースには結晶多形が多く，天然のセルロースはI型として結晶化する．それに対して，溶媒，例えば$CuSO_4$/NH_3水溶液(Schweizer試薬)やCS_2/NaOH水溶液などにセルロースをいったん溶解させた後，溶液を酸性水溶液中に投入すると，再沈殿する際にII型として結晶化し，I型に戻すことはできない．なお，このようにして得られた再生セルロース(regenerated cellulose)は，繊維状の場合はレーヨン(rayon)，フィルム状の場合はセロファン(cellophane)と呼ばれ，綿や麻を栽培せずとも，豊富に産生する木から人造繊維が得られる技術として，第二次世界大戦前後の日本の

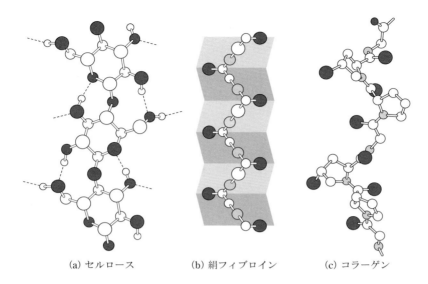

(a) セルロース　　(b) 絹フィブロイン　　(c) コラーゲン

図5.17　(a)セルロース，(b)絹フィブロイン，(c)コラーゲン分子鎖の結晶中での骨格構造

産業を支えた．

　絹フィブロインは蚕が吐出する絹糸の主成分であり，5000年以上前から絹織物として人類は利用してきた．その交易路がシルクロードである．アミノ酸残基が線状に重縮合した繊維状の天然タンパク質であり，グリシン：アラニン：セリンの各残基が3：2：1の組成を有する．絹フィブロインの骨格はタンパク質の代表的な二次構造である逆平行βシート構造を示している（**図5.17**(b)）．アミノ酸残基ごとに折れ曲がり，分子間が水素結合で固定化されたシート状の構造をとる．

　コラーゲンは動物の真皮，腱，靭帯などを構成するタンパク質で，人体のタンパク質の3割を占める．グリシンが3残基ごとに繰り返され，それ以外のアミノ酸残基としてはプロリンとヒドロキシプロリンが主成分である．**図5.17**(c)の分子鎖が3本集まって三重らせん構造を形成する．加熱によりこのらせんが解けるとゲル化し，ゼラチン（gelatin）となる．骨はリン酸カルシウムとコラーゲンを主成分とする複合材料であり，コラーゲンによって靱性がもたらされている．ヒドロキシプロリンはビタミンCを触媒としてプロリンから合成される．ビタミンCが欠乏すると，体内でヒドロキシプロリンが合成できず，分子間水素結合によるコラーゲンの三重らせん構造が不安定化される．その結果，血管を含め人体組織の強度が低下することが，壊血病の原因になるといわれている．

● コラム　　セルロース——植物はなぜ自らを支える骨格にセルロースを選んだのだろうか

　動物は骨を組み合わせることで自らの体重を支えている．骨と筋肉で作られる関節により体のそれぞれの部分を折り曲げることができる．骨は圧縮に対しては強いが，伸びが小さくもろくて重い．体が大きくなり，自分の体重を支えきれなくなったクジラは浮力を利用するため，ついにすみかを海に移した．

　一方，植物は進化のプロセスにおいて，自らの体重を支えるためにセルロースという高分子を選んだ．セルロースの弾性率は高く，強度も高い．本質的に生分解性を示すが，数千年にわたって生きながらえて縄文杉になっても大木の重量を支え続け，日本人は切り出した木材で大伽藍を建立した．東大寺大仏殿では，1691年の再建以来300年以上にわたって，瓦の大屋根を支え，法隆寺の五重塔に至っては1400年以上風雪に耐えている．我々は，時として紙で指を切ることがある．このことも，セルロースが本質的に石英ガラスよりも高い弾性率を示すことを考えれば納得である．

　セルロースが結晶性を示すことは1913年，小野，西川によって世界に先駆けて発見された．W. C. Röntogen (1901年ノーベル物理学賞) が1895年にX線を発見した18年後，W. H. Bragg, W. L. Bragg (1915年父子で同賞)，M. T. F. von Laue (1914年同賞) が式(5.11)を提唱した翌年であり，当時の日本の学術的な先進性を示している．

　さて，セルロースにはさまざまな結晶多形がある．そのなかで天然のセルロースはI型に属し，その結晶弾性率(138 GPa)は，再生セルロース(セルロースII型)の結晶弾性率(88 GPa)，さらにヒドロキシ基が化学的に修飾され，水素結合が消失した三酢酸セルロース(cellulose triacetate, CTA)の結晶弾性率(33 GPa)を上回る．つまり，植物はのびのびと生長して大木になっても支障のないように，自らの骨格を構成するセルロースの結晶構造として，さまざまな結晶多形の中でも最も弾性率が高いI型を選んだことになる．それでいながら，柳の枝は同じセルロースI型を構成成分とするものの，配向制御を通して柔軟性を発現させることで嵐が来ても受け流す戦略をとっている．I型結晶の中でセルロース分子鎖は平行に配列するのに，II型結晶では逆平行となる．人知の及ぶところではないかもしれないが，植物はなぜ，どうやって自らを支える骨格にセルロースI型を選んだのだろうか．

　ちなみに，セルロースI型の結晶構造が永年の議論の末，最終的に決定されたのは1990年代である．また，分子鎖が数十本束になったエレメンタリーフィブリル(elementary fibril)が植物の基本構造であり，ナノオーダーの太さをもつエレメンタリーフィブリルやさらにそれが数十本束になったセルロースナノファイバーにさまざまな産業上の用途展開が期待されている．セルロースは古くて新しい高分子である．

5.4 結晶弾性率

分子鎖骨格の短縮はさまざまな物性に直接影響する．一例として**結晶弾性率**(crystal modulus)をとりあげる．結晶弾性率とは，結晶を分子鎖の方向に引張ったときの抵抗，すなわち材料を100%伸長するのに要する，単位断面積あたりの力として表した物性値であり，その高分子の弾性率の最高値を与える(弾性率の説明は6.2節参照)．ポリエチレン結晶をc軸，すなわち分子鎖の方向に引張ると，C–C結合が伸びて，∠CCCが広がる(変角)機構で分子全体が伸長される．ダイヤモンド結晶を変形させることを考えると想像できるように，これらの変形を起こすことは容易ではない．その結果，ポリエチレンの結晶弾性率は235 GPaと，鋼鉄の値(206 GPa)を上回ることになる．一方，イソタクチックポリプロピレンの結晶弾性率は34 GPaであり，ポリエチレンの1/7になる．イソタクチックポリプロピレンの結晶弾性率が低いことには2つの原因がある．1つは側鎖にメチル基が加わるために分子鎖1本の断面積が増加すること，すなわち弾性率は単位断面積あたりの力の次元を有するため，分子鎖1本の断面積が増加すると，断面積あたりでは分子鎖数が減少することである．2つ目の原因は，らせんを巻くために，**図5.18**に示すように分子鎖の伸長が主にC–C単結合まわりの内部回転によって生じることである．変形に要する力を比較すると，伸長：変角：内部回転でおよそ100 : 10 : 1であり，変形に対する内部回転の寄与が高くなると結晶弾性率は低くなる．直感的には，きりきりと巻かれたバネと，ゆるりと巻かれたバネでは後者のほうが伸びやすいのと同じことである．

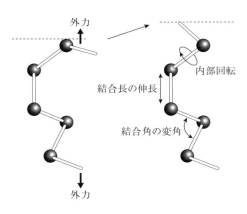

図5.18　分子鎖の変形様式

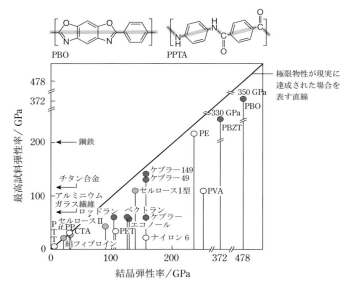

図5.19 さまざまな高分子の結晶弾性率と最高試料弾性率の関係

図5.19には，結晶弾性率と，各高分子で作製した試料が示す最高の弾性率の関係を示した．図中，斜め45°の線上にプロットが来た場合，その高分子では高弾性率化が極限にまで推し進められたことを意味する．この図からも，ポリエチレンは結晶弾性率が高く，高弾性率を特徴とした材料化が可能であるのに対して，イソタクチックポリプロピレンでは分子鎖がらせんを描くために，原理的に高弾性率材料の創製は不可能であることがわかる．ポリ(p-フェニレンベンゾビスオキサゾール)(poly(p-phenylene benzobisoxazole), PBO；商品名ザイロン®)は図中に示したように，芳香環が連結された直線的な骨格構造を有し，分子鎖の方向にひずむには結合長を伸長する必要があり，現在までに開発された高分子として最高の結晶弾性率を示す．それに対して，ポリ(p-フェニレンテレフタルアミド)(poly(p-phenylene terephthalamide), PPTA；商品名ケブラー®，トワロン®)は高強度・高弾性率繊維として代表的な存在であるが，必ずしも結晶弾性率が高いわけではない．図5.19の上図に示すようにPPTAは芳香環を結ぶアミド結合部で分子鎖が屈曲し，力の方向に対して骨格が斜めに配置される．そのため，分子鎖を伸ばすには結合角を変化させて対応する．このため，PPTAの結晶弾性率はPBOやポリ(p-フェニレンベンゾビスチアゾール)(poly(p-phenylene benzobisthiazole),

● コラム　　高強度・高弾性率ポリエチレン

ポリエチレンは合成高分子の中で最も生産量の多い高分子であり、全体の1/4を占める。我々はレジ袋やポリ袋に汎用されるポリエチレンを「強い」、「硬い」とは意識しない。むしろ「よく伸びて」「柔らかくて」「破れる」材料と感じる。ポリエチレンの弾性率の時代による変遷を図に示した。1930年代から高圧法でLDPEの生産が始まり、その後1960年代になって、本質的にポリエチレンはきわめて高い結晶弾性率(235 GPa)を有することが示され、高弾性率化が試みられるようになった。超延伸法と呼ばれる手法で、とにかく延伸倍率を上げることが試みられた。その結果、米国のR. S. Porter、英国のI. M. Wardが中心となって、アルミニウム、石英ガラスと同程度(70 GPa)にまで高弾性率化が推し進められたが、1970年代後半にはいったん限界に達する。同じ頃に、芳香族ポリアミド(アラミド)、芳香族ポリエステルなどの液晶性高分子を、液晶状態から紡糸することで、延伸を施さずとも、紡糸中に高分子鎖を高配列させることで各社がこぞって高弾性率繊維を開発した。高弾性率繊維に用いられる高分子の結晶弾性率は必ずしも高いわけではなく、高分子の高弾性率化に必要なのは「氏(結晶弾性率が本質的に高いこと)」か、「育(液晶紡糸などの成形加工)」かと真剣に議論された。

そうしたなか、1979年にオランダ・DSM社の研究員であったP. SmithとP. J. Lemstraは超高分子量ポリエチレンの準希薄溶液から紡糸することでゲル状の繊維を得た。これはゲル紡糸(gel spinning)と呼ばれる。彼らはこの繊維が数十〜数百倍に延伸できることを見いだし、得られた繊維中で高分子鎖がきわめて高度に配向し、弾性率が100 GPaを超えることを明らかにした。それ以前に、同じくDSM社のA. J. Penningsはせん断流動化でのポリエチレンの結晶化でシシカバブ構造が出現し、カバブだけを取り出すと高弾性率になることを示していた。この手法では生産性が低かったのに対して、ゲル紡糸という成形加工上のブレークスルーが生まれたわけである。このプロセスの鍵は、準希薄溶液をゲル化することで、分子量100万を超えるポリエチレン鎖の絡み合いを極限にまで抑制した状態を固定したまま延伸した点にある。その後の同分野における日本人研究者・技術者の活躍は著しく、瞬く間にポリエチレンの弾性率は鋼鉄のそれを超えた。現在では軽量・高力学特性を特長として高強度・高弾性率ポリエチレン繊維・テープが上市され、さらに最近では高熱伝導度を活かして触感の冷たい繊維としての利用も進められている(商品名：ダイニーマ®、スペクトラ®、イザナス®、エンデュマックス®)。

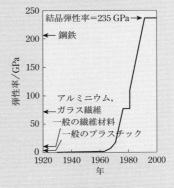

図　ポリエチレンの弾性率の変遷

PBZT)に比較して小さくなる．芳香族ポリエステル(ベクトラン®，エコノール®，ロッドラン®)においてもエステル結合部で分子鎖が屈曲するため，結晶弾性率は低くなる．セルロースⅠ型の結晶弾性率は138 GPaであり，アルミニウム(71 GPa)，石英ガラス(73 GPa)，チタン合金(106 GPa)を上回る．図5.15に示すようにPTTでは2つのゴーシュが導入されることで分子鎖骨格は大きく湾曲し，結晶弾性率は2.6 GPaと，ポリエチレンの1/90, PET(結晶弾性率＝108 GPa)の1/40になり，結晶性高分子の中で最小値となる．

分子鎖軸に対して直角方向に引張ると，分子鎖間が引き離される．分子間力がファンデルワールス力の場合，直角方向の結晶弾性率はポリエチレンで4 GPa，イソタクチックポリプロピレンで3 GPa程度である．それに対して，ナイロン6，ポリビニルアルコールでは10 GPaを超える値となっており，これは分子鎖間の水素結合の効果に基づいている．したがって，直角方向の結晶弾性率が比較的大きい場合でも，高分子鎖の異方性を反映して，結晶弾性率の値は分子鎖軸方向と直角方向で十分大きな異方性を示す．

5.5 球 晶

希薄溶液からは単結晶が得られるのに対して，高分子の融体を融点以上の状態から冷却させた場合，あるいは高分子の濃厚溶液から溶媒を蒸発させた場合には**球晶**(spherulite)と呼ばれる高次構造が生みだされる．ここでは，融体を融点以下に冷却した場合の球晶の生成過程を見てみよう．

球晶の生成はまず融体中に結晶核ができることからスタートする．この際，ゴミなどの不純物が核(nuclei)になる場合(不均一核生成)と，冷却過程で分子運動が遅くなり，偶然分子鎖がそろうことで核ができる場合(均一核生成)がある．5.1.3節で述べたように，結晶化することで系のHが減少し，安定化する．したがって，いったん核ができると，その周りの分子鎖は核の表面に付着し，結晶化が進行する．これを繰り返すことで結晶は三次元で等方的に成長していき，球のような結晶になることから球晶と呼ばれる．この際，同じ温度でも，低分子量成分に比較して，高分子量成分の高分子鎖の分子運動の方がより遅くなるため，優先的に結晶化する(人が一列になって手をつないだ場面を想像してみよう．2人，3人，…と手をつなぐ人数が多くなると全体として動きにくくなる．つまり運動は遅くなる)．このとき，分子鎖は折りたたまれながら結晶化していく．折りた

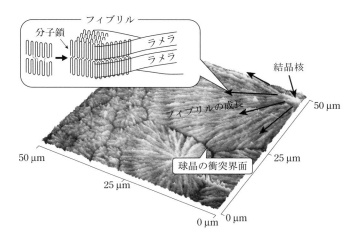

図5.20　イソタクチックポリプロピレン球晶の原子間力顕微鏡像とフィブリル中の分子鎖の充てんモデル

たまれたリボン状の結晶 1 枚 1 枚を**ラメラ**(lamella)といい，ラメラの積層体を**フィブリル**(fibril)という．なお，ラメラ芯部に比較して，表面の折りたたまれた部分は分子鎖のパッキングが悪くなるため，立体的にかさばる．その立体障害を避けるため，ラメラはねじれながら成長する．次いで，フィブリルが四方八方に成長すると，核から離れるにつれてフィブリル間の距離は互いに離れて疎になっていく．そこで次に，フィブリル間に存在する分子鎖が結晶化する．この際には，フィブリル表面を核とした結晶化が起こり，枝のように分かれて生じるフィブリルは子フィブリルと呼ばれる(それに対し，元のフィブリルは親フィブリルと呼ばれる)．さらに子フィブリル表面から孫フィブリル，孫フィブリル表面からひ孫フィブリル，…と成長することで，親フィブリル間が満たされていく．一方，親フィブリルも無限に成長できるわけではなく，隣の球晶から成長してきた親フィブリルと衝突することで成長が止まる．空間が球晶で覆われた状態を**図5.20**に示した．

図5.21には，結晶核の生成速度，成長速度，全体の結晶化速度(crystallization rate)と結晶化温度(crystallization temperature)の関係を示した．まず分子鎖がそろって結晶核ができるためには，温度が低く分子運動がある程度遅いほうが有利である．かといって，ガラス転移温度(T_g；説明は6.1.2節)以下では分子鎖の運動が凍結されて動けないため，核もできない．一方，融点 T_m は結晶が融解する

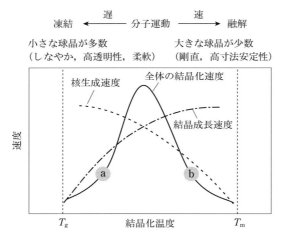

図5.21　結晶核の生成速度，成長速度，全体の結晶化速度と結晶化温度の関係

温度であるから，T_m以上では核が生成しない．したがって，結晶核生成速度は温度に対して右下がりの曲線となる（破線）．逆に分子運動が速い高温ではいったんできた結晶の成長は速く，右上がりの曲線となる（一点鎖線）．全体の結晶化速度は，結晶核の生成速度×成長速度で表される．したがって，結晶化速度はT_mとT_gの間の温度で最大を迎え，結晶化温度に対して釣鐘型の曲線となる．多くの高分子において，最大結晶化速度は$0.9 \times T_m$[K]の温度付近に現れる．T_m以上の融体をT_g以下にまで急速に冷却すると，結晶化する間もなく分子鎖の運動が凍結されることから，非晶状態の試料が得られる．例えば，PETなどは本来結晶性高分子であるが，非晶状態で使用されることもある．次に，いったん非晶になった試料を全体の結晶化速度が同じである図中aの温度とbの温度で各々**熱処理**（annealing）することで結晶化させる場合を考えてみよう．まず，全体の結晶化速度は同じであるから，所定時間熱処理した段階での結晶化度（5.6節参照）は同じである．しかし，aの温度では多くの結晶核ができるが個々の核の成長は遅いため，微細な球晶が多数出現する．一方，bの温度では結晶核の数は少なく，1つ1つが大きな球晶として成長する．こうした形態（モルフォロジー，morphology）の差は図中に示したさまざまな物性の相違をもたらすことから，成形加工においては熱管理が重要となる．

5.6 結晶化度

上述のように高分子は結晶100％になることはない（単結晶といえども折りたたみ部は結晶とはいえない）．全体の中で結晶の占める重量分率を**結晶化度**（crystallinity）X_c という．ここでは，X_c の測定法をいくつか紹介する．

A. 密度法

結晶の密度（crystal density）d_c，非晶の密度（amorphous density）d_a が既知の場合，試料の密度 d を測定することで，X_c は次式から得られる．

$$\frac{1}{d} = \frac{X_c}{d_c} + \frac{1-X_c}{d_a} \tag{5.12}$$

d_c は5.3.1節で述べたように求める．d_a は融体を急冷して非晶状態の試料が得られるならば，その密度を測定する．あるいは融体の密度の温度依存性を測定し，室温（結晶化度を知りたい温度）に外挿することで評価する．一般に低密度ポリエチレン（LDPE）の d は $0.91\,\mathrm{g\,cm^{-3}}$，高密度ポリエチレン（HDPE）の d は $0.94\,\mathrm{g\,cm^{-3}}$ 程度であり，ポリエチレンの d_a は $0.855\,\mathrm{g\,cm^{-3}}$，$d_c$ は $1.0\,\mathrm{g\,cm^{-3}}$ である．したがって，これらの値からLDPE，HDPEの X_c は各々，40％，60％となる．高密度，低密度というとずいぶんと密度に差がある印象をもつが，その差はたかだか百分の数 $\mathrm{g\,cm^{-3}}$ 以下である．しかしながら，実際の材料としては，同じポリエチレンでも，ゴミ袋（LDPE）のしなやかな感触とレジ袋（HDPE）のシャリシャリした感触の差は大きく，用途展開も変わってくる．密度は精密に求めることができるが，気泡などが入った場合には誤差の原因となるので注意が必要である．なお，多くの高分子で $d_a \cong 0.9 d_c$ である．このことから非晶といえども構造がまったく奔放なわけではなく，分子鎖のパッキングにはある程度の秩序が保たれていることが想像できる．

B. X線回折法

図5.22には，HDPEとLDPEのX線回折プロファイルを示した．結晶のように原子の配列が規則正しければ，ブラッグの条件を満たす方向に鋭い回折ピークが現れる．一方，高分子の非晶では三次元的な秩序はないものの，配列がまったくランダムというわけではない．例えば，多くの高分子では分子鎖間距離に相当する5 Åに対応する散乱角（$2\theta \cong 20°$付近）にブロードなピーク（ハロー（halo）と呼ばれる）が現れる．この際，結晶，非晶といったモルフォロジーにかかわらず，散乱強度は原子の種類と量だけに比例する．そこで，プロファイル全体を結晶由来

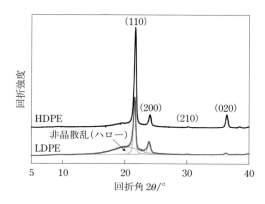

図 5.22 ポリエチレンのX線回折プロファイル

の回折ピークと非晶由来のハローに分離し，その回折ピークの面積分率からX_cが求められる．結晶の定義に従った測定法であるため，他の結晶化度測定法の基準になる．回折プロファイルを分離する際の任意性が課題であったが，コンピュータの進歩にともない大幅に改善されている．ただし，分子鎖の配向が生じたときには，X線回折プロファイルが変化するため，X線回折によるX_cの測定に際しては無配向状態のプロファイルであることを確認する必要がある．

C. 熱分析法

示差走査熱量計（differential scanning calorimeter, DSC）は，一定速度で昇温された試料からの熱の出入りを検出し，融点やガラス転移温度を測定するための装置である．DSC法の実際の測定にあたっては，測定試料と参照試料（既知の試料；reference）が常に同じ昇温速度（例えば10℃／分）となるように加熱されるが，吸熱が生じる場合には，そのままでは測定試料側の昇温速度が遅くなってしまう．そこで参照試料と測定試料の温度のバランスがとれるよう，測定試料側に余分に熱量を供給する．加熱はコンピュータ制御され，電気的に行われるため，余分に加えた熱量を定量化することができる．融解は吸熱をともなうことから，吸熱ピーク温度からT_mが求められ，吸熱ピークの面積から融解エンタルピーΔHが求められる．多くの高分子について$X_c=100$％のときの融解エンタルピーΔH_0が求められており，$X_c=\Delta H/\Delta H_0$よりX_cを評価できる．

図 5.23には，HDPEとLDPEのDSC曲線をあわせて示した．HDPEの$T_m=133$℃，$\Delta H=200$ J g^{-1}である．ポリエチレンのΔH_0は289 J g^{-1}であり，$X_c=69.2$％と求められる．ただし，DSC法では，測定時の昇温はすなわち試料に熱処

5.6 結晶化度

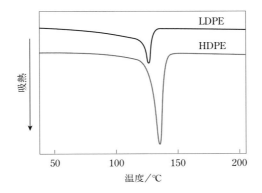

図5.23 ポリエチレンの示差走査熱量曲線

表5.2 各種手法で求めたポリエチレンの結晶化度

	密度法	X線回折法	示差走査熱量分析法
LDPE	0.395	0.397	0.391
HDPE	0.593	0.651	0.692

理を施していることと同義であり,熱によって構造変化する試料では,求まる ΔH も熱履歴の影響を受けた後の試料に対する値であり,元来の試料の値ではないおそれがあることに注意が必要である.

D. 赤外分光法,核磁気共鳴分光法など

赤外線吸収スペクトル(infrared absorption spectrum, IR)において結晶に由来するバンドと非晶に由来するバンドが既知の場合,それらの吸光度の比から X_c を求めることができる.固体核磁気共鳴(solid state NMR)分光法では分子運動性の差異を指標として,運動の遅い成分を結晶,速い成分を非晶として X_c を求める.それ以外にも結晶と非晶で差異の生じる物性値であれば X_c を求めるのに利用することができる.例えば気体は非晶領域には侵入することができるが,結晶領域には入れない.そこで,水蒸気の吸着量から X_c を求めることができる.

表5.2には上のA〜C項の方法で求めたHDPEとLDPEの X_c の値を示した.基本的に X_c はHDPE>LDPEである.ところが同じHDPEに対する値が,互いに異なっている.これは結晶性高分子における「結晶」と「非晶」の分け方が,方法に応じて異なることに理由がある.例えば,結晶領域から出てすぐの分子鎖は厳密な意味での三次元の秩序は失われるため,定義からすれば結晶ではないものの,図5.6で示したように,分子鎖の配列は完全に失われたわけではなく,無秩序な

非晶よりも密度は高い．ところが，密度法では非晶の密度は一律と仮定している．また，微結晶と微結晶の間をピンと張って結んでいる分子鎖（微結晶をつなぐ分子という意味で tie molecule といわれ，なかでも最短距離で結んだ分子鎖を taut tie molecule という）が存在すれば，taut tie molecule の運動性は低く，コンホメーションも結晶中と同じ *all-trans* 構造を有しているため，IR法やNMR法の基準に基づけば結晶とカウントされるが，三次元での秩序がないため，X線回折法では非晶に分類される．ではIR法は意味がないのかと問われれば，迅速に測定できるため，製造現場でのオンライン計測には威力を発揮する．したがって，原理を理解した上で適法適所に測定法を選択する必要がある．逆に，異なる手法で得られた X_c の差異から高分子の微細構造を考察することもできる．

5.7　配向構造

　球晶全体で見ると分子鎖は上下左右にすべての方向を向いている．それに対して，分子鎖の方向がそろうことを**配向**（orientation）といい，その構造は配向構造と呼称される．

　図5.24（a）に示すイソタクチックポリプロピレンフィルムを室温で引張った際の球晶構造から配向構造へのマクロな形態変化における，内部構造のモデルの例を**図5.24**（b），（c）に示した．球晶からなるフィルムの両端を持って引張るとフィルム全体が伸びていくが，この際，球晶中の折りたたまれていた分子鎖が一部解きほぐれて，分子レベルでも分子鎖は引張った方向に配列していく．この操作を**延伸**（drawing）という．（b）で示したように分子鎖が完全に解きほぐれて，すべての分子鎖が配向することが理想的ではあるが現実には困難なため，実際には，(c)で示したように，一部折りたたまれた部分を残して，全体として分子鎖が配向した状態となる．無配向→配向構造への変化は(a)で示したように，マクロには試料形態のくびれとして観察され，**ネッキング**（necking）現象といわれる．配向構造は繊維に多く観察されるため別名で繊維構造（fiber structure）ともいわれるが，必ずしも繊維に限った話ではなく，図5.24(a)に示したようにフィルムでも観察される．

　図5.25には，HDPEを110℃で5倍に延伸した試料（配向試料），30倍に延伸した試料（高配向試料）のX線回折写真を示した．なお，図の上下方向が試料の延伸方向に対応し，回折写真上ではこの方向のことを子午線（meridian）方向という

5.7 配向構造

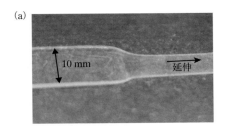

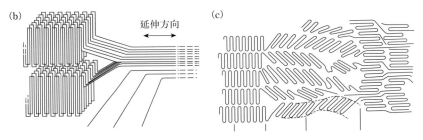

図5.24 (a)イソタクチックポリプロピレンフィルムのネッキングおよび(b)(c)延伸にともなう構造変化のモデル((b)小林，(c) Peterlin)
[(c)はA. Peterlin (H. F. Mark *et al.*, eds.), *Man-Made Fibers, Vol. 1*, Interscience (1965)]

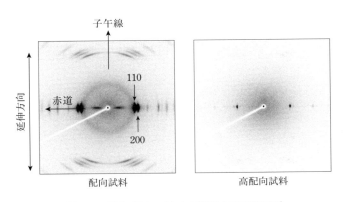

図5.25 配向ポリエチレン試料のX線繊維図形

(それに対して，左右方向は赤道(equator)方向という)．図5.11では微結晶の方向が全方位であるため，回折線はデバイ・シェラー環として観察されている．それに対して，図5.25に示す配向試料のX線回折写真において110反射と200反射に着目すると，これらの回折線がアーク状になっている．配向構造では延伸した方向に分子鎖が配列する．つまり，ポリエチレンのc軸が延伸方向にそろう．そ

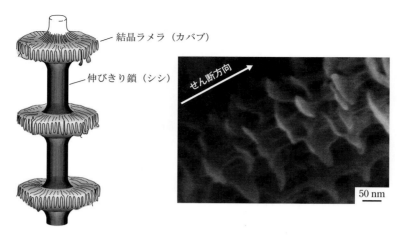

図5.26 シシカバブ構造の模式図と電子顕微鏡像
[B. S. Hsiao, L. Yang, R. H. Somani, C. A. Avila-Orta, and L. Zhu, *Phys. Rev. Lett.*, **94**, 117802 (2005)]

れにともなって微結晶は配列し，(110)，(200)面からの回折線は赤道方向に集中した．したがって，これらの回折線の同心円方向への広がりから微結晶の配向度(degree of orientation)が求められる．高配向試料では回折線はスポットになり，ハローは消失する．このことは微結晶がより高度に配向し，結晶化度が増加したことを意味している．なお，配向試料のX線回折写真を**X線繊維図形**(X-ray fiber pattern)という．

高分子の主鎖は共有結合で連結されており，分子鎖間にはファンデルワールス力や水素結合が働いている．共有結合($300 \sim 450 \, \text{kJ mol}^{-1}$)，水素結合($20 \sim 30 \, \text{kJ mol}^{-1}$)，ファンデルワールス力($4 \, \text{kJ mol}^{-1}$)の結合エネルギーの比はおよそ$100:10:1$と考えてよい．配向試料ではこれらの分子鎖レベルでの異方性が，繊維やフィルムなどのマクロな異方性に反映され，共有結合が配列した延伸方向には力学的に強くなり，分子間力が主となる直角方向には弱くなる．荷造りテープは身近な例で，引張りには強いが，横には簡単に裂けてしまうのは，この配向構造に由来する．また，ポテトチップなどの食品の包装に開封しやすい方向があることも同じように配向に理由がある．

高分子の融体や溶液を撹拌したり細孔から押出したりして，せん断変形を加えた状態で結晶化させると**図5.26**に示したような構造が現れる．この構造を**シシカバブ構造**(shish-kebab structure)といい，多くの成形体に観察される．せん

断力により芯(シシ，shish)はほぼ伸びきった分子鎖からなる配向構造となり，その表面を核として折りたたまれた分子鎖がラメラとして結晶化している．トルコ料理における串刺しの焼肉料理にちなんで名づけられた．シシの中では分子鎖の方向がそろい，共有結合が有効利用されるために高強度・高弾性率を示す．

5.8　高分子の成形加工

　高分子を材料化する際には，デザインに従って形を付与するための操作(＝**成形加工**，processing)が行われる．さらに，その後の利用環境・条件下においてはその形が崩れないことが求められる．現在この目的には，加熱，化学反応，溶解の3種類のプロセスが用いられる．高分子の熱に対する挙動は，**熱可塑性**(thermoplastic)と**熱硬化性**(thermosetting)に大別される．熱可塑性とは加熱により材料が塑性変形し，冷却することでその形を保持する性質のことをいう．これを利用すると，高温で目的の形を付与して冷却すれば成形加工が可能になる．さらに再度加熱すればまた可塑性が現われる．一方，熱硬化性とは加熱による硬化反応(架橋反応)で高分子が生成する性質をいう．したがって，この場合は再加熱をしても形はくずれず，高分子は不溶・不融になる．一方，加熱しても可塑化も硬化もしない高分子は溶媒に溶解させ，その後溶媒を蒸発させることで形を付与できる．以下では，実験室で行う成形と工業的な成形に分けて，具体的な例をあげながら述べる．

5.8.1　実験室レベルでの成形法

A. 溶融状態からの成形

　最も簡便な方法は**熱プレス**(hot-press)を用いた圧縮成形法である(**図5.27**(a))．加熱したプレス機の間に高分子のペレットあるいは粉末を入れて上下から圧力をかけることで，高分子を溶融させ(結晶性高分子の場合はT_m以上，非晶高分子の場合はT_g以上)，厚みに応じてフィルムや平板に成形する．この際，厚み・平滑性の制御を行うとともに，離型を容易にするため，一般にスペーサーを間に入れる．5.5節で述べたように高分子は熱履歴の影響を大きく受けるため，溶融後の冷却過程も制御することが重要になる．例えばイソタクチックポリプロピレンの場合，200℃で溶融させ，数MPaで圧縮成形させた後，スペーサーごと氷水に投入することで厚み100 μm〜数mmの急冷フィルムが得られる．また，熱プレス機が

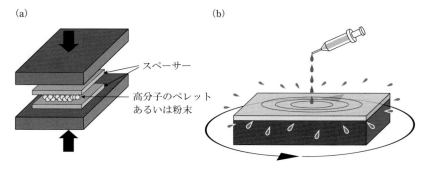

図5.27 実験室レベルでの試料作製法
(a)熱プレス法, (b)スピンコート法

2台あれば,溶融させるためのプレス機と,熱処理するためのプレス機を分けることも可能である.平板以外にも,曲面や表面の意匠性を型にすることもできる.最近では,ナノメートルオーダーの凹凸を有する熱板に樹脂を押し付けることで,表面にその凹凸をそのまま転写する**ナノインプリント法**(nanoimprint method)も試みられている.熱プレス機がない場合は,2台のアイロンの間に挟んでもよい.材料の表面性状には,プレス時,熱処理時の接触媒体が直接影響することに注意を要する.例えばポリテトラフルオロエチレン(poly(tetrafluoroethylene), PTFE)をスペーサーとしてプレスしたとき,他の材料を用いたときに比較して,PTFEに接触していた部分の表面は疎水性になっている.

B. 溶液からの成形

キャスト法(cast method)は溶液をフラットシャーレに流し入れ,溶媒が自然に蒸発するのを待つ簡便な方法である.例えば,重合度1800のポリビニルアルコールを10 wt%水溶液として流延すれば,室温下数日で厚み100 μm,結晶化度20%程度のフィルムができる.フィルムの厚みはシャーレの直径と溶液量で概算する.この状態ではまだ水を7〜9%程度含んでいる.その後,60°Cで減圧乾燥すると2日間でほぼ絶乾状態の透明なフィルムが得られる.溶媒が高沸点で吸湿性の場合,溶媒の蒸発よりも,空気中の湿気を吸うことの方が速く,溶液量が増えることがある.このような場合は適時加熱や減圧処理が必要となる.また,ほこりが入らないようにすること,均一な膜厚とするためにシャーレを水平に保つことも重要である.

また,溶液をスライドガラスやシリコンウェハのような平滑な基板表面上に滴下し,基板を高速で回転させ,余分な溶液を遠心力で飛ばすと薄膜が得られる

(**図 5.27**(b))．この手法を**スピンコート法**(spin coating method)という．例えば，3 wt%のポリビニルアルコール水溶液を1500回転/分でスピンコートすることで90 nmの均一なポリビニルアルコール薄膜が得られる．溶液濃度，回転速度を変化させることで，膜厚の制御も容易である．ただし，急速な膜形成は非平衡状態での固体化を意味し，キャスト法により得られたフィルムとは構造・物性を異にする場合がある．

5.8.2 工業的な成形法

高分子の成形性には分子量が大きな影響を及ぼす．本来は試料の分子量を直接求めればよいが，工業的には目安として**メルトフローレート**(melt flow rate, MFR)が汎用される．MFRはキャピラリーから10分間に出てくる溶融高分子の重量(単位はg)で表され，値が小さいほど溶融粘度が高いこと，言い換えれば分子量が大きいことを意味する．ポリエチレンなどのポリオレフィンについてはISO 1133で測定法が定められている．なお，同じ平均分子量であっても分子量の分布が狭いと流動性が悪くなる．

A. フィルム，シートへの成形

図5.28には溶融成形のための装置を模式的に示した．ホッパーに投入されたペレットあるいは粉末状の高分子は，モーターで回転させたスクリューにのって

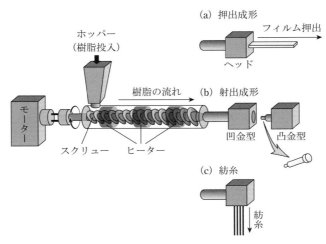

図5.28 工業的な成形機
(a)押出成形(フィルム)，(b)射出成形，(c)紡糸

図中右側へ送られていく．同時に周囲から加熱され，さらに高分子自身のせん断・摩擦による発熱も加わって溶融状態となり，ヘッドへと到達する．図5.28(a)では，ヘッド部のT-ダイ(T-die)と呼ばれる四角い吐出口から押出されると，断面が矩形のフィルム・シートとなって，冷却の後に巻き取られる．この方法を**押出成形**(extrusion molding)という．冷却の前に別のフィルムと重ね合わせるとラミネートフィルムになる．スクリューの形状を調整することにより2種類以上の素材を混練したり，押出しながら同時に化学反応をさせたりすることもできる．各部位での加熱，スクリューの長さ・直径・溝の形状・ピッチ・回転速度などが最終製品の構造・物性に影響する．また，成形物の表面から内部へと冷却が進行するため，でき上がったフィルム・シートの表面と内部では構造・物性を異にし，**スキン-コア**(skin-core)構造を有する場合がある．

B. 三次元成形物の作製

図5.28(b)のように，加熱溶融されヘッドに到達した高分子を，互いに近づけた凹金型と凸金型の隙間に射出する．金型の温度をあらかじめ低温に調整しておくと，樹脂は金型に接触することで冷却され固化する．その後，凸金型を右に移動させて開くことで成形物を取り出す．この成形法を**射出成形**(injection molding)という．図の例では注射器の鞘の形の三次元成形物が得られる．再び金型を閉じて高分子を射出するサイクルを繰り返すことで次々と成形物を得ることができる．立体的な成形体は大部分が射出成形で作製されており，工業的に重要な成形法である．射出圧力・速度，温度とともに，受け手である金型の温度・形状・条件が非常に重要となる．金型の表面平滑性はそのまま成形品の表面性状に影響を及ぼす．また，複雑な成形物をワンショットで成形するためには，金型の形状を複雑にする必要がある．この場合には，内部での樹脂の流れや温度分布，冷却条件を十分に考慮しないと，成形品の反りやたわみ，表面での樹脂流れの可視化(フローマーク)，フィッシュアイ(未溶融樹脂が塊となって成形物表面に現れ，魚の目のような外観不良をもたらす)などの成形不良の原因となる．さらに，樹脂は高温溶融状態から冷却固化状態となるため熱収縮し，また結晶化にともなう収縮も同時進行するため，それらをあらかじめ見込んでおく必要がある．金型は1つ数十万円〜数百万円と高価である．したがって，あらかじめCAD (computer aided design)をはじめとするシミュレーションによる金型設計の最適化が図られる．

その他，反応をともないながら射出成形する方法(reaction injection molding,

RIM成形），インフレーション成形，ブロー成形，カレンダー成形，トランスファー成形など多種多様な成形法が提案されている．詳しくは成書を参照されたい．

5.8.3 紡糸法

繊維（fiber）とは「その幅が肉眼で直接測れないほど細く，すなわち数十 μm 以下であり，長さは幅の数十倍以上大きいもの」と定義されている（櫻田一郎，繊維の化学，三共出版(1978)）．さらに必要条件をあげれば，固体であり，ある程度以上の強さ，伸び，適当な弾性，可塑性を有するものとなる．繊維を作製するための手法を**紡糸**（spinning）という．主な紡糸法としては次の3種類があげられる．

A. 溶融紡糸（melt spinning）

図5.28(c)に示すように，ヘッド部分に孔（ノズル）を開け，そこから断面が円形の溶融樹脂を押出して冷却固化させれば1本の糸（モノフィラメント，monofilament）を得ることができる．通常は数十個〜数千個の細孔が設けられ，各孔から同時に紡糸することでマルチフィラメントを得る．現在では紡糸速度は1分間あたり数千メートルにまで及んでいる．ノズルの形状を変えることで断面が星型の繊維などを作製することができる．

B. 湿式紡糸（wet spinning）

高分子溶液をノズルから押出し，高分子にとって非溶媒でありかつ溶媒と混和する液体中に浸漬させると，脱溶媒にともない高分子が繊維状に凝固する．プロセス，コストの観点からは溶融紡糸の方が有利であるが，加熱しても溶融しない高分子（セルロースなど），融点と熱分解温度が近接する高分子（ポリビニルアルコールなど）では湿式紡糸法を採用する必要がある．例えば6.1.3節で述べるように，ポリビニルアルコールは溶融時には一部熱分解をともなう．そのため，ポリビニルアルコールの場合は水溶液とし，ノズルから押出した後に Na_2SO_4，$ZnCl_2$ などの塩水溶液に浸漬することで，脱溶媒を経てポリビニルアルコール繊維を得ている．

C. 乾式紡糸（dry spinning）

高分子溶液をノズルから押出し，加熱によって溶媒を蒸発させることで繊維を得る手法である．上述のポリビニルアルコールの例では溶媒は水であり，蒸発には多大なエネルギーが必要となる．一方，二酢酸セルロース繊維（いわゆるアセテート繊維といわれ，人工透析膜，服の裏地やタバコのフィルターなどに使われ

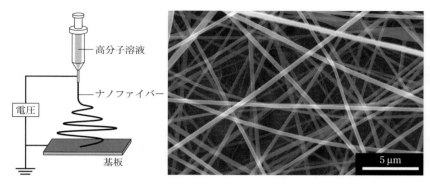

図5.29 エレクトロスピニング装置の概略とポリビニルアルコールナノファイバーの走査型電子顕微鏡像

ている)は揮発性の高いアセトンに可溶であり,乾式紡糸により繊維が作られている.

A〜C項で述べた以外にも,PTFE繊維を作製するためのエマルション紡糸や,芳香族ポリアミド,芳香族ポリエステル繊維を作製するための液晶紡糸などがある.最近ではナノファイバー作製のための**エレクトロスピニング**(electrospinning,電界紡糸)が研究されている.図5.29に示すように,高分子溶液をシリンジに入れ,針先と基板(対極)の間に高電圧(20 kV)を印加すると,溶液が帯電し,基板に引き付けられる.この際,静電反発によって溶液はスプレー状になり,ナノメートルレベルの直径をもつ繊維を形成できる.繊維の太さは印加電圧,溶液濃度,スプレー時の飛散距離などさまざまな条件に依存する.基板上に連続的に繊維を作製することによって,不織布状の立体的な網目をもつ3次元構造の薄膜が得られ,走査型電子顕微鏡(SEM)ではナノメートルオーダーの直径をもつ繊維が縦横に積み重なっている様子が観察される.電界紡糸で得られるナノファイバーは創傷被覆材や電池材料などとしての利用が考えられている.

5.8.4 延伸法

図5.30には,高分子鎖に配向を与えるための汎用法を示した.図5.30(a)は試料を加熱し,マクロに引張る操作であり,実験室レベルでも工業的にも最も一般的な手法である.実験室では加熱したオーブンや加熱した(試料と相互作用しない)液体中に試料を置くと,通常数倍〜10倍程度は容易に延伸できる.必要以上に高い温度での延伸では,延伸倍率は高くなるが分子鎖の緩和も起こり,得られ

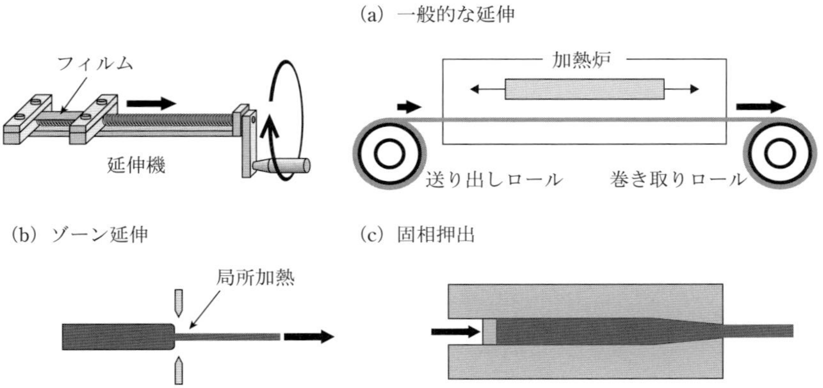

図5.30 分子配向を与えるための各種手法
延伸の際には，具体的には，延伸機に試料を挟み込み，ハンドルを回すことで1回転につき1mmずつ試料を伸ばす．延伸倍率はあらかじめ表面にインクマークを入れ，その間隔の広がりから評価する．

た延伸物の強度・弾性率は必ずしも高くはならない．延伸には分子量や微細構造に依存した最適な温度がある．工業的には，いったん左側の送り出しロールに巻き取られていた繊維やフィルムを，加熱炉を通して右側のロールに改めて巻き取る．この際，送り出しの速度と巻き取りの速度の比がそのまま延伸倍率になる．延伸にともなう構造変化は5.7節で述べたとおりである．図5.30の例では試料を一軸方向に延伸しているが，フィルム製造時には2方向から引張ることも行われる．この際2方向とは，フィルムの押出方向およびそれと直角の方向であり，同時に行う場合(同時二軸延伸，spontaneous biaxial drawing)と逐次に行う場合(逐次二軸延伸，successive biaxial drawing)がある．図5.30(b)は試料全体を加熱するのではなく，レーザー光照射や物理的な局所加熱を行い，加熱部分のみで延伸を促す方法で，**ゾーン延伸**(zone drawing)と呼ばれる．これにより最大延伸倍率，ひいては分子配向，力学物性の増大を促す．図5.30(c)は引張るのではなく，あらかじめ加熱により軟化した固体試料を細孔から押出す方法で，**固相押出**(solid state extrusion)と呼ばれる．延伸倍率は元の直径と出口細孔の直径の比で決定される．この手法はある程度大きな直径をもつロッド状の試料の延伸に有効である．また，細孔の後ろから押すのではなく，細孔の先から出た試料を引張る(引き抜き成形)ことも可能である．これら以外にも，2本のロールの狭い隙間を通すことで分子配向を促す方法(ロール圧延)などもある．

❖演習問題

5.1 式(5.4),式(5.5),式(5.6)を導出しなさい.

5.2 ポリビニルアルコールの単位胞は単斜晶系に属し,$a=7.83$ Å, b(繊維軸) $=2.52$ Å, $c=5.53$ Å, $\beta=93°$の単位胞に2つの繰り返し単位が含まれている.結晶密度を求めなさい.なお,古くは単斜晶の場合,b軸を繊維軸とする習慣があった.現在では主要な高分子ではポリビニルアルコールだけがb軸が繊維軸として残っている.

5.3 あるイソタクチックポリプロピレンについて密度を測定したところ,0.890 g cm^{-3}であった.結晶化度X_cを求めなさい.ただし,結晶密度を0.936 g cm^{-3},非晶密度を0.850 g cm^{-3}とする.また,このイソタクチックポリプロピレンの融解熱量ΔHを概算しなさい.ただし,完全結晶の融解熱量ΔH_0を209 J g^{-1}とする.

5.4 ポリ塩化ビニルのガラス転移温度(87°C)を10°Cにするための2種類の手法について,用途を交えて具体的に解説しなさい.

5.5 ポリエチレンとイソタクチックポリプロピレンの結晶中での骨格構造と各種物性との関連性について,比較して解説しなさい.

5.6 図5.19において,ポリビニルアルコール,ナイロン6の結晶弾性率は比較的高いにもかかわらず,最高試料弾性率は低い値に留まっている.その原因を考察しなさい.

第6章　高分子の固体物性

　高分子の固体物性として本章では，熱的および力学的物性と表面性質をとりあげる．他の物性(光学，電気など)については他書に譲る．

6.1　高分子の熱的性質

　高分子を加熱すると構造・物性がさまざまに変化する．そのなかでも特に重要な融点T_mとガラス転移温度T_gについて，まず解説する．

6.1.1　融点

　図6.1に，結晶と融体の自由エネルギーGの温度依存性を示す．低温では融体のGに比較して結晶のGが低いため，結晶状態で存在するほうが熱力学的に有利である．ところが，温度が上昇すると，ある温度で逆転が生じて融体のGのほうが低くなる．この温度が**融点**(melting point)T_mであり，結晶が融解して融体になる一次の相転移(1st order phase transition)を表している．T_mにおいて，結晶のGと融体のGは交差し，その差($\Delta G = \Delta H - T\Delta S$)は0となる．$\Delta$はいずれも結晶と融体の差を示している．したがって，$\Delta H - T_m \Delta S = 0$であり，整理すると

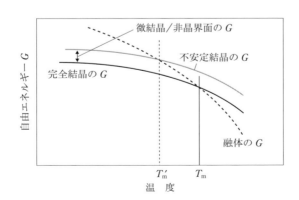

図6.1　結晶，不安定結晶と融体の自由エネルギーGの温度依存性

$T_m = \Delta H/\Delta S$ となる．よって，高い T_m となるのは，融解に際して，大きな ΔH，小さな ΔS を示す系である．ここで，ΔH は分子鎖間の凝集エネルギーに対応しており，ΔS は分子鎖の剛直性と関係する．つまり，分子鎖間の凝集エネルギーが大きいと，融解に際して結晶中の分子鎖間を引き離してバラバラにするために大きな ΔH が必要である．また，整然と並んだ分子鎖（S の小さい状態）と融体の糸まり状態（S の大きい状態）の差が ΔS に対応する．

A. T_m と化学構造

前章では高分子鎖をそばやうどんに例えたが，ここでは分子鎖がうねうねと曲がるにあたって，折れ曲がりの最小単位（直線とみなせる単位）を表す指標である**持続長**（persistence length）をとりあげる．持続長の長い分子鎖を**剛直鎖**（rigid chain），持続長の短い分子鎖を**柔軟鎖**（flexible chain）と称する．

表6.1には，さまざまな高分子の融点 T_m，融解エンタルピー ΔH，融解エントロピー ΔS を示した．ポリエチレンとポリテトラフルオロエチレン（PTFE，テフロン®）を比較すると，PTFEの方が T_m は高い．これを ΔH, ΔS の点から眺めてみよう．まずPTFEの ΔH は小さいが，これはフッ素を導入することで分子鎖間の凝集エネルギーが低下するためである．このことだけを考えればPTFEの T_m は低くなるはずである．一方，水素をフッ素原子で置き換えることにより，フッ素原子どうしの立体障害によって主鎖のC–C結合の運動は束縛され，分子鎖は曲がりにくくなり，持続長が長くなる．すると，結晶が融解して融体になっても分子鎖は自由に折れ曲がれず，ΔS は小さくなる．このように，ΔH の低下を補って余りあるほど ΔS が著しく小さくなることでPTFEの T_m は高くなる．このことは材料の

表6.1 さまざまな結晶性高分子の融点 T_m，融解エンタルピー ΔH，融解エントロピー ΔS

高分子	$T_m/°C$	$\Delta H/\text{J g}^{-1}$	$\Delta S/\text{J g}^{-1}\text{K}^{-1}$
ポリエチレン	137.5	287	0.699
イソタクチックポリプロピレン	186	209	0.456
ポリオキシメチレン	180	248	0.548
ポリテトラフルオロエチレン	327	57.3	0.096
ナイロン6	225	173	0.347
ナイロン6,6	265	205	0.381
ポリエチレンテレフタレート	267	126	0.234
天然ゴム*	28	64.4	0.213
グッタペルカ**	74	189	0.544

cis-1,4-ポリイソプレン，***trans*-1,4-ポリイソプレン

実用上きわめて重要になる．例えば，フライパンには焦げ付かせないためにテフロン加工が施されている．化学的な意味で焦げ付かないことだけが目的であれば，実はポリエチレンでも十分機能を果たせるはずである（表面の性質については6.6節で解説する）．ところが一般に魚や肉やお好み焼きを焼いたりする調理の温度は200℃を超えることがある．この場合，ポリエチレンはT_m以上の融体となるため，フライパン加工にはポリエチレンではなくPTFEを用いる必要がある．

同じ傾向はポリエチレンとイソタクチックポリプロピレンのT_mの関係にも見られる．つまり，ΔHはイソタクチックポリプロピレンの方が小さいが，ΔSはさらに小さくなり，結果としてイソタクチックポリプロピレンの方がT_mは高くなる．これは，結晶中のポリエチレンの$-CH_2-$連鎖は伸びきっていたが，融体の状態になると$-CH_2-$連鎖は自由に折れ曲がることができるため，融解にともなうΔSが大きいのに対し，イソタクチックポリプロピレン鎖は，側鎖にメチル基を有することで自由回転が阻害され，結晶が融解して融体になってもSがさほど増加しないためである．イソタクチックポリ(4-メチル-1-ペンテン)では結晶におけるらせんの巻きがさらにゆるい．そのため，結晶のSが大きくなり，融体のSとの差，ΔSがさらに小さくなり，T_mは235℃にまで高くなる．

分子鎖の剛直性を上げるためには芳香環の導入が効果的である．

$\{OC-(CH_2)_6-COCH_2CH_2\}_n$　　　$T_m = 45℃$

$\{OC-\bigcirc-COCH_2CH_2\}_n$　　　$T_m = 267℃$

メチレン鎖の柔軟性のために，脂肪族ポリエステルの融点は一般に低い．それに対して同じように炭素6個から構成されていても，π電子が共鳴しているベンゼン環を曲げるのは容易ではない．さらに，ベンゼン環のπ電子はカルボニル基とも共鳴しており，$-C-\bigcirc-C-$部が屈曲しにくくなるため，持続長が長くなり，T_mが高くなる．

ΔHには，上述のように分子鎖間の凝集エネルギーが関係する．そこで，$\{(CH_2)_m-X\}_n$で表される高分子における，メチレン基数mと融点の関係を，X＝COO（ポリエステル），NHCO（ポリアミド），NHCOO（ポリウレタン），NHCONH（ポリ尿素）について図6.2に示した．ポリエステルではエステル結合の中の酸素の単結合部分が柔軟なため，ポリエチレンよりもT_mが低い．ポリアミド，ポリ尿素では分子鎖間の水素結合に基づき，凝集エネルギーが大きくなり，

第6章 高分子の固体物性

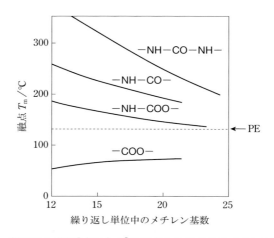

図6.2 繰り返し単位 $[\!-\!(CH_2)_{\overline{m}}X]$ で表される高分子のメチレン基数 m と融点 T_m の関係
［井本 稔，井本立也，高分子化学の基礎，大日本図書(1975)を改変］

ΔH の増大，ひいては高い T_m を示す．なかでも尿素結合をもつポリ尿素では水素結合密度が高くなり，よりいっそう T_m が高い．

一方，ウレタン結合は化学的にアミド結合とエステル結合をあわせた構造となり，T_m も中間の値となる．いずれの高分子においても，m を大きくしていくとXの効果が無視できるほど小さくなるため，分子間力はファンデルワールス力が支配的となり，ポリエチレンの T_m に漸近する．

B. T_m と物理構造

ΔH, ΔS 以外に T_m に影響を及ぼす効果として，微結晶の大きさがあげられる．図5.6や図5.24で示したように，微結晶が有限の大きさであると，微結晶と非晶の間に界面が生じる．界面の存在は系の G を上昇させる効果があり (6.6節参照)，同じ X_c でも，微結晶サイズが小さいと全体の界面積が大きくなり，G がよりいっそう大きくなる．図6.1で示したように，T_m は結晶の G と融体の G の交点で表され，界面自由エネルギーの分だけ結晶の G が上昇する (G') と，交点は低温側にシフトする．つまり T_m が低下する．HDPEは線状高分子で，結晶化に際して微結晶が大きく成長する．一方，LDPEは分岐しており，分子鎖が互いに寄り添って結晶化するときに，側鎖が邪魔をして微結晶サイズが大きくなれない．これがHDPE (133°C) と LDPE (124°C) の T_m の差になって現れる (図5.23参照)．**図6.3**に

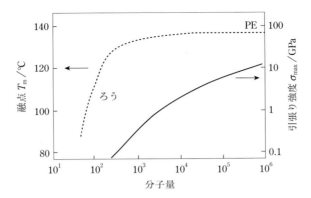

図6.3 ポリエチレンの分子量と融点 T_m, 引張り強度 σ_{max} の計算値との関係
[T_m は L. Mandelkern, *Crystallization of Polymers*, *2nd Ed.*, *Vol. 1*, Cambridge Univ. Press (2002), σ_{max} は Y. Termonia, D. Meakin, P. Smith, *Macromolecules*, **18**, 2246 (1985)]

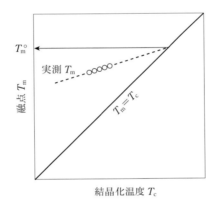

図6.4 結晶化温度 T_c と融点 T_m の関係(Hoffman–Weeks プロット)

は，ポリエチレンの分子量と融点，引張り強度の計算値との関係を示した．低分子量のポリエチレンはいうなればパラフィン（ろう）であり，融点が低く，力学的にもろい．これは低分子量ゆえ微結晶サイズが小さいことが理由である．

　微結晶サイズが∞のときの融点を**平衡融点**(equilibrium melting point) $T_m°$ という．$T_m°$ を求める手法として，Hoffman–Weeks プロットをあげる．融解した高分子を T_m 以下の温度（この温度を結晶化温度 T_c という）で保持して結晶化させる．T_c が高いほど微結晶サイズは大きくなるため，**図6.4**に示したように，実測 T_m が高くなる．Hoffman–Weeks プロットでは実測値の外挿線（破線）と，$T_m = T_c$

の実線の交点を $T_m°$ とみなす．ポリエチレンの場合は145.5°Cである．

T_m においてはさまざまな物性が急変する．例えば，結晶の融解にともない体積が急増する．そうした物性の変化をとらえることで T_m を求めることができる．現在最も汎用される手法はDSC法である．なお，微結晶サイズの分布は広く，またDSCでの昇温測定中にも小さい微結晶から次々と融解と再結晶化を繰り返すため，図5.23に示したように吸熱ピークはブロードになる．

6.1.2 ガラス転移温度

高分子の力学物性（弾性率），熱物性（熱膨張係数），電気物性（誘電率），光学物性（屈折率）などの特性は**ガラス転移温度**（glass transition temperature）T_g を境に急激に変化する．T_m は結晶が融解する温度であるため，結晶性高分子にしか観察されないのに対して，ガラス転移温度は非晶の分子運動に基づくため，基本的にあらゆる高分子に存在する．例えばアタクチックポリメタクリル酸メチルの弾性率は低温で3 GPaであるが，T_g（115°C）を超えると急激に低下して3 MPaとなる．つまり，T_g 前後の数度で弾性率は3桁も変化する．こうしたことから，ガラス転移温度は実用上きわめて重要となる．固い状態のチューインガムを口に入れると柔らかく噛むことができることや，餅を薄くスライスしたしゃぶしゃぶ餅を鍋に入れると急に柔らかくなる現象も，T_g が関係している．

図6.5には，非晶高分子の弾性率の温度依存性を示した．一般にプラスチックと呼ばれる高分子の T_g は高く，室温では硬い．結晶性高分子，非晶高分子を問わず，T_g 以下の状態をガラスといい，ガラス状態においては主鎖の分子運動が

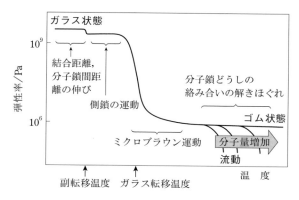

図6.5 非晶高分子の弾性率の温度依存性

凍結している．温度を上昇させると，動きやすい部分，例えば側鎖末端の置換基の回転などの分子運動が次々と起こり始め，分子運動が側鎖全体に及ぶことで副転移(sub-transition)が生じる．さらに温度が上昇すると，ついには主鎖が運動を始めるようになる．ただし，この段階では分子鎖としての重心は移動しない．この主鎖の分子運動を**ミクロブラウン運動**(micro-Brownian motion)といい，これによりガラス転移がもたらされる．さらに温度を上昇させると，絡み合っていた分子鎖が解きほぐれることで分子鎖の重心が移動し，全体が流動に至る．この際，分子量が大きいほど絡み合いの解きほぐしに時間を要するため，流動温度が高温側にシフトしていく．一方，分子鎖間に架橋を導入すると，もはや流動が起こらず，ゴム状態(6.5節参照)の弾性率を広い温度範囲で維持することになる．したがって，ある高分子が室温でプラスチックであるのかゴムであるのかは，その高分子のT_gが室温以上か以下かということから判断できる．高分子を材料化する際，高温で成形して温度を下げていくことが多く，高温から温度を下げていくとT_gでガラス化が生じることから，ガラス転移温度と名づけられた．

　ガラス転移の機構はさまざまな理論により説明されている．その1つが自由体積理論である．**自由体積**(free volume)とは分子鎖の隙間の体積を意味しており，ある物質の全体積は分子自身の占める占有体積(occupied volume)と自由体積の和で表される．例えばパチンコ玉を密に詰めても玉と玉の間に隙間があるように，分子鎖を詰め込んだとしても，どうしても埋められない隙間がある．この空間が自由体積である．**図6.6**に示したように，多くの高分子において，温度が低下す

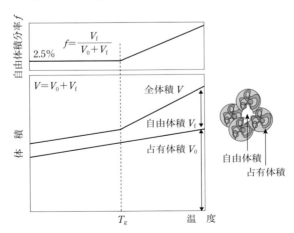

図6.6　高分子の占有体積V_0と自由体積V_f，自由体積分率fの温度依存性

ると自由体積分率fが減少し，T_gにおいて2.5%にまで達することが経験的に知られている．降温により自由体積がここまで減少すると，分子運動が困難になるためにガラス化するという説明である．なお，ガラス転移は熱力学的な意味での相転移ではなく，分子運動が真に凍結されるというよりは，「分子が運動するのに非常に長時間を要するようになる（緩和時間が長くなる）」と表現する方が正しい．

A. T_gと化学構造

T_gは高分子の繰り返し単位の化学構造と密接に関係する．T_gと関係するいくつかの化学構造上の因子は以下のとおりである．

主鎖の剛直性・柔軟性

芳香環などが導入され，主鎖が剛直になるとT_gは上昇する．

- ・ポリカーボネート（PC）　　　　　$T_g=145°C$
- ・ポリエーテルスルホン（PES）　　$T_g=230°C$
- ・ポリイミド（PI）　　　　　　　　$T_g=400°C$

一方，メチレンやエーテル結合などが主鎖に導入されると柔軟になり，T_gは低下する．

- ・ポリエチレン（PE）　　　　　　　　　　　　　　$T_g=-120°C$
- ・ポリオキシメチレン（polyoxymethylene, POM）　$T_g=-55°C$
- ・ポリジメチルシロキサン（poly(dimethyl siloxane), PDMS）　$T_g=-123°C$

特にシロキサン（siloxane）結合（Si–O–Si）は結合距離が長く，結合角が大きい．さらに，側鎖が存在しないため，結合の回転を束縛するポテンシャルが低く柔軟性に富んでいる．そのため，PDMSの示すT_gはこれまで見いだされたすべての高分子の中で最低の値である．したがって，例えば液体窒素温度$-196°C$ではあらゆる高分子はガラスである．

側鎖の柔軟性

ポリメタクリル酸エステル$\{CH_2-C(CH_3)COOR\}_n$とポリ（α-オレフィン）$\{CH_2-CH(R)\}_n$について，側鎖Rの変化にともなうT_gの変化を**表6.2**に示した．側鎖が長くなるのにともない，T_gが低下する．一方，側鎖に剛直な芳香環を導入するとT_gは上昇する（例えばポリスチレンとポリエチレンのT_gはそれぞれ100°C，$-120°C$）．

側鎖の凝集エネルギー

側鎖の極性が高いと分子鎖間の相互作用による凝集エネルギーが大きくなり，主鎖の分子運動が抑制されることでT_gが上昇する．例えば，イソタクチックポリプロピレンのT_gが$-10°C$であるのに対して，電子求引性が高く極性をもたら

表6.2 ポリメタクリル酸エステルとポリ(α-オレフィン)における側鎖長とガラス転移温度T_gの関係(単位 °C)

	R			
	CH_3	C_2H_5	n-C_3H_7	n-C_4H_9
ポリメタクリル酸エステル	120	65	35	21
ポリ(α-オレフィン)	-10	-25	-40	-50

$$\begin{array}{c} CH_3 \\ -(CH_2-C)_n- \\ COOR \end{array}$$
ポリメタクリル酸エステル

$$-(CH_2-CH)_n- \\ R$$
ポリ(α-オレフィン)

す塩素を側鎖に導入したポリ塩化ビニル(PVC)では$T_g=87$°C,同じく極性の高いシアノ基(CN)を導入したポリアクリロニトリルでは$T_g=101$°Cになる.また,ポリアクリル酸メチルのT_gが3°Cであるのに対して,ポリアクリル酸のT_gは106°Cに上昇する.これは側鎖のカルボキシ基が分子鎖間で水素結合することで分子運動が抑制されることに基づいている.

側鎖の対称性

側鎖に塩素を1つ有するPVCのT_gが87°Cであるのに対して,同じ主鎖炭素に塩素が2つ結合したポリ塩化ビニリデン(PVDC)$-(CH_2-CCl_2)_n-$のT_gは-19°Cに低下する.また,イソタクチックポリプロピレンのT_gは-10°Cであるのに対して,メチル基を2つ有するポリイソブチレン$-(CH_2-C(CH_3)_2)_n-$のT_gは-70°Cとなり,イソタクチックポリプロピレンよりも低下する.このように一置換(ビニル)型に比較して,1,1-二置換(ビニリデン)型の,主鎖に対して対称な構造を有する高分子のT_gは低くなる.この現象を例えるならば,水を入れたバケツを持つときに,片手にバケツを持つよりも,むしろ両手にバケツを提げたほうが歩きやすい(主鎖の分子運動が容易)ことに対応する.

T_mは結晶の融解,T_gは非晶のミクロブラウン運動と関係する.運動が生じる場所も機構もまったく異なっているが,これまで述べてきたようにT_mもT_gもいずれも化学構造に依存して変化し,T_mの高い高分子はおおむねT_gもまた高い.したがって,絶対温度の比で表すと,経験的に$T_g/T_m \fallingdotseq 2/3$の関係にあることが知られている.

B. T_gと分子量

分子鎖の中央部に比較して分子鎖の末端は運動性が高い.人が手をつないで数

珠つなぎになった場面を想像してみよう．中央部にいる人は動こうとしても動きにくいが，端の方の人は動きやすい．分子末端の数は数平均分子量M_nに反比例するため，T_gとM_nには次の関係がある．

$$T_g = T_g^\circ - \frac{B}{M_n} \tag{6.1}$$

T_g°は$M_n=\infty$（分子末端の影響が無視できる）の高分子に対するT_g，Bは高分子の種類に依存する定数である．例えばポリスチレンについてT_gと$1/M_n$のプロットを$M_n=\infty$に外挿すると$T_g^\circ=100℃$が得られ，直線の勾配からBは1.75×10^5 Kとなる．したがって，$M_n=10000$のポリスチレンのT_gは83℃になる．

高分子に架橋を導入すると分子運動が抑制され，T_gが上昇する．天然ゴムの架橋密度を上げたものはエボナイトと称され，T_gは室温以上になり，石油を原料とするプラスチックが普及する以前には万年筆の軸などに利用されていた．

本来，T_gはすべての高分子で観察されるはずであるが，あまりにもT_gが高くなると，T_gよりも高分子の熱分解が低温で先に生じるため，見かけ上，T_gが観察されない場合がある．

C. T_gを変化させる

モノマーAとモノマーBからなるランダム共重合体のT_gは次のFoxの式で表される．

$$\frac{1}{T_g} = \frac{X_A}{T_{g,A}} + \frac{1-X_A}{T_{g,B}} \tag{6.2}$$

ただし，X_AはAの重量分率，$T_{g,A}$, $T_{g,B}$は各々の単独重合体のT_gである．例えば，PVC単独重合体では$T_g=87℃$であり，水道配管用の灰色をしたパイプで見られるように，室温では硬く，硬質塩ビと呼ばれる．一方，PVDC単独重合体では$T_g=-19℃$である．そのため，塩化ビニルと塩化ビニリデンを共重合することで，組成に応じてT_gを制御することが可能となり，食品包装ラップフィルムなどに用いられている．このように共重合することでT_gを低下させることを**内部可塑化**(internal plasticization)という．一方，低分子を添加することでT_gを下げることを**外部可塑化**(outer plasticization)という．代表的な例がフタル酸ジオクチル(dioctyl phthalate, DOP)であり，このような物質は**可塑剤**(plasticizer)と総称される．DOPがPVCの分子鎖間に入り込むことで，PVC－PVC分子鎖間の凝集エネルギーを弱め，ミクロブラウン運動を起こりやすくする効果をもつため，T_gが低下する．外部可塑化は安価かつ容易なため，身近な例ではソフトビニール人

形（ビニールはPVCの俗称），ビニールハウスに使われるビニールシート，点滴バッグ，プラスチック消しゴムなどで汎用されている．内部可塑化では低T_g成分が共有結合によって分子鎖に取り込まれているのに対して，外部可塑化では可塑剤が高分子に混合するだけで,両者の間に共有結合は存在しない．したがって，環境・時間の経過にともなって可塑剤が溶出すると，消しゴムでは表面がべたついたり，ビニールシートでは可塑化効果が失われてもろくなったりする．

　綿や麻，レーヨン繊維はセルロースからなり，分子内・分子間水素結合を有している．この分子鎖間に水が導入されると，セルロース—セルロース間の水素結合が切断されることで柔軟となる．つまり水が可塑剤の役割を果たしている．この現象を利用したのがアイロン掛けである．霧吹をかけてワイシャツを構成するセルロースを軟化させたところに熱いアイロンを当てることで，可塑化と熱の両方の効果により布を塑性変形させる．それと同時に加熱により水を蒸発させて可塑剤を取り除くと，冷却後には折り目が残ることになる．逆に，梅雨時には湿気を吸うことで折り目が消えやすいがこれも同じ原理に基づいている．ナイロンもアミド結合が吸水を促進し，ナイロン6のT_gは絶乾状態で95℃であるが，10%の吸湿でT_gは室温以下にまで低下する．

6.1.3　高分子の耐熱性

　耐熱性（heat resistance）は高分子に求められる最も重要な特性の1つである．しかしながら，実は定義があいまいで,時と場合によってT_mであったり,T_gであったり，求められる特性によって意味が変化する．以下では，その他の耐熱性の指標として，熱変形温度と熱分解温度について述べる．

A.　熱変形温度

　図6.7には，市販ポリエチレンテレフタレート（PET）フィルムに錘をぶら下げて（10 MPa相当）加熱した際の伸びを示した．この測定は**熱機械分析**（thermo-mechanical analysis, **TMA**）といわれる．温度が上昇すると試料が伸びていき，ある温度で勾配が急激に変化する．この温度を**熱変形温度**（heat distortion temperature）という．また，図6.7の測定を引張りではなく，曲げ荷重で行った場合には，**荷重たわみ温度**（load deflection temperature）が求められる．力がかかった状態で寸法が変化しないことが材料特性として求められるならば，T_gやT_mではなく，熱変形温度が耐熱性の目安となる．ただし,熱変形温度は特に荷重や昇温速度に依存して変化する（荷重を小さくすると高温側にシフトして，T_gに近づく）ことに注意が必要である．

第6章 高分子の固体物性

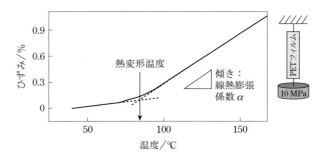

図6.7　PETフィルムの熱機械曲線と熱変形温度，線熱膨張係数

　図の勾配（温度変化 ΔT による伸び $\Delta l/l_0$）から求まる**線熱膨張係数**（linear thermal expansion coefficient）または線熱膨張率 α は次式で定義される．

$$\alpha = \frac{(\Delta l/l_0)}{\Delta T} \tag{6.3}$$

T_g 以下のガラス状態での高分子の α は 10^{-4} K^{-1} のオーダーであり，金属結合から構成される金属よりも1桁，セラミックスよりも2桁大きい．これは，無配向の高分子では温度の上昇にともない分子鎖間距離が広がるためである．一方，分子鎖を高度に配向させると，その方向の α はきわめて小さく，時として負になる．負の熱膨張の理由を分子レベルで説明するならば，例えばポリエチレンでは平面ジグザグ鎖はすでに伸びきった状態であり，分子運動するためには縮まざるを得ないためといえる．また，繊維では延伸により引き伸ばされていたものが，加熱により軟化すると，配向状態から無配向状態への構造変化が生じることでむしろ収縮する場合も多い．

B.　熱分解温度

　図6.8には，高分子を窒素雰囲気下で加熱したときの重量変化を示した．この測定を**熱重量分析**（thermogravimetric analysis, **TG**）という．一般には加熱により重量が5 wt%減少する温度を**熱分解温度**（thermal degradation temperature）T_d という．高分子の成形加工は溶融状態で行われるため，成形時の温度を T_m 以上にする必要がある．したがって，高い T_m をもつ高分子では必然的に成形加工の温度を上げなければならないため，加工時に熱分解をともなう可能性が高くなる．そのときには T_d が耐熱性の指標になる．また，重量の減少が生じるよりも低い温度で熱酸化の進行にともない着色が生じることがある（ポリビニルアルコールでは，側鎖のヒドロキシ基と主鎖の水素の間で脱水することで二重結合が導入さ

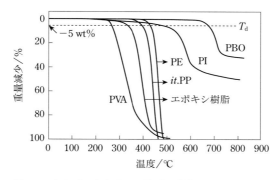

図6.8 さまざまな高分子の熱重量曲線と熱分解温度 T_d

れ，その共役長が伸びることで可視光を吸収するため，黄～褐色に着色する）．したがって，光学的な透明性が求められる利用分野では着色の有無が耐熱性の目安となる．ポリビニルアルコールでは T_m と T_d が近接しており，融解は熱分解をともなうため，溶融状態を利用して成形することができない．そこで，いったん溶媒である水に溶解させた後，水を蒸発などで取り除く**湿式成形**（wet processing）を行うことで繊維やフィルムを得ている（5.8節参照）．

● コラム　　高分子を金属と比較すると

　高分子の力学物性（引張り強度，弾性率）や熱物性（熱伝導度，線熱膨張係数）は金属を凌駕する場合もあり，特性を利用した実用化が図られている．また，石英ガラスに匹敵する光透明性を利用したプラスチック光ファイバーへの応用も進められている．さらに，電気物性についても，W. A. Little は高分子で常温超伝導を予想し，白川英樹はポリアセチレンを用いた導電性高分子の発見でノーベル化学賞を受賞した．プラスチックのイメージである「弱く・柔らかく・電気を通さず……石油からできているために，環境に負荷をかけ…，しかし値段は安い」という従来のイメージは現在では大きく転換されている．環境問題がクローズアップされる中で，ポリ乳酸などの生分解性高分子が登場した．その後，生体内で溶ける縫合糸などの特殊な用途を除き，生分解性よりもむしろ，石油ではなくバイオマスに由来する原料に注目が移り，植物由来高分子，バイオベース高分子（bio-based polymer）と呼称される高分子が作られるようになった．さらに，原料となるバイオマスも「トウモロコシ」などに由来するデンプンのような可食資源から，セルロースやアマニ油などの非可食資源へ転換されつつある．

表　さまざまな高分子と金属の融点

高分子	融点/°C	金属	融点/°C
ポリエチレンナフタレート	268	ナトリウム	98
ポリ(p-フェニレンスルフィド)	289	鉛	327
ポリテトラフルオロエチレン	327	アルミニウム	660
ポリエーテルエーテルケトン	348	鉄	1536
ポリエーテルケトン	373	タングステン	3380

さて，高分子のそれ以外の大きな特徴の1つは密度の低さ，すなわち軽量性である．そこで，軽量化，ひいては燃費向上，環境調和のため，現在では旅客機の構造材料の50%以上に，主として炭素繊維を充てんしたエポキシ樹脂複合材料が採用されるまでになっている．さらに自動車の車体も金属からの代替が進められようとしている．このように，さまざまな物性で金属を凌駕する高性能高分子が出現しているが，現状では，どうしても金属に及ばない領域もある．

例えば耐熱性についてT_mを指標として金属と高分子で比較してみると表のようになる．金属ナトリウムや特殊な合金では低いT_mを示す例もあるが，ほとんどの場合，金属のT_mの方が圧倒的に高い．PTFEよりも高い融点を示す超耐熱性高分子としてポリエーテルエーテルケトン（PEEK，$T_m=348°C$）などもあるが，たかだか400°C程度までである．さらに炭素を主成分とする材料では本質的にT_dが低く，$T_m>T_d$になってしまうので，何千°Cといった温度領域での利用は原理的に不可能である．したがって，内燃機関を利用する限りallプラスチック自動車の実現は難しい．一方，炭素に代わって主鎖にケイ素を導入することで，$T_d>800°C$の高分子も開発されている．これらC, H, O, N以外の元素を取り込んだ高分子は「元素ブロック高分子」と総称され，これまでの高分子とは異なる特異な熱物性，磁気物性を発現することが期待されている．

6.1.4　熱伝導度

熱伝導度(thermal conductivity)とは，試料の両側に温度勾配[K m^{-1}]がある場合にその勾配に沿って単位時間[s]，単位断面積[m^2]あたりに試料を通過して運ばれる熱エネルギー[J]と定義される．したがって，単位はJ·m/(s·m^2·K)となり，整理するとW m^{-1} K^{-1}となる．ダイヤモンドでは2000 W m^{-1} K^{-1}，銀では420 W m^{-1} K^{-1}，鉄では84 W m^{-1} K^{-1}であるのに対して，一般の高分子は0.1 W m^{-1} K^{-1}程度のきわめて低い値を示す．金属のコップとプラスチックのコップにお湯を入れたとき，金属のコップは持てなくなるほど熱くなるのに対して，プラスチックのコップは平気で持てることは熱伝導度の差に由来する．熱はフォ

ノン(phonon；音子)，つまり振動として伝わる．この際，ポリエチレン分子鎖間ではファンデルワールス力などしか働かないため，熱伝導率は低くなる．しかしながら，熱伝導度は高分子鎖の異方性の影響を受けやすく，次節で述べる弾性率などと同じように，分子鎖の方向ではきわめて高くなり，ポリエチレンの分子鎖の方向で104 W m^{-1} K^{-1}の値となる．つまり熱伝導率が鉄を上回ることになり，構造を制御して，分子鎖を配向させれば，必ずしも高分子は熱を伝えにくいというわけではなくなる．

6.2 高分子の力学的性質

6.2.1 引張り変形

図6.9に示したように，断面積(cross sectional area)Sの高分子材料に質量Wの錘をぶら下げると，元の長さl_0がΔlだけ伸びて$l_0+\Delta l$になる．この際，W/Sを**応力**(stress)σといい，単位はN m^{-2}(=Pa)となる．みなさん自身を材料に見立て，手に錘を吊るすのではなく，錘が落ちないように支えていると考えると，応力(応える力)という用語が概念として理解しやすい．最近ではストレスというほうが直感的で，よりわかりやすいかもしれない．それに対して，$\Delta l/l_0$を**ひずみ**(strain)εといい，長さを長さで除すことから無次元となる．

図6.10には，高分子材料を一定速度で引張ったときの典型的な**応力－ひずみ曲線**(stress-strain curve)を示した．変形の初期にはσとεの間に直線関係が見られる．この初期勾配$(\sigma/\varepsilon)_0$を**弾性率**(elastic modulus)Eという．εが無次元なため，弾性率の単位はσと同じPaとなる．引張り変形の場合の弾性率は**ヤング率**(Young's modulus)，縦弾性係数とも呼ばれる．εが小さな範囲ではいったんσを

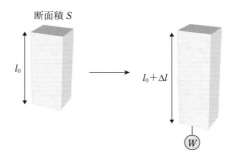

図6.9　高分子の引張り変形

第6章 高分子の固体物性

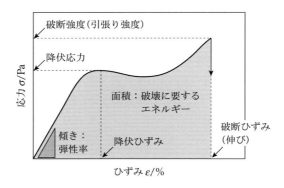

図6.10 高分子の応力σ−ひずみε曲線

かけた後に再び$\sigma=0$にすることで，εも0に戻る．このようにフックの法則(Hooke's law)が成立する変形を**弾性変形**(elastic deformation)という．なお，必ずしもσとεが比例せず，σ-ε曲線が曲がり始めても，σを取り除くと$\varepsilon=0$に戻るのであれば，弾性変形とみなすことができる．さらにσを増加させると，σを取り除いても，ついにはεが0に戻らなくなる．この点を**弾性限界**(limit of elasticity)と呼称する．図6.10のσ-ε曲線はその後，極大を迎えている．この現象を**降伏**(yielding)といい，極大点でのσ，εを各々，降伏応力(yield stress)，降伏ひずみ(yield strain)という．さらにσを増加させるとついには材料が破断する．このときのσ，εを各々，**破断強度**(stress at break)，**破断ひずみ**(strain at break)という．破断ひずみのことを単に「伸び」と呼ぶ場合もある．破断強度＞降伏応力のときには破断強度のことを**引張り強度**(tensile strength)σ_{max}という．逆に，降伏応力＞破断強度の場合には降伏応力＝引張り強度となり，要するに最大応力のことを引張り強度という．図6.10のσ-ε曲線とひずみ軸で囲まれる面積は，その材料を破壊するのに要するエネルギーに対応しており，**強靭性**(toughness)の指標となる．

表6.3には，各種高分子の弾性率を金属，セラミックスと比較して示した．単位としては10^9を意味するG（ギガ）を付してGPa（$=10^9$ N m^{-2}）を用いた．前章で述べたように鋼鉄を上回る200 GPa以上の弾性率を示す高弾性率繊維から10 kPaの弾性率を示すゲルまで，高分子材料は弾性率にして10^7のオーダーの範囲をカバーしている．このように，材料設計・選択の自由度がきわめて高いことが，高分子材料が世に普及した理由の1つである．

表6.3 さまざまな高分子，金属，セラミックスの弾性率（単位 GPa = 10^9 Pa）

材料	弾性率/GPa	材料	弾性率/GPa
無機材料		**衣料用繊維**	
アルミナ	400	ポリエステル	11
鋼鉄	206	絹	10
チタン合金	106	ビニロン	9
石英ガラス	73		
アルミニウム	71	**プラスチック**	
		エポキシ樹脂	4
高弾性率高分子		ポリスチレン	3
PBO繊維	350		
ポリエチレン繊維	225	ゴム	0.01
アラミド繊維	144	ゲル	0.00001

2種類以上の異なる素材を組み合わせる最も一般的な例に**複合材料**（composite）がある．無機化合物などの他の物質と高分子を組み合わせる場合も，高分子と高分子の組み合わせの場合（ブレンドは除く）もある．例えば，直径10 μmの**炭素繊維**（carbon fiber）を束にしたものは，その繊維の方向に引張った場合はきわめて強いが，それ以外の方向への変形に対しては弱い．ところが炭素繊維にエポキシ樹脂（epoxy resin）を浸み込ませて固めた複合材料にすると，金属よりも軽量で，高強度・高耐久性を示す．こうした複合材料は飛行機の構造材料にも利用されるようになってきた．素材AとBを組み合わせる場合，各々の弾性率をE_A, E_Bとし，Aの体積分率をϕ_Aとすると，複合材料全体の弾性率E_cは次の2つの式の間の値となる．

AとBが力学的に平行（parallel）に配列した場合：

$$E_c = E_A \phi_A + E_B (1-\phi_A) \tag{6.4}$$

AとBが力学的に直列（series）に配列した場合：

$$\frac{1}{E_c} = \frac{1}{E_A}\phi_A + \frac{1}{E_B}(1-\phi_A) \tag{6.5}$$

図6.11には，ϕ_Aの変化にともなうE_cの変化を示した．弾性率の高いAを充てんすることで，複合材料全体の弾性率を大幅に増加させることが可能である．実在の複合材料のE_cは式（6.4）と式（6.5）で表される曲線に挟まれた，図中に網かけで示した領域内のどこかに位置することになり，構造を変えることで制御できる．単に一方向の弾性率だけを上げたい場合は，ϕ_Aを上げて平行に配列させればよい

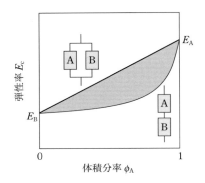

図6.11　複合材料の弾性率E_cと充てん材の体積分率ϕ_Aの関係

が，この構造では直角方向には力学的に弱くなるため，目的に合わせた構造制御が重要となる．複合材料の物性は組み合わせるA, Bの種類や体積分率ϕ以外にも，AとBの界面の接着性や軸比(aspect ratio，アスペクト比：形に異方性がある場合，長辺と短辺の長さの比)などによってもさまざまに変化し，これらを織り込んだ発展型の式が多数提案されている．

力学物性には引張り強度以外にも衝撃強度(impact strength)，引き裂き強度(tear strength)，疲労強度(fatigue strength)などさまざまな意味合いの「強度」があり，単に高強度という場合にはσ_{max}が高いことを指す．弾性率の極限については前章で述べたように結晶弾性率として実測できるが，到達できるσ_{max}の極限値については計算に頼るほか術がない．炭素－炭素の単結合の引張り強度について，ポテンシャル関数の1つであるMorse関数に基づくと，σ_{max}の極限値は56.8 GPaと計算されている．この値は炭素－炭素二重結合では110 GPaになる．同様にダイヤモンド，グラファイトについてのσ_{max}の極限値は104 GPaと計算されており，有機材料に対するσ_{max}の上限はこの程度であると推察される．ポリエチレンについては$\sigma_{max}=31$ GPaの極限値が得られている．

同じ計算方法をほかの高分子に適用すると，例えばセルロースでは17.7 GPa，イソタクチックポリプロピレンでは16.5 GPaとなる．これらの値とポリエチレンの値との差異には分子鎖1本の断面積が直接反映されており，高強度材料の創製にあたって分子断面積が重要な役割を果たしている．これらのσ_{max}は鋼鉄(2.7 GPa)やガラス繊維(3.5 GPa)の値を超えており，高分子は力学的に弱いという常識は過去のものとなっている．しかしながら，弾性率については実際のポリ

●コラム　　2原子間ポテンシャルエネルギーからわかること

2つの原子が近づくと原子間に引力と斥力が働く．原子間のポテンシャルエネルギー曲線$V(r)$はそれらの合計として，図のように得られる．平衡原子間距離r_0において曲線は極小点となり，エネルギー的に最も安定となるため，この位置に隣の原子が存在することになる．ここで原子間を引張るとポテンシャルエネルギー曲線に沿って原子間距離が伸びる．適当なところで引張るのをやめると，曲線に沿ってポテンシャルエネルギーを低下させながら，原子はr_0の位置に戻る．この弾性変形の源はポテンシャルエネルギーであるため，エネルギー弾性といわれる．

ここで，エネルギーを距離rで微分すると$(\mathrm{d}V(r)/\mathrm{d}r)$，外力$F$になる．さらに$F$を$r$で微分すると，つまりエネルギーを二次微分すると$(\mathrm{d}^2V(r)/\mathrm{d}r^2)$，傾きからバネ定数$k$が求まる．

ポテンシャルエネルギー$V(r)$を表す代表的な式として次のMorse関数がある．

$$V(r) = D\{1 - \exp[-a(r - r_0)]\}^2$$

$r = r_0$においては，$a = [k/(2D)]^{1/2}$となる．

ここで，Fの最大値$F_{\max}$は，$\mathrm{d}^2V(r)/\mathrm{d}r^2 = 0$を与える$r_{\max}$に現れるため，次のように表される．

$$r_{\max} = r_0 + \ln\left(\frac{2}{a}\right)$$

$$F_{\max} = \left(\frac{\mathrm{d}V(r)}{\mathrm{d}r}\right)_{r = r_{\max}} = \left(\frac{kD}{8}\right)^{1/2}$$

引張り強度$\sigma_{\max}$は$F_{\max}/S$(断面積)で与えられる．いま，炭素原子のファンデルワールス半径(1.7 Å)から，断面積SはC–C結合を取り囲む面積として$S = 10$ Å^{2}と考える．また，k，DとしてC–C共有結合の伸長のバネ定数(4.5×10^{-8} N Å^{-1})，結合エネルギー(345 J mol^{-1})を代入すると$\sigma_{\max}$として56.8 GPaの値が得られる．この値をポリエチレンに当てはめると，ポリエチレン分子鎖1本の断面積(18.2 Å$^2 = 7.40 \times 4.93 \div 2$)から，$\sigma_{\max}$は$S$の増加分だけ小さくなって31 GPaと求まる．また，引張り弾性率$E = kr_0/S$であるため，C–C結合のEは693 GPaとなる．これが二重結合(–C=C–)になるとDもkも大きくなるためEは1273 GPaとなり，さらに三重結合(–C≡C–)では1888 GPaになる．一方，高分子鎖間について見てみると，ファンデルワールス力のD，kは共有結合の約1/100であるから，$\sigma_{\max}$も1/100程度になることが予想される．すなわち，高分子の主鎖方向と直角方向での著しい異方性は$V(r)$の形に基づいている．

温度依存性についても考えてみよう．加熱により原子の熱振動が生じると，r_0に

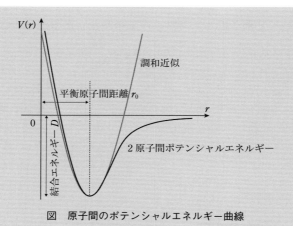

図　原子間のポテンシャルエネルギー曲線

位置する原子は，r_0を中心としてブランコのように振れることになる．この際，$V(r)$がr_0の内外で対称であれば（このことは「$V(r)$が二次曲線で近似できる限りは」と言い換えることができ，調和近似と呼称される），平均値はr_0であるから，結合長は変化せず，熱膨張は生じない．ところが，$V(r)$はrが大きくなると傾きがゆるくなっている（「非調和性が現れる」という）．つまり，熱振動の振幅が大きくなると，平均値はr_0よりも大きくなる．この現象が熱膨張をもたらす一因になる．このとき，$d^2V(r)/dr^2$も小さくなる．すなわち高温でEが低下し，温度依存性が現れることになる．

エチレン試料で極限値にまで達しているのに対して，σ_{max}の実測値は最高でも7.1 GPaであり，計算値よりもずいぶんと低い．これは弾性率が変形初期を対象とするため，材料中の構造欠陥の影響を受けにくいのに対して，σ_{max}は破断時の物性であることから，その影響をより強く受けることに原因がある．例えばリングをつなげてチェーンを作った場合，全体の強度は（欠陥を含む）最も弱いリングの強度で決まってしまうことと同じ原理である．さらに，計算にあたっては断面に存在するすべての炭素－炭素結合が同時に切断されることが仮定されているが，現実には起こり得ないことなども原因である．また，前章で述べたように，本質的に高分子鎖は主鎖方向に共有結合を有し，分子鎖間には弱い分子間相互作用しか働かないことから，配向の影響が大きく，分子量の影響もまた大きく反映される．図6.3で示したように，ポリエチレンの分子量と引張り強度の計算値との関係において，分子量の増大にともないσ_{max}は増加した．このことは，高分子

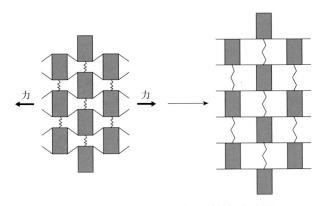

図6.12 負のポアソン比を有する材料の概念図

の実用物性の発現には一定以上の分子量を備えることが必須であることを意味している．

材料を引張ったとき，その方向には伸びるのに対して，直角方向には縮むことは直感的に理解できる．この際，引張り方向のひずみ$\varepsilon_{\parallel}$と直角方向のひずみ$\varepsilon_{\perp}$の比をポアソン比(Poisson's ratio)νといい，$\nu=-\varepsilon_{\perp}/\varepsilon_{\parallel}$で定義される．引張って伸びた分が直角方向にきっちり縮んで，体積が変化しない場合には$\nu=0.5$になる．ゴムやゲルの変形初期はこれに該当する．一方，一般のプラスチックや金属の場合には$\nu=0.2\sim0.3$程度の値になる．この場合，材料を引張ると体積が増加することになる．一方，引張ることで直角方向にも膨らむ場合には$\nu<0$になる．一見非常識であるが，auxeticと呼ばれ，特殊な発泡体で実現されている．その概念を**図6.12**に示した．横に引張ることで上下にも伸びている．$\nu<0$の材料で釘を作れば，抜こうとして釘を引張ると直径が太くなって，ますます抜けなくなるような釘となる．

材料を引張ると刻々と断面積が変化する．したがって，σを求めるための，外力を除するべき断面積も刻々と変化することになる．このように，断面積変化を考慮する応力のことを真応力(true stress)と呼称する．一方で，一般的には図6.10を含め，初期断面積で除する応力(工学的応力, engineering stress)が採用される．

6.2.2 さまざまな変形様式

ここでは，引張り変形以外の実用上重要な変形様式について述べる．

A. 曲げ変形

図6.13(a)に示したように材料を2点で支持し，中央を押すと材料は曲がる．これを3点曲げ試験という．この際，上半分には圧縮変形が生じ，下半分では引張り変形が起こっている．したがって，均質材料ではちょうど厚みの半分のところで，圧縮変形も引張り変形も起こらない$\varepsilon = 0$の領域(中立軸，中立面)が存在する．この方法で得られるのは次式で表される**曲げ弾性率**(bending modulus)Eである．

$$E = \frac{Fl^3}{4WD^3 x} \tag{6.6}$$

厚みDと幅Wの寄与が異なっているが，これは同じ薄板でも，寝かせて荷重をかけると曲がりやすいのに，立てると曲げにくいことに定性的には対応している．肉厚の材料では両端をつかんで引張ることが困難な場合が多く，その場合にはしばしば曲げ試験が行われる．ただし，不均一な材料の場合には表面層が大きく影響することに注意する必要がある．

B. せん断変形

図6.13(b)に示したように，底面を固定した状態で上面に平行に外力を加えるときにはせん断変形が生じる．せん断変形によって求められるのは次式で表される**せん断弾性率**(shear modulus，剛性率，横弾性係数ともいわれる)Gである．

$$G = \frac{\sigma}{\gamma} \tag{6.7}$$

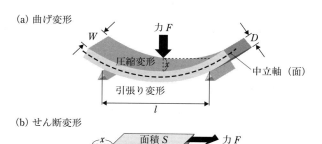

図6.13 (a)曲げ変形，(b)せん断変形

ここで，応力σは$\sigma = F/S$，ひずみγは$\gamma = x/l$で表される．せん断変形は材料をねじるときに生じることから実用上重要となる．

C．静水圧圧縮

材料を水中に沈めていくと，いずれの方向からも等方的に等しい圧縮応力が加わる．この応力を**静水圧**(hydrostatic pressure)Pという．静水圧圧縮で求められるのは次式で表される**圧縮弾性率**(compression modulus，体積弾性率(bulk modulus)ともいわれる)Kである．

$$K = -\frac{P}{(\Delta V/V_0)} \tag{6.8}$$

V_0は初期体積，ΔVはPによる体積変化を表している．なお，Kの逆数を圧縮率(compressibility)κという．

また，等方性材料では$E = 2G(1+\nu) = 3K(1-2\nu)$の関係が成立することから，$E, G, K, \nu$のいずれか2種類が求まれば，残りの定数を求めることができる．

6.3　高分子の粘弾性

高分子材料の力学物性の最大の特徴は，**粘弾性**(viscoelasticity)を示すことにある．粘弾性とは材料の変形に粘性(viscosity)と弾性(elasticity)の両者が同時に寄与することである．高分子だけでなく，例えば水も粘弾性体であり，顔や手を洗うときには特に水を柔らかいとか硬いとか感じないが，プールサイドから飛び込んだとき，失敗して腹を打ち，痛い目にあった経験は誰しもあるだろう．このとき，水はきわめて硬くふるまっていることに気づく．逆に氷は硬いものと認識されるが，氷河では氷がゆっくりと流れている．これは時間をかけて観察すれば氷が柔らかくふるまっている例である．ここでは，高分子で観察される2種類の代表的な粘弾性挙動として，応力緩和とクリープ現象について述べる．

材料に一定のひずみを付加し続けたときに生じる応力σ_0が時間とともに減少していく($\rightarrow \sigma(t)$)現象を**応力緩和**(stress relaxation)という．応力緩和は，ミクロには分子鎖が相互にすべることで応力が緩和された結果として説明できる．紐で荷物を固く縛っても，翌朝には緩んでいるのはこの現象に基づいている．一方，材料に錘をぶら下げたとき，ひずみが時間とともに増加していく($\varepsilon(t)$)ことがある．この現象を**クリープ**(creep)といい，材料内部で分子鎖が相互にすべることで巨視的にもズルズルと伸びるために生じる．

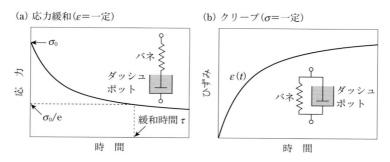

図6.14 バネとダッシュポットを用いた(a)応力緩和(マクスウェルモデル)と(b)クリープ現象(フォークトモデル)の説明

　以下では，これらの粘弾性挙動を，**図6.14**(a), (b)にそれぞれ示した弾性を表す「バネ(spring)」と粘性を表す「ダッシュポット(dash pot)」を組み合わせて，モデル的に説明する．バネは荷重により瞬時に伸び，荷重を取り除くと瞬時に元に戻る性質を有している．その変形挙動はフックの法則($E = \sigma/\varepsilon$)に従う．ダッシュポットとは粘度の高い液体の入った容器にピストンを突っ込んだもので，「クマのプーさん」が壷に腕を突っ込んでハチミツを取ろうとするが，ハチミツの粘度が高いため腕を抜くのに時間がかかっているのはこれと同じ状態である．ダッシュポットの変形は $\varepsilon = (1/\eta)\sigma \cdot t$ で表される．この式は粘度(viscosity) η の定義式を変形したものであり，t は時間を表す．粘度の単位はPa·sとなる．

6.3.1　応力緩和

　図6.14(a)に示したように，バネとダッシュポットを直列に組み合わせたマクスウェルモデル(Maxwell model)で応力緩和を説明してみよう．いま，材料に一定のひずみを加えて静置するとする($\varepsilon =$一定)．ひずみを加えるとバネは瞬時に伸びて σ_0 が生じる．このとき，ダッシュポットは瞬時には動けないが，ダッシュポットにも σ_0 はかかるため，時間とともにピストンが容器から引き出されていくことでダッシュポット部分のひずみが増加する．全体の ε は一定であるので，ダッシュポットが伸びた分だけバネが縮むことでバネの σ は時間とともに減少していく．つまり応力が緩和していくことになる．さらに時間が経つとダッシュポットの中のピストンがよりいっそう引き出され，バネの方は元の長さに戻り，$\sigma = 0$ となる(むろんモデルなので，ピストンが容器から抜けてしまうことはないし，バネや容器自身の重さはないと仮定している)．

εの時間変化dε/dtは次式で表される.

$$\frac{d\varepsilon}{dt} = \frac{1}{E}\left(\frac{d\sigma}{dt}\right) + \frac{\sigma}{\eta} \tag{6.9}$$

ここで，εは一定であるため，dε/dt = 0 のもとで上式を変形した

$$\int \frac{d\sigma}{\sigma} = -\int \frac{E}{\eta} dt \tag{6.10}$$

の積分を計算すると，

$$\sigma = \sigma_0 \exp\left(-\frac{Et}{\eta}\right) \tag{6.11}$$

となり，図6.14 (a)の曲線を描く．

ここで，η/Eを**緩和時間**（relaxation time）τと定義する．τは初期応力σ_0が1/eになるまでに要する時間を表し，材料の弾性Eと粘性ηの比を示す指標となる．

6.3.2 クリープ現象

クリープ現象は，図6.14 (b)のようにバネとダッシュポットを並列に組み合わせたフォークトモデル（Voigt model）を用いて説明される．ここでは，材料に一定の応力を加えて静置する（σ = 一定）．すると，本来のバネは瞬間的に伸びるはずだが，横にあるダッシュポットが瞬間的な伸びを抑えるため，すぐには伸びられない（むろんモデルであるから，並列になったバネとダッシュポットは同じひずみで変形すると仮定している）．ところが，バネは引き続き伸びようとするため，時間が経つとダッシュポットからピストンが引き出され，伸びが時間とともに増加する．このとき，σは次式で表される．

$$\sigma = E\varepsilon + \eta \frac{d\varepsilon}{dt} \tag{6.12}$$

この微分方程式を解くと（$\int \frac{dt}{\eta} = \int \frac{d\varepsilon}{\sigma - E\varepsilon}$ より）

$$\varepsilon = \frac{\sigma}{E}\left[1 - \exp\left(-\frac{Et}{\eta}\right)\right] \tag{6.13}$$

となり，図6.14 (b)の曲線を描く．

ここで，実際の材料のクリープ現象の説明に上述のモデルを適用してみる．高弾性率ポリエチレンとポリビニルアルコールに30℃で500 MPaの応力を付加した場合のクリープ曲線を**図6.15**に示した．図の曲線を説明するために，2つのバネと2つのダッシュポットを組み合わせた4要素モデル（four elements model）

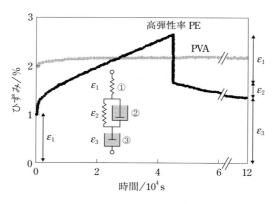

図6.15　高弾性率ポリエチレンとポリビニルアルコールのクリープ曲線および4要素モデル（30℃，500 MPa）

を考える．全体のひずみεは$\varepsilon_1+\varepsilon_2+\varepsilon_3$で表される．まず，高弾性率ポリエチレンに$\sigma_0$（＝500 MPa）を付加すると，瞬間的に①のバネが伸び，$\varepsilon_1=1.0$％となった．ダッシュポットはすぐには動けないため，$t=0$ではε_2もε_3も0であるから，$\varepsilon=\varepsilon_1$となり，$E=50$ GPaであることがわかる．その後，時間tが経過するにつれて徐々に②のダッシュポットとバネの部分が伸びる（ε_2）とともに，③のダッシュポットが伸びていく（ε_3）．次いで4.2×10^4秒後に応力を取り除くと，瞬間的に①のバネが元に戻る（$\varepsilon_1\to0$）．さらに時間が経過すると，②の部分で，ダッシュポットの動きによって抑制されつつもバネが元に戻っていく（$\varepsilon_2\to0$）．ただし，③のダッシュポットは引き上げてくれるバネをともなっていないため，伸びたままである．したがって，永久ひずみがε_3として残留することになる．高弾性率ポリエチレンに比較してポリビニルアルコールは弾性率が低く（$E=25$ GPa），初期ひずみε_1は大きい．しかしながら，時間が経過してもクリープ現象が抑制され，2.5×10^4秒後以降では高弾性率ポリエチレンとひずみが逆転した．この現象は分子鎖間相互作用の相違に依存している．すなわち，ポリエチレンの分子鎖間にはファンデルワールス力しか働かないため，分子鎖が相互にすべることで，巨視的にも大きなクリープ現象を示す．それに対して，ポリビニルアルコールでは分子鎖間に働く水素結合が相互すべりを抑制し，クリープ現象も小さくなる．

6.4 重ね合わせの原理

6.4.1 時間−温度重ね合わせの原理

テレビや新聞で「製品△△は○十年保証」というコマーシャルがある．本来これを確認するためには○十年の時を経なければならないはずである．高分子の変形に際しては経験的に「低温で長時間かかって起こる変形」=「高温で短時間で起こる変形」という原理が知られている．時間と温度を等価に読み替えることができることから，**時間−温度重ね合わせの原理**(time-temperature superposition principle)あるいは時間−温度換算則と呼ばれている．この原理に従えば，室温で○十年を保証するためには，高温で短時間試験して合格であればよいことになる(ただし，あくまで力学的な変形だけを対象としており，長時間のうちに材料の化学的な劣化や結晶化などの構造変化が起こったときには話は別である)．

材料を温度 T_0 から T に加熱すると粘度 $\eta(T)$ が低下する．この現象について自由体積分率 $f(T)$ を用いて A. K. Doolittle は次式で表した．

$$\eta(T) = A\exp\left(\frac{B}{f(T)}\right) = A\exp\left[\frac{B}{f(T_0)+\alpha(T-T_0)}\right] \quad (6.14)$$

ここで，α は熱膨張係数，A, B は定数である．Doolittle は熱膨張により自由体積分率が増加し，隙間が開くために高温で粘度が低下すると考えた．

上式より，T_0 と T における粘度 η の比は次式で表される．

$$\begin{aligned}\log\left(\frac{\eta(T)}{\eta(T_0)}\right) &= \frac{B}{2.303}\left[\frac{1}{f(T)}-\frac{1}{f(T_0)}\right] = -\frac{B/2.303}{f(T_0)}\frac{T-T_0}{f(T_0)/\alpha+(T-T_0)} \\ &= \frac{C_1(T-T_0)}{C_2+(T-T_0)} = \log a_T\end{aligned} \quad (6.15)$$

この式において，B, C_1, C_2 は定数であり，$C_1=(B/2.303)[1/f(T_0)]$，$C_2=f(T_0)/\alpha$ を意味する．また，a_T は**シフトファクター**(移動因子，shift factor)と呼ばれる．式(6.15)は T_0 での η と a_T が既知であれば，実測せずとも，別の温度 T での η を予想できることを意味している．

$T_0=T_g$ とすると，経験的に次式が成立することが M. L. Williams, R. F. Landel, J. D. Ferry によって見いだされた．この式は，3人の頭文字をとって WLF 式と呼ばれる．

$$\log a_T = -\frac{17.44(T-T_g)}{51.60+(T-T_g)} \quad (6.16)$$

ここで，$\sigma = \eta(d\varepsilon/dt)$ の定義式から，一定の変形に要する時間 t は η とともに増加するので，$\log(\eta(T)/\eta(T_0)) = \log(t_T/t_0) = \log a_T$（$t_0$ は T_0 において一定の変形に要する時間）と書き表すこともできる．

したがって，式(6.16)は，T_g で1時間かかって起こる変形は，(T_g+30)℃では0.0014秒で生じることを意味している．逆に，0.0014秒では実測が困難な変形も，30℃温度を下げれば，同じ変形に1時間を要することから，じっくりと測定が可能になることがわかる．さらに，T_g で100年（$=31.5 \times 10^8$ 秒）を要する変形は，(T_g+30)℃では20分程度で検証できることから，100年保証が可能となる．

6.4.2　ひずみに関するボルツマンの重ね合わせの原理

ある応力が材料に加えられたところに，さらに別の応力を加えると，そのときのひずみは最初からのひずみに対して代数的に加算されたものと等しくなる．この現象をボルツマンの重ね合わせの原理（Boltzmann's superposition principle）という．このBoltzmannはボルツマン定数をはじめ，ボルツマン分布，黒体輻射の研究などに名を残す L. E. Boltzmann と同一人物である．

図6.16 には，高分子材料に対して最初に時間 t_0 に σ_0，次いで時間 t_1 にさらに2倍の荷重 $2\sigma_0$ を付加した際のクリープ曲線を示した．荷重を積み増しすると，それ以後の変形②は，①の t_1 以後のクリープひずみ（図中破線）と①′（$t=0 \sim t_1$ の①

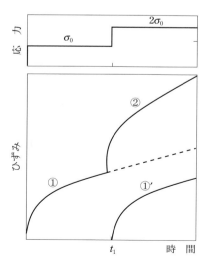

図6.16　ひずみに関するボルツマンの重ね合わせの原理

曲線)のひずみの和で表される．①の関数を$f(t)$として時間t_iに荷重σ_iとしたときのひずみの時間変化$\varepsilon(t)$を一般式で表すと，

$$\varepsilon(t) = f(t_1)\sigma_0 + f(t_0 - t_1)(\sigma_1 - \sigma_0) + \cdots + f(t - t_i)(\sigma_i - \sigma_{i-1}) + \cdots \quad (6.17)$$

となる．このことは，それまでに与えられたひずみを材料があたかも記憶したまま，新たな荷重に対して応答することを意味する(**記憶効果**，memory effect)．したがって，①の曲線をいったん実験的に得ておけば，荷重を変えてもクリープ挙動を予測できることになり，実用上たいへん有用となる．

6.5 ゴム弾性

ゴムを手で引張ると容易に元の長さの何倍も伸び，引張るのをやめると元の長さに戻る．この性質を**ゴム弾性**(rubber elasticity)といい，他の物質では発現し得ない物性である．物質がゴム弾性を示すには3つの条件が必要である．

- 高分子であること
- 架橋点を有すること
- 使用温度がT_g以上であること

逆に言えば，これら3条件を満たせば，その物質はゴムになる．ゴム弾性は別名「**高弾性**(high elasticity)」とも呼ばれる．よく似て混同される用語に「高弾性率(high elastic modulus)」があるが，これは「弾性率が高い」ことを意味しており，高弾性とはまったく異なる現象を指していることに注意が必要である．ゴム弾性の本質は「**エントロピー弾性**(entropy elasticity)」であり，その理解には「直感的理解」「熱力学的理解」「統計力学的理解」がある．ここでは前二者について解説する．

A. 直感的理解

エントロピーは$S = k_B \cdot \ln W$で表される．ここで，k_Bはボルツマン定数，Wは場合の数である．W，つまり乱雑さが増えることはSの増加を意味し，その方向に系が移動することをまず思い出そう(熱力学第二法則：エントロピー増大の法則)．2つの架橋点A, Bの間の分子鎖の形態を模式的に**図6.17**に示した．A, B間が最も離れる場合(c)，AからBへの分子鎖の形態は直線という1通りしかない．つまり$W = 1$である．次にA, B間が少し近づいたとき(b)，AからBにいたる分子鎖の形態の種類，つまりWは大きくなる．(a)になるとさらにWが増えることに

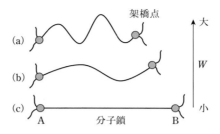

図6.17 架橋点A, B 2点の間のゴム分子鎖の形態の模式図

なる．したがって，(a)よりも(b)，さらには(c)のSが小さいことになる．ゴムを引張ると全体が伸びるとともに，分子レベルでも架橋点間の距離が伸びてa→b→cになるため，Sが減少する．したがって，引張るのをやめると，熱力学の教えるところに従ってSを回復するため，マクロにもミクロにも元に戻ろうとする．このように弾性発現の原動力はエントロピーである．これがゴム弾性はエントロピー弾性といわれる理由である．

B. 熱力学的理解

ゴムに一定温度で外力Fを加えてdlだけ伸長させたとき，ゴムに対してなされる仕事はFdlである．熱量変化をdQとすると，この際の内部エネルギーの変化dUは熱力学第一法則から次式で表される．

$$dU = dQ + Fdl \tag{6.18}$$

熱力学第二法則から，$dS = dQ/T$であるので，式(6.18)は

$$dU = TdS + Fdl \tag{6.19}$$

となる．ここで，ゴムは$v=0.5$で，変形は等体積状態で起こることから，対応するヘルムホルツの自由エネルギーAは次式で表される．

$$\begin{aligned}dA &= dU - TdS - SdT = (TdS + Fdl) - TdS - SdT \\ &= Fdl - SdT\end{aligned} \tag{6.20}$$

したがって，等温条件($dT=0$)では$dA = Fdl$となり

$$F = \left(\frac{\partial A}{\partial l}\right)_T = \left(\frac{\partial U}{\partial l}\right)_T - T\left(\frac{\partial S}{\partial l}\right)_T \tag{6.21}$$

となるが，ゴムの場合，実験的に右辺第1項が無視できるため，

$$F = -T\left(\frac{\partial S}{\partial l}\right)_T \tag{6.22}$$

となる．引張り方向を正にとると，Tは絶対温度で必ず正であるから，$(\partial S/\partial l)_T < 0$，つまり，等温状態でゴムを引張るとエントロピーが減少する．外力を取り除くとエントロピーを回復すべく，ゴムの長さは元に戻ることになり，弾性の源がエントロピーであることが熱力学的にもわかる．ここまでは直感的な理解に一致するが，熱力学を用いると，式(6.22)から，Tが大きい(高温)ほど，Fが増加することが予想される．したがって，一般の材料は錘をぶら下げて温度を上げると伸びるが，ゴムでは縮むことがわかる．逆に，一定のひずみを保った状態で加熱すると，ゴムに働く力は増加する．

次に，ゴムを断熱状態で伸長する場面を考える．$dQ = 0$であるため，$dU = Fdl$となる．したがって，ゴムの熱容量をCとすると，

$$dU = CdT + \left(\frac{\partial U}{\partial l}\right)_T dl \tag{6.23}$$

となり，これを変形すると，

$$dT = \frac{1}{C}\left[F - \left(\frac{\partial U}{\partial l}\right)_T\right]dl = -\frac{T}{C}\left(\frac{\partial S}{\partial l}\right)_T dl \tag{6.24}$$

となる．上述のように，$(\partial S/\partial l)_T < 0$であるため，$dT > 0$となる．

このことは，急激にゴムを引張る(断熱状態)と発熱することを意味している．この現象は盲目のイギリス人科学者J. Gough(ゴフ)が鋭敏な感覚で発見し，J. P. Jouleによって熱力学的な解釈が与えられたことから，ゴフ・ジュール効果と呼ばれている．

6.6 表面性質

接着・粘着だけでなく，医療，バイオから塗装，印刷，電池，分離膜，フィルム，光学材料に至るまで，さまざまな分野において表面・界面は中心的な課題としてとりあげられている．ちなみに，**表面**(surface)とは厳密には真空と接している部分を指すが，一般には気体と接している部分も含まれる．それに対して，接する相手が固体，液体になると**界面**(interface)と呼称される．一方，表面・界面の影響が無視できる，材料の内部のことをバルク(bulk)という．

図6.18には，(a)表面と(b)バルクでの分子の存在状態を断面方向から模式的

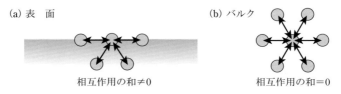

図6.18 (a)表面と(b)バルクでの分子の存在状態の断面模式図

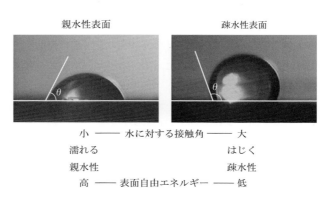

図6.19 親水性表面，疎水性表面上の水滴写真と性質の比較

に示した．図では丸で分子を表している．バルクに存在する分子は周りを同種分子で取り囲まれており，互いに分子間に引力・斥力が働いて，絶えず分子運動で押し合いへし合いしている．隣の分子との分子間相互作用は短時間ではかたよりがあっても，長時間にわたって観察すれば，右分子との相互作用と左分子との相互作用は互いにキャンセルされる．同じように左上分子と右下分子の相互作用もキャンセルされ，結果として時間平均すると全方向で相互作用の和は0とみなすことができる．一方，表面に存在する分子では，左と右の分子との相互作用はキャンセルされたとしても，上部には分子が存在しないため，下部の分子との相互作用はキャンセルされずに残ってしまう．つまり相互作用の和は0とはならず落ち着かない．このやり場のないフラストレーションをいつも抱えていることが，表面には特異な構造，物性が生じる主要因である．なお，物性に対する表面の影響はそれぞれの物性で異なり，影響を及ぼす表面の厚みは1〜2分子層である場合から，数μmに及ぶ場合もある．

図6.19には，親水性表面，疎水性表面上の水滴を横から観察した結果を示した．材料表面上の水滴が表面に対してなす角度のことを**接触角**(contact angle) θ と呼

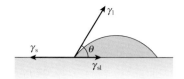

図6.20 表面上の液滴と表面自由エネルギーの関係

表6.4 各種高分子の水に対する接触角θと表面自由エネルギーγ

高分子	$\theta/°$	$\gamma/\mathrm{mJ\ m^{-2}}$	
ポリビニルアルコール	42	55	親水
ポリエチレンテレフタレート	65	44	↕
ポリスチレン	77	37	
ポリエチレン	88	36	
ポリプロピレン	94	32	
ポリテトラフルオロエチレン	98	22	疎水

ぶ．この角度が小さいことは，化学的に**親水性**(hydrophilic)であることを意味する．さらに熱力学の用語でいえば，高い**表面自由エネルギー**(surface free energy)γを有する表面ということになる．逆に右図のように接触角が大きい（水をはじく）表面は**疎水性**(hydrophobic)を示し，γは低い．水滴の状態は，材料表面から1～2分子層の状態を反映するため，接触角測定はごく表面の分析となる．

ここで，θとγの関係についてもう少し踏み込んでみる．重要なことは，γは本質的に自由エネルギーであるから，系はγを減らす方向に動くということである．また，γは一般に単位面積あたりのエネルギーとして$\mathrm{mJ\ m^{-2}}$の単位で表されるが，これは単位長さあたりの力$\mathrm{mN\ m^{-1}}$と次元が同じで，表面張力(surface tension)と同義になる．

θとγの関係を説明するため，**図6.20**には，表面上の液滴の関係を模式的に示した．表面上の液滴には3種類の自由エネルギー（固体表面γ_s，液体表面γ_l，固液界面γ_sl）が関係する．液滴が濡れ広がれば固体表面は少なくなる．したがって，γ_sは左方向への力として表されている．同じようにしてγ_l，γ_slが表され，平衡状態ではこれらの力の間に次の関係が成り立つ．

$$\gamma_\mathrm{s} = \gamma_\mathrm{l} \cos\theta + \gamma_\mathrm{sl} \tag{6.25}$$

この式をヤングの式といい，θとγを関係づける基本式となる．ちなみにこのYoungは人名で，引張り弾性率の別名ヤング率にも名を残しているT. Youngである．

コラム　Thomas Young—The Last Person to Know Everything

　材料の引張り弾性率(ヤング率)に名を残すトーマス・ヤング(Thomas Young)は，1773年6月13日にイギリスのサマーセット州・ミルバートンに生まれた．2歳で字を読み，4歳で聖書を2回読んだといわれ，幼少から「神童」「天才」の名前をほしいままにした．エディンバラ大学，ゲッティンゲン大学(独)，ケンブリッジ大学で医学を修めた．二十歳をすぎてもただの人にはならず，眼科医として開業することで生計を立てるかたわら，56年の生涯にわたって，王立研究所自然哲学教授，海軍省顧問，保険会社監事を歴任したほか，エジプトの象形文字に関して論文を発表するなど古典学者・考古学者の側面ももっていた．眼科医としての自然科学上の発見としては，「眼の焦点調節の原理の発見と検証」「乱視の発見」「光の三原色の提唱」があげられる．物理学者としては，当時主流であった「光の粒子説」に対して，高校の物理の実験でおなじみの「スリットを通った光の干渉」の実験を初めて行い，光の波動説に与した．ヤング率も，そもそもは材料中の音波の伝播になぞらえて，光の伝わる物質の硬さを考える上で得られた概念といわれている．表面化学で有名な「接触角と表面張力(表面自由エネルギー)」の関係を表すヤングの式もやはりこの人物に由来している．1805年の論文(An Essay on the Cohesion of Fluids, *Phil. Trans. R. Soc. London*, **95**, 65 (1805))の本文には式(6.25)は直接明示されていないが，すでにガラス板上の水銀の接触角が140°を示すこと，接触角が表面力のつり合いに基づくことなどが言及されており，van der WaalsやGibbsが生まれるよりも前の，分子間力や熱力学などが確立されていない時代に驚くべき洞察力をもっていたということができる．当時ノーベル賞が制定されていたならば，複数の受賞に匹敵するであろう業績をあげたが，1829年5月10日にロンドンで死去した．

　表6.4には，さまざまな高分子表面の水に対するθとγの値を示した．疎水性のPTFEではθが大きく，γが低い．逆にポリビニルアルコールの表面はθが小さく，γが高い．本来，固体表面を直接知ることができればよいのだが，このように固体表面上の液体のふるまいをθとして測定することで，間接的にγを評価し，親水性，疎水性という定性的な表現をγという指標で定量比較することになる．

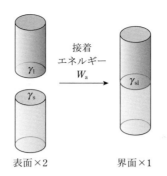

図6.21　固体表面の上に液体をのせて，固液界面が生じる接着現象の模式図

　上で，表面は常にフラストレーションを抱えた状態にあると表現したが，熱力学の立場から学術的には「表面では自由エネルギーが高い状態に留まる」と記述できる．さらにいえば，相互作用の和が正に大きければ大きいほど，表面上に別種の分子をのせて界面とし，相互作用の和を減少させることで系は安定化することになる．

　ここで図6.21に示したように，固体表面(γ_s)の上に液体(γ_l)をのせて，固液界面(γ_{sl})が生じた場面を考える．この際のエネルギー変化W_aは$W_a=(\gamma_s+\gamma_l)-\gamma_{sl}$となる．この式とヤングの式を組み合わせると，次のDupréの式が与えられる．

$$W_a = \gamma_l(1+\cos\theta) \tag{6.26}$$

W_aは表面が界面になることにともなう，系の安定化の程度ともいえるが，逆にいったん固体の上にのった液体を引きはがすのに要する仕事とみなすこともできる．したがって，ここで液体を接着剤(adhesive)とすれば，W_aはとりもなおさず接着(adhesion)エネルギーに相当する．さて，$\theta=0$のとき$\cos\theta$は最大値1となり，$W_a=W_{max}=2\gamma_l$となる．したがって，この関係から，高い接着力を得るためには(1)極性の高い接着剤(高γ_l)を用いて，(2)材料表面で接着剤が濡れ広がる($\theta\to0$)ことが必要であることがわかる．ホームセンターへ行けば接着剤コーナーの棚一杯に多種多様な接着剤が販売されている．ところが一般の接着剤は高極性高分子を主成分とするため，注意書きを読めば，ほとんどの場合「テフロンやポリエチレン，ポリプロピレンは接着できません」と書かれていることに気づく．表6.4において，これらの高分子の水(極性分子)に対するθが大きいことに再び留意しよう．つまり，接着剤が濡れ広がらないことが，低接着の主要因であ

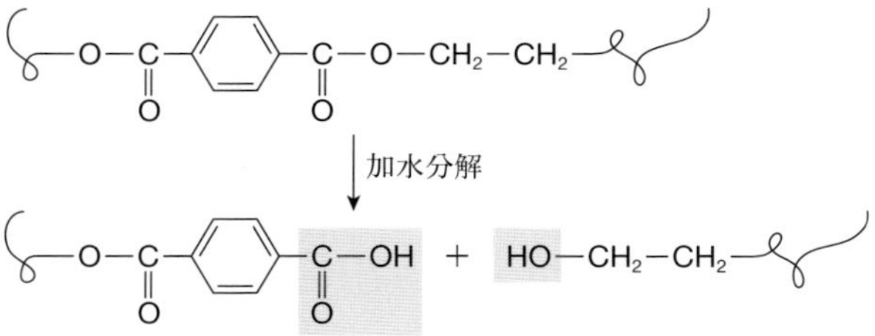

図6.22 PETのアルカリ水溶液浸漬にともなうエステル結合の加水分解

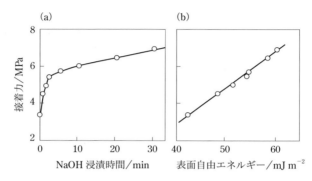

図6.23 PETフィルムをNaOH水溶液に浸漬した際の接着力と(a)浸漬時間との関係，(b)表面自由エネルギーとの関係

る．逆に言えば，接着剤が濡れ広がるように表面に極性基を導入すれば，接着強度も上昇することになる．

PET表面を化学的に親水化するために改質した例を紹介する．PETをアルカリ水溶液に浸漬すると，図6.22に示したようにエステル結合の加水分解が生じ，主鎖切断にともなってカルボキシ基とヒドロキシ基が生成する．これらはいずれも極性官能基であるため，接触角を低下させ，表面自由エネルギーを大きくすることに寄与する．この手法のメリットとしては簡便であること，制御が容易であることがあげられる．一方，図6.22の反応は重縮合の逆反応であるから，表面だけでなく，過度に反応を進行させてバルクに至ると，材料強度などの劣化を生じるおそれがあることや，強アルカリの廃液処理が課題となる．

図6.23(a)には，PETフィルムをNaOH水溶液（6 mol L^{-1}）に室温で浸漬した際の接着力の時間変化について示した．処理にともない接着力が飛躍的に増加していることがわかる．これは上述のように，極性基がPET表面に導入されることに基づいている．この際，水との接触角は低下した．接着力とγとの関係を図6.23(b)に

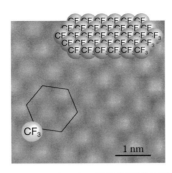

図6.24 パーフルオロエイコサン真空蒸着膜の原子間力顕微鏡像と表面の模式図

示すが，Dupréの式から予想されるように，接着力はγの増加に対応していることがわかる．ポリエチレンやポリプロピレンも例えば$KMnO_4$や$K_2Cr_2O_7$などによって酸化すると，表面にOH, COOH, >C=Oなどの官能基を導入することができるが，やはり廃液処理の課題から，工業的には乾式処理が汎用されている．乾式処理とは溶媒を用いず，高エネルギー線を表面に照射することで，表面近傍の共有結合を切断し，極性官能基を導入する手法である．高エネルギー線として，具体的にはプラズマ処理，コロナ処理，火炎処理(短時間，焔で炙ることで表面だけを酸化させる)，紫外線処理などが試みられている．例えば波長200 nmの紫外線の光子エネルギーは600 kJ mol^{-1}であり，C–C結合エネルギー(348 kJ mol^{-1})，C–H結合エネルギー(413 kJ mol^{-1})を上回る．そのため，紫外線を照射すると結合の切断が生じ，ラジカルが発生する．そこに酸素が存在すればOH基やCOOH基を表面に導入できることになる．

疎水性表面はまた，接着の対義である剥離，撥水・撥油，防汚などにおいて重要となる．では，化学的な撥水化の限界はどの程度であろうか．

図6.24には，パーフルオロエイコサン($CF_3(CF_2)_{18}CF_3$)をガラス基板上に真空蒸着した表面のAFM像を示した．基板に対して分子が垂直に配列し，表面に分子末端のCF_3基が露出されている．右上に模式的に示したように，表面でCF_3基が六方最密充てんされている様子がAFM像において分子レベルでの分解能で観察された．この表面の水に対する接触角は119°，表面自由エネルギーは6.7 mJ m^{-2}と得られた．この値は常温・固体状態での最低γ値であり，表6.4に示すPTFEのγ値よりもずいぶんと低いことがわかる．なお，化学的に接触角119°以上の超撥水化をすることはできず，119°を超えるときは物理的な凹凸効果に基づいている．

❖ 演習問題

6.1 結晶性高分子と非晶高分子について，それぞれ高温から冷却して固化させた際の体積と温度の関係を図示しなさい．

6.2 高分子の耐熱性に関して，熱分解温度，融点，熱変形温度，ガラス転移温度が指標となる応用例をそれぞれあげなさい．

6.3 右図に示すバネとダッシュポットが組み合わされた3要素モデルについて，以下の問いに答えなさい．

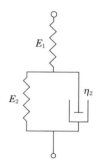

(i) 一定応力σ下でのひずみεの時間変化を図示しなさい．ただし，時間$t=0$において応力σを付加し，$t=t_1$においてこの応力を取り除くものとする．

(ii) $\sigma=100$ MPa，$E_1=10$ GPa，$E_2=1$ GPa，並列部の緩和時間を100秒としたとき，100秒後におけるひずみε_1を求めなさい．

(iii) 上のモデルにおいて，$\sigma=100$ MPaを100秒付加した後，σを200 MPaに増加して，さらに100秒（合計200秒）経た後のひずみを求めなさい．

6.4 角柱状（1 cm×1 cm×10 cm）の高分子（$T_g=100$℃）を長手方向に10%引張り変形させた．ポアソン比が0.3の場合，25℃ではこの変形にともない，(i) 一辺の長さ，(ii) 体積はどのように変化するか，計算しなさい．また，(iii) 同じ材料を130℃で変形させた場合に生じる現象について解説しなさい．

6.5 図は高分子を室温で引張り試験することで得られた応力－ひずみ曲線である．この図より得られる物性値を列挙して説明し，具体的に数値で示しなさい．また，この高分子はポリメタクリル酸メチルと低密度ポリエチレンのいずれと予想できるか．理由をつけて解説しなさい．

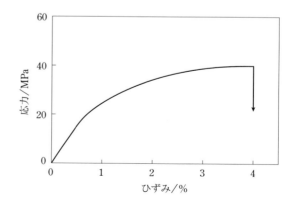

さらに勉強をしたい人のために

[高分子科学全般]
- P. J. フローリ，岡 小天，金丸 競 訳，高分子化学（上）（下），丸善(1955)
  - →高分子に関連するすべての書籍の元ともいえる，ノーベル賞の業績を含む古典的な教科書です．
- 高分子学会 編，基礎高分子科学，東京化学同人(2006)
  - →高分子科学全般を扱った教科書で，1978年に発刊された『高分子科学の基礎』，1994年に発刊された『高分子科学の基礎 第2版』の後継版で，2011年に演習編が出版されています．
- 村橋俊介，小高忠男，蒲池幹治，則末尚志 編，高分子化学 第5版，共立出版(2007)
  - →高分子全般を扱っている教科書です．粘弾性が詳しく説明されています．
- 野瀬卓平，中浜精一，宮田清蔵 編，大学院 高分子科学，講談社(1997)
  - →構造の観点から，合成，物性が体系的に解説されています．
- 渡辺順次 編，分子から材料までどんどんつながる高分子―断片的な知識を整理する，丸善(2009)
  - →教科書で勉強していて，理解しにくい用語や概念にぶつかったときに役立つ本です．合成，反応，構造，物性，機能，材料などさまざまな分野での専門用語が簡潔に解説され，キーワードが横につながり知識が広がっていくしかけになっています．

洋書では
- R. J. Young, P. A. Lovel, *Introduction to Polymers, 3rd Edition*, CRC Press(2011)
  - →執筆者2名で，合成から構造・物性までが網羅され，本書の次のレベルの勉強を英語で行うのにぴったりの教科書です．

高分子科学全般に関する演習書
- 高分子学会 編，基礎高分子科学 演習編，東京化学同人(2011)
- 斎藤勝裕，渥美みはる，山下啓司，基礎高分子化学演習，東京化学同人(2011)

[高分子合成に関して]
高分子合成全般
- 西久保忠臣 編，ベーシックマスター高分子化学，オーム社(2011)

→高分子合成や機能性高分子の入門者向けの教科書です．さまざまな反応で生成する高分子の特徴や用途なども説明されているため，高分子合成全体を理解することができます．
・遠藤　剛　編，高分子の合成（上）（下），講談社（2010）
　　→大学院生や研究者向けの高分子合成に関連する最も詳しい教科書です．学部向けの教科書だけでは理解できないやや高度な内容までていねいに説明されています．
・中條善樹，中　健介，高分子化学—合成編（化学マスター講座），丸善（2010）
　　→重合と高分子反応を中心に，反応の詳細までていねいに説明されているので，企業の方など独学で高分子を理解する場合にも向いています．無機高分子やハイブリッド材料もとりあげています．
・大津隆行，改訂　高分子合成の化学，化学同人（1979）
　　→現在も入手可能ですが，古典と呼ぶ方がふさわしい高分子合成全般に関する名著です．反応機構の説明に時代を感じさせる部分もありますが，高分子合成全般の基本的な考え方は今もなお健在です．
・三枝武夫，大津隆行，東村敏延　編集，講座　重合反応論1〜12巻，化学同人（1971〜1977）
　　→かなり古いシリーズですが，重合や高分子反応全般に関する名著が各巻にそろっており，今でも参考になる内容ばかりです．1970年代に出版された教科書や専門書には今も役に立つ情報が多く書かれています．

洋書では

・G. Odian, *Principles of Polymerization, 4th Edition*, John Wiley & Sons（2004）
　　→英語で書かれた高分子合成の最もスタンダードな教科書です．これまで10年ごとに改訂されてきましたが，2004年以降は新しい版は出ていません．全体のバランスがよく，引用文献もしっかりした基礎にも応用にも役立つ実用的な教科書です．
・K. Matyjaszewski, M. Mölle, Editors-in-Chief, *Polymer Science : A Comprehensive Reference*, Elsevier（2012）
　　→全10巻構成で重合から機能性材料までを網羅した高分子合成，高分子材料関連のエンサイクロペディアです．最新のトピックスまでしっかり盛り込まれています．図書館で探してみてください．

ラジカル重合・リビングラジカル重合

・蒲池幹治，遠藤　剛，岡本佳男，福田　猛　監修，新訂版　ラジカル重合ハンドブック，エヌ・ティー・エス（2010）
　　→ラジカル重合に関するすべてが全879頁に凝集されています．ごく基礎的な

説明から始まり，反応設計，精密重合，さまざまな高分子合成への応用，工業的な高分子材料の活用などがやさしく解説されています．
- G. Moad, D. H. Solomon, *The Chemistry of Radical Polymerization*, *2nd Fully Revised Edition*, Elsevier (2006)
  - →著者はRAFT重合の開発者の1人で，ラジカル重合反応の基礎からリビングラジカル重合の最先端まで，ていねいに書かれた教科書です．引用されている数値データが豊富で，データハンドブックとしても有用です．近く改訂版が出版予定です．

[構造と物性に関して]
今日でも名著とされる書籍の発刊が昭和40年代に集中していることがわかります．絶版が多いので，図書館や古書店でご覧いただければと思います．
- 和田八三久，高分子の固体物性，培風館 (1971)
  - →固体物性だけでなく，固体構造についてもいまだ内容が古びない名著です．
- 田所宏行，高分子の構造，化学同人 (1971)
  - →タイトルどおり，高分子の構造と解析法が基礎・原理から詳細に記されています．
- 斎藤信彦，高分子物理学，裳華房 (1967)
  - →分子構造，高分子溶液について詳細に書かれた名著です．改訂版が復刊されました．
- 角戸正夫，笠井暢民，高分子のX線回折，丸善 (1968)
  - →装置の説明などはさすがに古いですが，高分子のX線回折の原理や具体的な解析事例が省略なく記されており，独学にも適しています．ちなみに，高分子に限らず，X線回折については，B. D. Cullity 著，松村源太郎 訳，新版 X線回折要論，アグネ承風社 (1980) がバイブルです．
- G. R. Strobl 著，深尾浩次，宮本嘉久，田口 健，中村健二 訳，改定新版 高分子の物理，丸善 (2012)
  - →物理化学に立脚して，広範な構造・物性分野が1人の著者によって統一的に記された解説書です．
- 松下裕秀 編著，佐藤尚弘，金谷利治，伊藤耕三，渡辺 宏，田中敬二，下村武史，井上正志 著，高分子の構造と物性，講談社 (2013)
  - →高分子にかかる最先端の話題が各分野の一流の専門家によって執筆されています．大学院生向きです．

力学物性
- L. E. Nielsen 著，小野木重治 訳，高分子と複合材料の力学的性質，化学同人 (1976)

→ 高分子の固体，複合材料の力学物性についての歴史的な名著です．
- 成澤郁夫，高分子の材料強度のすべて，S&T出版(2012)
  → 本書で触れることのできなかった破壊，衝撃，疲労などについて引き続き勉強されることをお勧めします．
- 尾崎邦宏，レオロジーの世界，工業調査会(2004)
  → 本書では固体の力学物性が中心ですが，流れる高分子についてたいへんわかりやすく書かれています．
- 久保亮五，ゴム弾性，裳華房(1996)
  → ゴム弾性についての世界的名著です．長らく絶版でしたが復刻版が出ました．本書では触れられなかった統計力学的なゴム弾性の取り扱いについてわかりやすく解説されています．
- I. M. Ward, J. Sweeney, *An Introduction to the Mechanical Properties of Solid Polymers*, 3rd Edition, Wiley(2012)
  → 歴史的名著とされるWard単著の改訂版です．Introductionとは言えない広い範囲を取り扱っています．

熱物性
- 神戸博太郎，小澤丈夫 編，新版 熱分析，講談社(1992)
- 小澤丈夫，吉田博久 編，最新 熱分析，講談社(2005)
  → 高分子に特化しているわけではありませんが，熱分析の原理，解析事例がふんだんに解説されています．

表面物性
- 井本 稔，表面張力の理解のために，高分子刊行会(1992)
- 井本 稔，接着の基礎理論，高分子刊行会(1993)
  → なんといっても井本節は引き込まれます．論より証拠です．一度ご覧ください．
- 筏 義人 編，高分子表面の基礎と応用（上）（下），化学同人(1986)
  → もはや歴史的な名著の仲間入りをしています．さまざまな表面分析の基礎が書かれています．
- 黒崎和夫，三木哲郎，実用 高分子表面分析，講談社(2001)
  → 同分野の権威から表面分析のコツなどを伝授していただけます．表面分析を行う試料をポリ袋に入れてはイケナイなどなど，実際の測定の際はぜひ目を通していただきたいです．
- R. A. L. Jones, R. W. Richards, *Polymers at Surfaces and Interfaces*, Cambridge University Press(1999)
  → 英文で高分子にかかる表面・界面について網羅された解説書です．

- P. G. de Gennes 著，奥村 剛 訳，表面張力の物理学，吉岡書店(2003)
  → スケーリング則で著名なノーベル賞受賞者である著者は晩年，表面に興味を持って，この分野にも新たな視点をもたらしました．日常のさまざまな現象を直観的に理解させる解説が優れています．
- J. N. Israelathvili 著，大島広行 訳，分子間力と表面力 第3版，朝倉書店(2013)
  → 表面間力測定の第一人者が記した人気の著です．
- 日本接着学会 編，表面解析・改質の化学，日刊工業新聞社(2003)
  → 表面の解析と改質についてていねいに解説されていて，理解が進みます．
- 日本接着学会 編，接着ハンドブック 第4版，日刊工業新聞社(2007)
  → 1370頁の大著ですが，接着に関する事項が網羅されています．

成形加工

成形加工に関しては，下記以外にも現場のエキスパートが執筆した書籍が多数発刊されているので手にとってご覧ください．
- プラスチック成形加工学会 編，流す・形にする・固める(プラスチック成形加工学 I)，森北出版(2011)
  → 多岐にわたるプラスチックの成形加工の基礎が具体例をあげて要領よくまとめられています．

電気・光学物性

「高分子科学全般」の欄でとりあげた書籍の中にも，章として電気物性や光学物性が取り扱われています．
- 小池康博，多賀谷明広，フォトニクスポリマー(高分子先端材料One Point)，共立出版(2004)
  → 高分子と光にかかわる世界的な著者が執筆．原理から応用展開までがコンパクトにまとめられている入門の良書です．
- 長村利彦，川井秀記，光化学——基礎から応用まで，講談社(2014)
  → 高分子に特化した本ではないですが，光の吸収・放出などの基礎から太陽電池，発光素子，光機能材料などの応用まで，幅広く深く網羅．近年注目のフォトニクス分野についても解説してあります．

[高分子科学の歴史に関して]

- H. Staudinger, *Arbeitserinnerungen*, Dr. Alfred Hüthing Verlag GmbH (1961) / 日本語版：小林義郎 訳，スタウディンガー研究回顧，岩波書店(1966)
  → Staudinger が晩年に著した自身の研究人生の回顧録で，高分子化学に限らず科学徒として大いに参考になる1冊です．
- 高分子学会 編，日本の高分子科学技術史(補訂版)，高分子学会(2005)，日本

の高分子科学技術史年表(改訂版), 高分子学会HP：http://www.spsj.or.jp/内「年表(1492〜1975年)」欄参照.
　　→特に高分子化学に関する事象の「年代」が知りたい場合に役立ちます.
・井本 稔, ナイロンの発見, 東京化学同人(1971)
　　→Carothersの研究生活を含めた波瀾万丈の人生を日記風にまとめたものです.
・M. E. Hermes, *Enough for One Lifetime : Wallace Carothers, Inventor of Nylon*, Chemical Heritage Foundation(1996)
　　→Carothersに関する伝記です.
・R. M. Roberts, *Serendipity : Accidental Discoveries in Science*, John Wiley & Sons (1989)
　　→研究者, 特に科学に携わる研究者にとって重要な「セレンディピティー」に関する名著です. 著者は化学者であり, 化学の引用例が豊富です. 翻訳された和書もありますが, 英語も平易なので是非オリジナルで読んでいただきたいです.

[その他]
生体高分子に関して
・D. Voet, J. G. Voet著, 田宮信雄, 村松正實, 八木達彦, 吉田 浩, 遠藤斗志也 訳, ヴォート生化学　第4版(上)(下), 東京化学同人(2012)
　　→生化学者の立場から生体高分子をとらえた名著です. 生体高分子を広く深く勉強するには最適の本だと思います.
・宮下徳治 編著, 新版 ライフサイエンス系の高分子化学, 三共出版(2010)
　　→主に高分子化学を専門にする著者らが記した生体高分子の教科書で, 取っ掛かりやすい内容の1冊です.

バイオマテリアルに関して
・岩田博夫, 加藤功一, 木村俊作, 田畑泰彦, バイオマテリアル, 丸善(2013)
　　→バイオマテリアル分野の最新の成果が網羅されています.
・B. D. Ratner, A. S. Hoffman, F. J. Schoen, J. E. Lemons, *Biomaterials Science, 3rd Edition : An Introduction to Materials in Medicine*, Elsevier(2012)
　　→英文での同分野のベストセラー・テキストの最新改訂版です.

実験書
　　実験書は具体的な化合物や操作を扱っているため, 高分子を理解するのに役立ちます.
・日本化学会 編, 第5版 実験化学講座4：基礎編Ⅳ―有機・高分子・生化学,

丸善（2003）
　　→初心者向けに，高分子の取り扱いも含めた基本的な実験操作がわかりやすく説明されています．
・高分子学会 編，高分子科学実験法，東京化学同人（1981）
　　→高分子化合物の分子量測定だけでなく高分子を対象としたさまざまなキャラクタリゼーション法について，その原理と実際の実験法を詳述しています．
・大津隆行，木下雅悦，高分子合成の実験法，化学同人（1972）
　　→絶版になっていますが，1400例を超える豊富な実験例が具体的な手順とともに示されている実験書で，他に類を見ません．教科書に書かれているさまざまな高分子合成反応を誰でも再現することができます．

データ集・ハンドブック

・J. Brandrup, E. H. Immergut, E. A. Grulke eds., *Polymer Handbook*, *4th Edition*, John Wiley & Sons（1999）
　　→高分子の物性値，構造パラメータなどが集大成されています．研究を進める上で研究室に1冊必要です．
・J. E. Mark ed., *Polymer Data Handbook*, *2nd Edition*, Oxford University Press（2009）
・日本分析化学会 編，高分子分析ハンドブック，朝倉書店（2008）
・高分子学会 編，高分子辞典 第3版，朝倉書店（2005）

トピックスに関して

・高分子新素材One Point，サイエンスOne Point，高分子基礎科学One Point，高分子先端材料One Point，高分子加工One Pointシリーズ，共立出版
　　→最新のトピックスを中心に読みやすく書かれているシリーズです．
・尾崎邦宏 監修，松浦一雄 編著，高分子材料が一番わかる，技術評論社（2011）
　　→最先端の高分子材料についての入門書で，どのような高分子材料がどのような分野でどのように利用されているのかが解説されています．

演習問題の解答

[第1章]

1.1 当時は,分子量が5000を超える分子は存在しないという考えが主流であった.したがって,分子量を測定して数万〜数十万という結果が得られても,それらを単一分子の分子量とは考えず,複数の分子が二次的な力(非共有結合力)で結合(会合)していると考えられた.また,当時の学会では錯体化学が流行しており,副原子価の概念がもてはやされていたこともミセル説を支持する要因の1つとなった.もう1つの要因は,これらの分子(高分子)に末端(基)が存在しない,あるいは見いだせないことであった(今日でも分子量が数十万になると,高分解能NMRを用いても末端基の検出は容易ではない).そこで,当時の化学者たちは,環状構造を考えるに至った.環状構造と分子間の相互作用を考慮した結果,GreenやHarriesらの会合モデルにたどり着いた.

1.2 デンプンを用いた系で説明する.デンプンをまず三酢酸デンプンに変換した後,再びデンプンに戻すという一連の反応において,浸透圧法により各段階の溶液について分子量を測定し,重合度を計算した.その結果を以下の表にまとめる.

反応	デンプン	→	三酢酸デンプン	→	(再生)デンプン	
溶媒	ホルムアミド		アセトン,クロロホルム		ホルムアミド	
分子量・重合度	M_n	DP_n	M_n	DP_n	M_n	DP_n
試料1	30000	185	54000	190	30000	185
試料2	62000	380	112000	390	—	—
試料3	91000	560	155000	540	930000	570
試料4	153000	940	275000	940	1400000	870

反応の前後で重合度(DP_n)に変化のない等重合度反応が起こっていることは自明である.低分子会合体であれば化学修飾により,あるいは溶媒が変わっても同じ会合度で一定であるとは考えられない.Staudingerは同様の

実験をセルロースやポリ酢酸ビニルについて行い，共有結合で連なっているという高分子説が勝利を収めることになる．

1.3 ①新しい考えが受け入れられるためには，たとえそれが真実であったとしても，相当な抵抗に遭うことを覚悟しておかなくてはならない，②多数意見が必ずしも真実を導かない，③正しく行われた実験が正しく解釈されるとは限らない，など．

1.4 反応機構の明らかなカルボン酸とアミンまたはアルコールからのアミド化やエステル化反応を，2官能性のジカルボン酸とジアミンまたはジオールに展開すれば線状高分子が生成するという明確な考えに基づいて高分子合成を行ったこと．

[第2章]

2.1 6種類：$mmm, mmr(rmm), mrm, mrr(rrm), rmr, rrr$

2.2 高分子ミセルも界面活性剤ミセル（低分子ミセル）も水中での会合形態には大きな違いはないが，そのサイズ（直径）については，高分子ミセルは低分子ミセル（数nm）に比べて格段に大きく，構成分子の分子長に依存するが20～100 nmにまで達する．また，ミセルを構成する高分子鎖の会合状態からの解離速度（臨界ミセル形成濃度，CMC）は，低分子ミセルに比べて極端に小さく，血液中などのような高希釈下での使用にも十分に耐えうる（会合体が解消しない）などの特徴を有する．さらに親水性，疎水性の各セグメントの種類やバランス調整（セグメント長の変化）も比較的容易である．

2.4 まず，問題の表の値をもとに以下のような表を作成する．

i	1	2	3	4
分子量 M_i	100000	200000	400000	1000000
重量分率 w_i	0.1	0.5	0.3	0.1
$w_i M_i$	10000	100000	120000	100000
物質量（モル数） $N_i(=w_i/M_i)\times 10^6$	1.0	2.5	0.75	0.1
モル分率 n_i	0.230	0.575	0.172	0.023

これらの値を用いて計算すると，それぞれ次のようになる．

$$M_\mathrm{n}=\sum n_i M_i = 2.3\times 10^5, \quad M_\mathrm{w}=\sum w_i M_i = 3.3\times 10^5, \quad M_\mathrm{w}/M_\mathrm{n}=1.4$$

2.5 表の結果をもとに，図2.13(b)に従って $\{(t-t_0)/t_0c\}$ $(=\eta_{sp}/c)$ 対 c のグラフを描き，直線関係が得られれば，これを $c=0$ に外挿して $[\eta]$ を求める．また，直線の傾きから，式(2.15)を利用してハギンス係数 k' を求める．得られた $[\eta]$ の値と与えられた K と a の値から M_v を計算する．
$[\eta] = 56 \text{ cm}^3 \text{ g}^{-1}$, $k' = 1600/56^2 = 0.53$, $M_v = ([\eta]/K)^{1/a} = (56/0.070)^{1/0.60} \approx 68900$.

[第3章]

3.1 数平均重合度 DP_n は，反応前後の分子数の比 N_0/N に等しく，この比は反応性基の濃度の比 c_0/c に等しいため，反応度 p は $(c_0-c)/c_0$ と表され，式(3.5)が誘導できる．同様に，重量平均分子量は $(1+p)/(1-p)$ と表され，M_w/M_n は $1+p$ となる．

3.2 構造は省略．二置換エチレン：メタクリル酸メチル(ラジカル重合，アニオン重合)，塩化ビニリデン(ラジカル重合)，イソブテン(カチオン重合)，α-メチルスチレン(カチオン重合)，2-シアノメタクリル酸エステル(アニオン重合)，N-置換マレイミド(ラジカル重合)，フマル酸エステル(ラジカル重合)，インデン(カチオン重合)など．ジエンモノマー：ブタジエン(ラジカル重合，アニオン重合，配位重合)，イソプレン(ラジカル重合，カチオン重合，アニオン重合，配位重合)，クロロプレン(ラジカル重合)など．環状モノマー：エチレンオキシド(アニオン開環重合)，ε-カプロラクタム(アニオン開環重合)，ラクトン(アニオン開環重合)，ラクチド(アニオン開環重合，配位重合)など．

3.3 $t_{1/2} = \ln 2/k_d$ より，387時間(40℃)，8分(100℃)．

3.4 空気や水に対して安定で室温/暗所では長期間保存が可能な光潜在性触媒を用いて，光照射するとカチオン種を発生しカチオン重合を開始できる．光カチオン重合用開始剤として，スルホニウム，ホスホニウム，ジアゾニウム，ヨードニウム，アンモニウム，ピリジニウムなどのオニウム塩があり，エチレンオキシド，シクロヘキセンオキシドなどの環状エーテルモノマーや，スチレン，ビニルエーテルなどのビニルモノマーのカチオン重合に用いられる．光カチオン重合は，レジスト，インク，塗料などの光硬化性樹脂を用いる分野で利用されている．

3.5 アニオン重合で開始反応や成長反応が起こるかどうかは，アニオン種とモ

ノマーの組み合わせによって決まる．臭化フェニルマグネシウムは，中程度の求核性をもつ開始剤であり，メタクリル酸メチル(e値0.4)の重合を開始できる(求核付加反応が起こる)が，スチレン(e値-0.8)の重合を開始できない．また，メタクリル酸メチルの成長アニオンはスチレンに付加できるほど求核性が高くないため，メタクリル酸メチルに選択的に付加し，成長反応が起こる．このように，臭化フェニルマグネシウムは選択的にメタクリル酸メチルの重合を開始し，選択的にメタクリル酸メチルの成長のみが起こるため，メタクリル酸メチルの単独重合体が生成する．

3.6 例えば，ナイロン6とナイロン6,6など．

3.7 ポリアミドの数平均重合度18，ポリエステルの数平均重合度2．

3.8 酸性条件では，付加反応に比べて縮合反応が起こりやすいため，メチロール基の縮合反応が優先し，生成するフェノール樹脂は分岐や架橋構造を多く含む．そのまま加熱しても硬化しにくく，ヘキサメチレンテトラミンなどの硬化剤を加えて熱硬化が行われる．一方，塩基性条件では付加反応が優先するため，メチロール基を多く含むレゾール樹脂(分子量200〜500程度)が生成する．レゾール樹脂は木材用の接着剤として利用される．

3.9 ホルマール化が隣接したヒドロキシ基間で統計的(ランダム)に起こり，生成した官能基の結合の組み換えや交換反応が起こらない場合，到達できる最高の変換率は86.4％となる．

3.10 最も代表的なエポキシ化合物は，ビスフェノールAとエピクロロヒドリンの塩基触媒下での反応により合成され，分子内に2つのエポキシ基を含み，アミン，カルボン酸無水物，チオールなどの硬化剤と反応して，接着性，電気絶縁性，耐熱性，耐薬品性に優れた樹脂を生成する．繊維強化プラスチック(FRP)のマトリックス材料としても用いられる．

3.11 ポリメタクリル酸メチル：メタクリル酸メチル，ポリ塩化ビニル：部分的なポリアセチレン構造と塩化水素，ポリ乳酸：ラクチド．

[第4章]

4.2 リビングアニオン重合：水，アルコール，プロトン性物質などの酸性物質酸素などと失活反応を起こしやすいため，モノマー，溶媒，開始剤の不純物を減らすことで炭化水素モノマーのリビングアニオン重合が可能になる．極性モノマーや官能基を有するモノマーのリビングアニオン重合は難

しいため，溶媒や開始剤を適切に選ぶ必要がある．リビングカチオン重合：カチオン末端からのβ水素脱離による連鎖移動が起こりやすい．成長活性種であるカルボカチオンを安定化する(弱いルイス酸，弱い塩基，ハロゲンイオン塩などの添加による安定化)ことにより，リビング性を高めることができる．リビングラジカル重合：中性で不安定なラジカルが成長活性種であるので，成長末端どうしの停止反応(2分子停止)が避けられない．ドーマント種と活性種の平衡を利用することにより，定常ラジカル濃度を下げることによって，2分子停止反応速度を抑制することができる．

4.3 成長アニオンの求核性は，p-メトキシスチレン＞スチレン＞p-シアノスチレンの順であり，モノマーの反応性はp-メトキシスチレン＜スチレン＜p-シアノスチレンである．このことを考慮して，p-メトキシスチレン，スチレン，p-シアノスチレンの順に添加してブロック共重合体を合成する必要がある．

4.6 【ヒント】ヘテロタクチック高分子が生成するためには，成長反応でメソ(m)付加とラセモ(r)付加が交互に起こる必要があり，単純な末端モデルではこのような高度な制御はできないことに注意．前末端基効果との関連を調べてみること．

4.8 ラジカル重合では，成長末端のアルキルラジカルが高活性で高分子鎖からの水素引き抜きを起こしやすく，長鎖分岐を含む低密度ポリエチレンが生成する．分子間で連鎖移動が起こると長鎖分岐が生成する．分子内で成長末端から離れた位置で連鎖移動が起こると長鎖分岐となる．成長末端ラジカルが鎖末端から5番目や6番目の炭素上の水素を引き抜く(バックバイティング反応)と短鎖分岐が生成する．一方，チーグラー・ナッタ触媒を用いる配位重合では，直鎖状で結晶性が高い高密度ポリエチレンが生成する．分岐型のポリエチレンは，エチレンとアルケンの共重合によって合成することができ，1-ヘキセンと共重合するとC4分岐を含むポリエチレンが生成する．これら配位重合によって得られる短鎖分岐を含むポリエチレンは，直鎖状低密度ポリエチレンと呼ばれ，用いるアルケンによって短鎖分岐の長さを変えることができる．包装用など明性が求められる材料には低密度ポリエチレンが，容器や成型品などの強度が要求される材料には高密度ポリエチレンが適している．

[第 5 章]

5.1 式(5.4)の導出：

隣り合う結合ベクトルの内積は

$$\langle \mathbf{b}_{i-1} \cdot \mathbf{b}_i \rangle = b^2 \cos(\pi - \theta)$$

である．これを k 個離れた 2 つのベクトル間に一般化すると

$$\langle \mathbf{b}_{i-k} \cdot \mathbf{b}_i \rangle = \langle \mathbf{b}_{i-k} \cdot \mathbf{b}_{i-1} \rangle \cdot \cos(\pi - \theta) = b^2 \cos^k(\pi - \theta)$$

となる．これを用いると式(5.2)の最右辺第 2 項は

$$2\sum_{i<j}\sum \langle b_i \cdot b_j \rangle = 2b^2 \sum_{h=1}^{n-1}(n-h)\cos^h(\pi - \theta)$$

となり，$n \gg 1$ のときには

$$\langle r^2 \rangle = b^2 \left\{ \frac{n(1-\cos\theta)}{1+\cos\theta} \right\} = 2nb^2$$

が得られる．なお，∠CCC の補角を θ として定義する場合は

$$\langle r^2 \rangle = nb^2 \frac{1+\cos\theta}{1-\cos\theta}$$

と示されている教科書もあるので，注意が必要である．

式(5.5)，(5.6)の導出については，例えば，松下裕秀 編著，高分子の構造と物性，講談社(2013)を参照されたい．

5.2 $\{44 \times 2/(6.02 \times 10^{23})\}/\{(5.53 \times 7.83 \times \sin 87° \times 2.52) \times 10^{-24}\} = 1.34\,[\mathrm{g\,cm^{-3}}]$

5.3 $(1/0.890) = (X_c/0.936) + (1-X_c)/0.850$ より，$X_c = 0.485$

$0.485 = \Delta H/209$ より，$\Delta H = 101\,[\mathrm{J\,g^{-1}}]$

5.5 【ヒント】融点，密度，結晶弾性率，引張り強度などに言及

5.6 【ヒント】高弾性率化のために必要な構造とその構造を作るための手段，分子間力に着目

[第6章]

6.3 (ii) $\varepsilon =$ バネ部のひずみ $(=\sigma/E_1)$
　　　　　　　＋並列部のひずみ $(=\sigma/E_2)[1-\exp\{-(E_2/\eta_2)t\}]$
　　　　　$=0.01+0.063=0.073$

(iii) $\varepsilon =$ バネ部のひずみ(@200 MPa)＋並列部のひずみ(@100 MPa, 100 s)
　　　　　　　＋並列部のひずみ(@100 MPa, 200 s)
　　　　　$=0.02+0.063+0.087=0.170$

6.4 (ii) $0.97\times0.97\times11=10.35$ cm^3

6.5 ポリメタクリル酸メチル
　　　弾性率＝2.8 GPa，引張り強度＝40 MPa，破断ひずみ＝4%
　　　破壊に要するエネルギー＝10.2 J g^{-1}

索　引

■人　名

Baekeland　4
Carothers　4, 14
Chardonnet　4
Flory　15
Goodyear　4
Grubbs　17
Heeger　17
Kaminsky　17
Keller　17
Kuhn　12
MacDiarmid　17
Mark　11
Meyer　11
Natta　7, 15
Shönbein　4
Staudinger　4, 9
Szwarc　17
Young　222
Ziegler　7, 15
櫻田一郎　7
白川英樹　17

■モノマー・高分子・開始剤

AIBN→2,2′-アゾビスイソブチロニトリル
BPO→過酸化ベンゾイル
HDPE→高密度ポリエチレン
LDPE→低密度ポリエチレン
LLDPE→直鎖状低密度ポリエチレン
PBO→ポリ(p-フェニレンベンゾビスオキサゾール)
PBZT→ポリ(p-フェニレンベンゾビスチアゾール)
PC→ポリカーボネート
PE→ポリエチレン
PEEK→ポリエーテルエーテルケトン
PEO→ポリエチレンオキシド
PESU→ポリエーテルスルホン
PET→ポリエチレンテレフタレート
PMMA→ポリメタクリル酸メチル
POM→ポリオキシメチレン
PP→ポリプロピレン
PPS→ポリフェニレンスルフィド
PPTA→ポリ(p-フェニレンテレフタルアミド)
PPV→ポリフェニレンビニレン
PS→ポリスチレン
PTFE→ポリテトラフルオロエチレン
PVA→ポリビニルアルコール
PVC→ポリ塩化ビニル
PVDC→ポリ塩化ビニリデン
SG1　114
TEMPO　114, 123
TIPNO　114
アクリロニトリル　51, 55, 74
2,2′-アゾビスイソブチロニトリル　62
イソタクチックポリプロピレン　156, 163, 191, 197
イソブテン　51, 55, 74, 84, 118
イソプレン　51, 55, 74, 112, 142
エチレン　51, 55, 77
エチレンオキシド　56, 80, 81
塩化ビニル　55, 66

過酸化ベンゾイル　65
ε-カプロラクタム　56, 80, 81
高密度ポリエチレン　52, 77, 133, 175
酢酸ビニル　51, 55, 66, 67, 143
2-シアノアクリル酸エチル　73
シンジオタクチックポリスチレン　141
スチレン　51, 56, 60, 65, 67, 71, 74, 75, 109, 123
セルロース　44, 98, 166, 168, 199
低密度ポリエチレン　52, 60, 67, 79, 133, 175, 192
テトラヒドロフラン　56, 80, 112
直鎖状低密度ポリエチレン　67, 69, 134
ナイロン6　53, 80, 81, 165
ナイロン6,6　4, 14, 53, 90, 165
ビニルエーテル　51, 55, 118
ビニロン　7, 100
ブタジエン　51, 55, 74, 112, 142
フタル酸ジオクチル　198
γ-ブチロラクトン　56
プロピレン　51, 55, 69, 78
プロピレンオキシド　80
芳香族ポリアミド　7, 54, 92
芳香族ポリイミド　92
ポリエステル　172
ポリアクリル酸　103
ポリアクリロニトリル　107, 197
ポリアミド　4, 50, 56, 91, 119, 165, 191
ポリイソブテン　75, 106
ポリイソプレン　7, 22, 53, 103, 142

索引

ポリイミド 53, 54
ポリウレア →ポリ尿素
ポリウレタン 50, 80, 95, 191
ポリエステル 7, 50, 56, 91, 120, 165, 191
ポリエチレン 1, 52, 61, 67, 77, 79, 133, 157, 159, 160, 169, 171, 175, 179, 190, 193, 196
 高密度—— 52, 133
 直鎖状低密度—— 67, 69, 134
 低密度—— 52, 60, 67, 79, 133, 192
ポリエチレンオキシド 56, 81
ポリエチレングリコール 56
ポリエチレンテレフタレート 54, 90, 165, 224
ポリエーテル 56, 80
ポリエーテルエーテルケトン 54, 93
ポリエーテルスルホン 54, 93, 196
ポリ塩化ビニリデン 53, 197, 198
ポリ塩化ビニル 52, 58, 61, 68, 107, 197, 198
ポリカーボネート 2, 53, 54, 91, 92, 156, 196
ポリ酢酸ビニル 58, 61, 68, 98
ポリジメチルシロキサン 81, 196
ポリスチレン 25, 52, 56, 61, 64, 109, 124, 151, 196
 シンジオタクチック—— 141
 ——の機能化 99
ポリチオフェン 94
ポリテトラフルオロエチレン 190
ポリ乳酸 8, 56, 81, 106
ポリ尿素 95, 191
ポリノルボルネン 81, 119

ポリビニルアルコール 61, 68, 98, 100, 103, 156, 172, 200, 213
ポリ(N-ビニルカルバゾール) 75
ポリフェニレン 94
ポリフェニレンスルフィド 54, 93
ポリ(p-フェニレンテレフタルアミド) 170
ポリフェニレンビニレン 94
ポリ(p-フェニレンベンゾビスオキサゾール) 170
ポリ(p-フェニレンベンゾビスチアゾール) 170
ポリブタジエン 7, 26, 53
ポリプロピレン 7, 24, 52, 77, 106, 155, 225
 イソタクチック—— 156, 163, 169, 172, 178, 191, 197
ポリメタクリル酸メチル 2, 53, 82, 106, 142, 196
メタクリル酸メチル 51, 55, 62, 65, 71, 75, 117, 126, 141
メチルビニルケトン 74
ラクチド 56, 81

■数字・欧文

1,2-構造 22
2分子停止 70
3/1らせん(3_1らせん) 28, 164
3,4-構造 22
3点曲げ試験 210
5大汎用高分子 52
7/2らせん 164
ATRP→原子移動ラジカル重合
auxetic 209
DNA 44
DSC 176
Dupréの式 223
e値 86
Finemann-Ross法 88
Foxの式 198

FRP→繊維強化プラスチック
Gauss鎖 148
GPC→ゲル浸透クロマトグラフィー
grafting from法 139
grafting on法 139
grafting through法 139
head-to-head結合 22
head-to-tail結合 22
Hoffman-Weeksプロット 193
Kelen-Tüdös法 88
LCST→下限臨界共溶温度
macromolecule 1
MALDI-TOF MS 41
Mark-Houwink-櫻田の式 12, 34
Mayo-Lewis式 84
NMP→ニトロキシド介在重合
NMR法 35
polymer 1
Q値 86
RAFT剤 115, 116
RAFT重合 →付加開裂型可逆的連鎖移動重合
regular foldモデル 158
RIM成形 185
SEC→サイズ排除クロマトグラフィー
switchboardモデル 158
tail-to-head結合 22
taut tie molecule 178
TG→熱重量分析
tie molecule 178
TMA→熱機械分析
Trommsdorff効果 59
UCST→上限臨界共溶温度
WLF式 215
X線回折 160, 175
X線繊維図形 180
α晶 165
αヘリックス 28, 44
βシート 28

索　引

γ晶　165
θ温度　150
θ溶媒　150
χパラメータ　152

■和　文

ア

アゼオトロープ点　85
アゾ開始剤　61
アゾ化合物　61
アタクチック　24
圧縮弾性率　211
圧縮率　211
アニオン重合　48, 73
　　リビング――　110, 117
網目状高分子　29, 30, 53
アラミド　7
イソタクチック　23
一次構造　21
一次ラジカル　60, 63
移動因子　215
イニファーター　122
ウベローデ型粘度計　39
エポキシ樹脂　53, 105
エボナイト　198
エレクトロスピニング　186
エンジニアリングプラスチック　7, 53
延　伸　178
延伸法　186
エンーチオール反応　102
エントロピー弾性　217
応　力　203
応力緩和　211
応力―ひずみ曲線　203
押出成形　184
折りたたみ　157
オレフィンメタセシス　80

カ

開環重合　49, 54, 79

開環メタセシス重合　80, 119
開始剤　61, 73, 76, 80, 115, 119
開始剤効率　62
開始反応　48
解重合　52, 106
塊状重合　56
回転異性体近似モデル　148
外部可塑化　198
界　面　219
化学架橋ゲル　31, 104
可逆的連鎖移動触媒重合　128
架橋高分子　29, 30
架橋反応　103
下限臨界共溶温度　153
かご効果　62
重なり形　28
重ね合わせの原理　216
過酸化物　61
荷重たわみ温度　199
可塑剤　198
カチオン重合　48, 75
　　リビング――　118
ガラス　194
ガラス転移温度　194
絡み合い　150
環化付加反応　102
乾式紡糸　185
環状高分子　29, 30, 140
慣性半径　149
環動ゲル　30, 140
緩和時間　213
記憶効果　217
絹フィブロイン　166, 167
キャスト法　182
休止種　112
球　晶　172
凝固点降下法　35
共重合　81
共重合組成曲線　82
共重合体　25
　　――の構造制御　129
強靱性　204

共役高分子　94
共役モノマー　67, 87
均一核生成　172
均一系メタロセン触媒　141
くし型高分子　29, 30, 129
グラジエント共重合体　27
グラフト共重合体　26, 82, 129, 133
クリックケミストリー　101
クリック反応　101
クリープ　211, 213
クロスカップリング反応　50
傾斜組成共重合体　27, 82
結　晶　155
結晶化　155
結晶化温度　173
結晶化度　175
結晶構造　159
結晶構造解析　162
結晶性高分子　155
結晶多形　165
結晶弾性率　169
結晶密度　163
ケブラー　54, 170
ケラチン　44
ゲル　31, 154
ゲル化　104
ゲル化点　104
ゲル効果　59
ゲル浸透クロマトグラフィー　40
ゲル紡糸　171
原子移動ラジカル重合　115, 126
原子間のポテンシャルエネルギー曲線　207
元素ブロック高分子　202
懸濁重合　57
工学的応力　209
交互共重合体　25, 82, 84
高次構造　21
合成高分子　3, 43
剛性率　210

243

索引

高弾性　217
剛直鎖　190
降伏　204
降伏応力　204
降伏ひずみ　204
高分子　1
高分子ゲル　31, 154
高分子反応　98
高密度ポリエチレン　52, 77, 133, 175
ゴーシュ　27
固相押出　187
固相重合　59
固体核磁気共鳴分光法　177
5大汎用高分子　52
ゴフ・ジュール効果　219
ゴム弾性　217
コラーゲン　44, 166, 167
コンバージェント法　135
コンフィグレーション　23
コンホメーション　27

サ

再結合反応　64
サイズ排除クロマトグラフィー　40
3点曲げ試験　210
三連子　23
シアン化ビニリデン　73
ジエンモノマー　53
時間－温度重ね合わせの原理　215
時間－温度換算則　215
自己回避鎖　149
自己触媒反応　99
示差走査熱量計　176
シシカバブ構造　180
シス　28
持続長　190
シータ温度　150
シータ溶媒　150
実在鎖　149

湿式成形　201
湿式紡糸　185
自動酸化反応　107
シフトファクター　215
ジムプロット　38
射出成形　184
自由回転鎖　148
周期共重合体　27
重合　47
重合熱　49
重合反応の速度　69
重縮合　50, 90
自由体積　195
自由体積理論　195
柔軟鎖　190
重付加　50, 95
重量平均分子量　33
自由連結鎖　148
縮合重合　90
蒸気圧浸透圧法　36
上限臨界共溶温度　153
シロキサン結合　196
真応力　209
シングルサイト触媒　79
シンジオタクチック　23
親水性　220
浸透圧　37
浸透圧法　36
数平均分子量　33
スキン－コア構造　184
スチレン－ブタジエンゴム　73
スーパーエンジニアリングプラスチック　7, 53
スピンコート法　183
成形加工　181
静水圧　211
静水圧圧縮　211
生体高分子　43
成長反応　48
成長ラジカル　64
静的光散乱法　37
生分解性高分子　8

赤外線吸収スペクトル　177
石油樹脂　75
接触イオンペア　74
接触角　220
接着　223
ゼラチン　167
セルロース　44, 166, 168, 199
セレンディピティー　17
セロファン　167
繊維　185
繊維強化プラスチック　53
繊維構造　178
繊維軸　160
繊維周期　163
せん断弾性率　210
せん断変形　210
線熱膨張係数(線熱膨張率)　200
前末端基効果　132
占有体積　195
相互侵入高分子網目　29, 30, 104
相分離　153
相溶系　153
疎水性　221
ゾーン延伸　187

タ

ダイアッド　23
大環状高分子　30
体積弾性率　211
第2ビリアル係数　150
耐熱性　199
ダイバージェント法　135
タクチシチー　24
脱水縮合　90
多分散高分子　34
多分散度　34
単結晶　157
短鎖分岐　67
弾性限界　204
弾性変形　204

索　引

弾性率　203, 205
炭素繊維　107, 205
単独重合体　25
単分散高分子　34
逐次重合　48, 51
逐次二軸延伸　187
チーグラー・ナッタ触媒　7, 16, 77, 140
長鎖分岐　67
超分子ポリマー　29, 31
直鎖状低密度ポリエチレン　67, 69, 134
沈殿重合　58
低圧気相重合法　60
停止反応　48, 64
低密度ポリエチレン　52, 60, 67, 79, 133, 192
ディールス・アルダー反応　102
デバイ・シェラー環　162
テレケリック高分子　129
電界紡糸　186
電子供与性モノマー　87
電子受容性モノマー　87
電子スピン共鳴分光法　70
天井温度　49, 107
デンドリマー　29, 30, 138
天然高分子　3
同時二軸延伸　187
頭－頭結合　22
頭－尾結合　22
トポケミカル重合　59, 144
トポロジカルゲル　140
ドーマント種　112
ドラッグデリバリーシステム　32
トランス　27
トリアッド　23
トワロン　170

ナ

内部可塑化　198
ナイロン6　53, 80, 81, 165
ナイロン6,6　4, 14, 53, 90, 165
ナノインプリント法　182
二次構造　21, 27, 28
ニトロキシド介在重合　114
2分子停止　70
乳化重合　57
尿素樹脂　53, 96
二連子　23
熱可塑性　181
熱可塑性エラストマー　73, 110
熱機械分析　199
ネッキング　178
熱硬化性　181
熱硬化反応　53
熱重量分析　200
熱処理　174
熱伝導度　202
熱プレス　181
熱分解　105
熱分解温度　200
熱変形温度　199
粘弾性　211
粘度平均分子量　34
粘度法　39
濃厚高分子ブラシ　140
ノボラック樹脂　97

ハ

配位重合　48, 77
配　向　178, 186
排除体積効果　149
ハイパーブランチ高分子　29, 30, 135, 138
はしご型高分子　29, 30
破断強度　204
破断ひずみ　204
バックバイティング　67
バルク　219
バルク重合　56
パルスレーザー重合法　70
ハロー　175
半減期　61

半合成高分子　3
光硬化反応　53
光分解　105
非共役モノマー　67, 87
微結晶　156
非　晶　157
非晶高分子　155
ひずみ　203
非線形最小二乗法　90
引張り強度　204
ヒドロゲル　154
ビニルモノマー　51
尾－尾結合　22
表　面　219
表面自由エネルギー　220
表面張力　221
フィブリル　173
フェノール樹脂　53, 96
フォークトモデル　213
フォトレジスト　100
付加開裂型可逆的連鎖移動重合　115
付加重合　48, 54
付加縮合　50
不均一核生成　172
不均化反応　64
複合材料　205
総状ミセル　156
ブチルゴム　75
沸点上昇法　35
物理架橋ゲル　31, 104
ブラシ型高分子　134
ブラッグの条件　160
ブレンド　152
フローリー・ハギンスの格子モデル　151
フローリー・ハギンスの相互作用パラメータ　152
ブロック共重合体　25
分解　105
分岐構造の制御　132
分岐高分子　29, 30, 132

245

索　引

分散重合　58
分子量分布　33
平衡融点　193
平面ジグザグ構造　159
ベークライト　4
ヘテロタクチック　23
ヘテロリシス　106
ポアソン比　209
芳香族ポリアミド　7, 54, 92
芳香族ポリイミド　92
紡　糸　185
包接重合　144
星型高分子　29, 30, 129, 134
ホモリシス　105
ポリアミド　4, 50, 56, 91, 119, 165, 191
ポリイミド　53, 54
ポリウレタン　50, 80, 95, 191
ポリエステル　7, 50, 56, 91, 120, 165, 191
ポリカーボネート　2, 53, 54, 91, 92, 156, 196
ポリ尿素　95, 191
ポリマー　1
ポリロタキサン　29, 30, 140
ボルツマンの重ね合わせの原理　216

マ

マクスウェルモデル　212
マクロモノマー　129
曲げ弾性率　210
曲げ変形　210

末端間距離　147
末端基構造の制御　128
末端基定量法　35
末端モデル　83
ミクロ相分離　26, 153
ミクロブラウン運動　195
ミセル説　8
密度法　175
メ　ソ　23
メタクリル樹脂　61
メタロセン触媒　79, 141
メラミン樹脂　96
メルトフローレート　183
モノマー　47
モノマー反応性比　82, 86
モルフォロジー　174

ヤ

ヤングの式　221
ヤング率　203
融　点　155, 189
溶液重合　56
溶解度パラメータ　151
溶媒分離イオンペア　74
溶媒和フリーイオン　74
溶融紡糸　185
横弾性係数　210

ラ

ラクチド　56
ラジカル　125
ラジカル重合　48, 60
　原子移動——　115, 126
——開始剤　61
——の反応機構　63
　リビング——　113
ラセモ　23
ラテックス　58
ラメラ　173
ランダム共重合体　25
ランダムコイル　147
理想共重合　84
理想鎖　148
立体規則性　24
——高分子　140
立体特異性重合　25, 140
立体配座　27
立体配置　23
リビングアニオン重合　110, 117
リビングカチオン重合　118
リビング重合　109, 111
——の特徴　111
リビングポリマー　109
リビングラジカル重合　113
——の歴史　121
良溶媒　150
レイリー比　38
レゾール樹脂　97
レドックス系開始剤　61
連鎖移動剤　68
連鎖移動定数　71
連鎖移動反応　66
連鎖重合　48, 54
連鎖的縮合重合　119, 120

著者紹介

東　信行　工学博士
1982 年　同志社大学大学院工学研究科工業化学専攻博士後期課程修了
現　在　同志社大学名誉教授

松本　章一　工学博士
1985 年　大阪市立大学大学院工学研究科応用化学専攻後期博士課程中退
現　在　大阪公立大学大学院工学研究科物質化学生命系専攻　教授

西野　孝　工学博士
1985 年　神戸大学大学院自然科学研究科物質科学専攻博士課程中退
現　在　神戸大学大学院工学研究科応用化学専攻　教授

NDC 431　254 p　21 cm

エキスパート応用化学テキストシリーズ
高分子科学——合成から物性まで

2016 年 9 月 14 日　第 1 刷発行
2025 年 1 月 20 日　第 13 刷発行

著　者　東　信行・松本章一・西野　孝
発行者　篠木和久
発行所　株式会社　講談社　　KODANSHA
　　　　〒112-8001　東京都文京区音羽 2-12-21
　　　　　販　売　(03) 5395-5817
　　　　　業　務　(03) 5395-3615

編　集　株式会社　講談社サイエンティフィク
　　　　代表　堀越俊一
　　　　〒162-0825　東京都新宿区神楽坂 2-14　ノービィビル
　　　　　編　集　(03) 3235-3701

印刷所　株式会社双文社印刷
製本所　株式会社国宝社

落丁本・乱丁本は，購入書店名を明記のうえ，講談社業務宛にお送り下さい．送料小社負担にてお取替えします．なお，この本の内容についてのお問い合わせは講談社サイエンティフィク宛にお願いいたします．定価はカバーに表示してあります．

© N. Higashi, A. Matsumoto, and T. Nishino, 2016

本書のコピー，スキャン，デジタル化等の無断複製は著作権法上での例外を除き禁じられています．本書を代行業者等の第三者に依頼してスキャンやデジタル化することはたとえ個人や家庭内の利用でも著作権法違反です．

Printed in Japan

ISBN 978-4-06-156810-5

講談社の自然科学書

エキスパート応用化学テキストシリーズ

学部2〜4年生，大学院生向けテキストとして最適!!

量子化学
基礎から応用まで
金折 賢二・著
A5・304頁・定価3,520円

> 量子力学の成立・発展から構造化学や分光学までていねいに解説．

機器分析
大谷 肇・編著
A5・288頁・定価3,300円

> 機器分析のすべてがこの1冊でわかる！

分析化学
湯地 昭夫／日置 昭治・著
A5・208頁・定価2,860円

> 初学者がつまずきやすい箇所を，懇切ていねいに．

物性化学
古川 行夫・著
A5・240頁・定価3,080円

> 化学の学生に適した「物性」の入門書．

光化学
基礎から応用まで
長村 利彦／川井 秀記・著
A5・320頁・定価3,520円

> 光化学を完全に網羅．フォトニクス分野もカバー．

生体分子化学
基礎から応用まで
杉本直己・編著　内藤昌信／高橋俊太郎／田中直毅／建石寿枝／遠藤玉樹／津本浩平／長門石 暁／松原輝彦／橋詰峰雄／上田 実／朝山章一郎・著
A5・304頁・定価3,520円

> 新たな常識や「非常識」も学べる．

触媒化学
基礎から応用まで
田中 庸裕／山下 弘巳・編著　薩摩 篤／町田 正人／宍戸 哲也／神戸 宣明／岩﨑 孝紀／江原 正博／森 浩亮／三浦 大樹・著
A5・288頁・定価3,300円

> 基礎と応用のバランスが秀逸．新しい定番教科書．

有機機能材料
基礎から応用まで
松浦 和則／角五 彰／岸村 顕広／佐伯 昭紀／竹岡 敬和／内藤 昌信／中西 尚志／舟橋 正浩／矢貝 史樹・著
A5・256頁・定価3,080円

> 幅広く，わかりやすく，ていねいな解説．

コロイド・界面化学
基礎から応用まで
辻井 薫／栗原 和枝／戸嶋 直樹／君塚 信夫・著
A5・288頁・定価3,300円

> 熱化学などの基礎からていねいに解説．

錯体化学
基礎から応用まで
長谷川 靖哉／伊藤 肇・著
A5・256頁・定価3,080円

> 群論からスタート．最先端の研究まで紹介．

表示価格は消費税（10%）込みの価格です．　　　「2024年1月現在」

講談社サイエンティフィク　https://www.kspub.co.jp/